AF369806

ÉLÉMENTS

DES

SCIENCES PHYSIQUES

APPLIQUÉES

A L'AGRICULTURE

PROGRAMME

DU COURS DES SCIENCES PHYSIQUES APPLIQUÉES A L'AGRICULTURE.

I. Éléments de physique météorologique et de cosmographie.
II. Chimie inorganique.
III. Géologie. — Origine des sols.
IV. Chimie organique. — Éléments de physiologie animale et
    végétale.
V. Questions analytiques appliquées à l'agriculture.
VI. Étude des amendements et des engrais.
VII. Technologie. — Étude des principales fabrications agricoles :
    fécule, vin, cidre, poiré, alcool, etc.

CE VOLUME COMPREND :

1° La *chimie inorganique* ;

2° Les *marnes*, les *eaux* ;

3° Une *méthode générale* pour reconnaître la nature d'un des composés minéraux intéressant l'agriculture ou la médecine vétérinaire.

Paris. — Typographie HENNUYER, rue du Boulevard, 7.

ÉLÉMENTS

DES

SCIENCES PHYSIQUES

APPLIQUÉES

A L'AGRICULTURE

PAR A.-F. POURIAU

DOCTEUR ÈS SCIENCES,

Ancien élève de l'Ecole centrale, professeur à l'Ecole impériale d'agriculture
de la Saulsaie (Ain) et à l'Ecole centrale lyonnaise ;
Membre de la Société impériale d'agriculture de Lyon et de la Société météorologique
de France,
Membre correspondant de la Société d'agriculture de Besançon,
de la Société d'émulation de l'Ain, etc.

CHIMIE INORGANIQUE

SUIVIE DE L'ÉTUDE

DES MARNES, DES EAUX ET D'UNE MÉTHODE GÉNÉRALE
Pour reconnaître la nature
d'un des COMPOSÉS MINÉRAUX intéressant l'agriculture
ou la médecine vétérinaire

PARIS

Librairie Scientifique, Industrielle et Agricole

E. LACROIX,

15, QUAI MALAQUAIS, 15

1862

A

MONSIEUR PICHAT

MEMBRE DE LA LÉGION D'HONNEUR
DIRECTEUR DE L'ÉCOLE IMPÉRIALE D'AGRICULTURE
DE LA SAULSAIE.

En écrivant votre nom, Monsieur, en tête de ce livre, permettez-moi de vous dire quel est le sentiment qui me guide : c'est celui de la reconnaissance, pour l'affectueux intérêt que vous avez bien voulu toujours me témoigner.

A.-F. POURIAU.

AVANT-PROPOS.

Dans ces dernières années, les Écoles impériales d'agriculture ont acquis une importance que personne ne saurait contester. Non-seulement le nombre des candidats s'est accru dans une notable proportion, mais encore l'instruction première des élèves, la position sociale de leurs familles, nous ont donné la certitude que l'esprit public se tournait de plus en plus vers l'agriculture, et que les propriétaires commençaient à comprendre tous les avantages offerts à leurs enfants par un enseignement agricole bien entendu. En présence de ces résultats, j'ai cru faire une chose utile pour les élèves et tous ceux qui s'occupent de science agricole, en publiant l'ensemble des leçons que je professe depuis neuf ans à l'École impériale de la Saulsaie.

Le programme du cours confié au professeur de physique est vaste, puisqu'il comprend la physique, la géologie, la chimie et la technologie ; aussi n'est-ce qu'une partie de mon enseignement, la chimie minérale et ses applications, que je soumets aujourd'hui au public.

Dans le cours de cet ouvrage, j'ai insisté d'une manière spéciale sur les applications à l'agriculture ;

mais je n'ai pu me dispenser de présenter certaines généralités scientifiques, afin de rendre ces applications elles-mêmes plus intelligibles à mes lecteurs.

Jugeant utile aussi de mettre les élèves de nos écoles à même de reconnaître les divers composés minéraux intéressant l'agriculture ou la médecine vétérinaire, j'ai cru devoir donner des notions élémentaires de chimie qualitative, et dire quelques mots du chalumeau et de ses usages.

Mais, d'autre part, je conseille aux gens du monde, que de semblables détails ne peuvent que médiocrement intéresser, de laisser de côté ces paragraphes, pour reporter leur attention sur les autres chapitres.

Enfin, toujours guidé par le désir de satisfaire aux besoins de chaque classe de lecteurs, j'ai indiqué, *en note et séparément*, la préparation des principaux corps étudiés, parce que cette branche du cours ne saurait être utile qu'à ceux en position de faire quelques manipulations.

Si les amis de la science agricole me prouvent, par un accueil bienveillant fait à mon livre, que j'ai suivi la bonne voie, je leur en témoignerai ma reconnaissance, en leur offrant successivement les autres parties de mon enseignement.

La Saulsaie, 1er décembre 1861.

ÉLÉMENTS

DES

SCIENCES PHYSIQUES

APPLIQUÉES

A L'AGRICULTURE.

CHAPITRE I.

NOTIONS PRÉLIMINAIRES.

---

1. On donne le nom de *corps* ou *matière* à tout ce qui peut tomber sous nos sens. La réunion de tous les corps constitue l'univers ou la nature.

L'étude de la nature comprend : l'*Astronomie*, la *Botanique* et la *Zoologie*, la *Minéralogie* et la *Géologie*, la *Physique* et la *Chimie ;* c'est de cette dernière science que nous nous proposons de présenter les premiers éléments dans ce volume.

La physique et la chimie ayant de nombreux rapports entre elles, nous commencerons par définir ce qui caractérise un phénomène chimique et le différencie d'un phénomène physique.

2. Phénomènes physiques et chimiques. — Les phénomènes physiques sont ceux qui n'apportent pas de changements *permanents* dans la nature des corps mis en présence.

Les phénomènes chimiques sont accompagnés au contraire de changements permanents.

EXEMPLES : 1° Imprimons un léger choc à une cloche en verre, celle-ci rendra un son ; voici un *phénomène physique*. En effet, quand les vibrations auront cessé, si

Fig. 1.

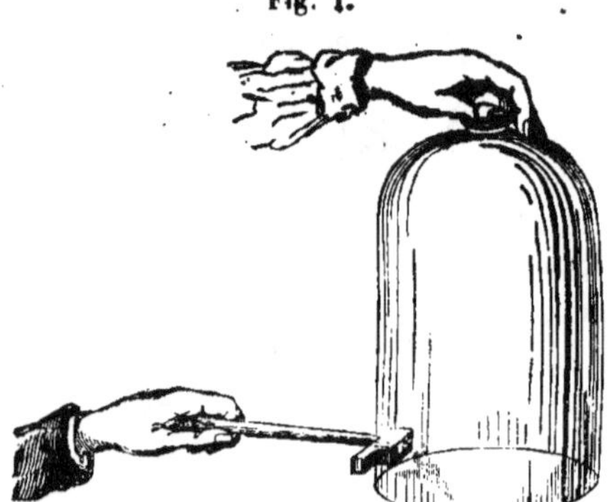

nous examinons la cloche et le corps qui a servi à la frapper, nous verrons que rien n'a été changé dans la nature intime de ces deux corps.

2° Prenons un bâton de cire et frottons-le avec un

Fig. 2.

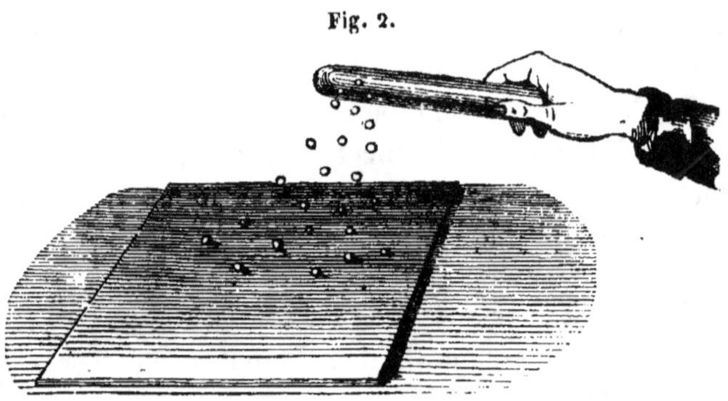

morceau de laine, bientôt ce bâton jouira d'une nou-velle propriété, celle d'attirer les corps légers, tels que le papier, les barbes de plume, etc. Voici encore un phénomène physique produit et dû à ce que par le frottement nous avons développé un fluide particulier appelé *électricité* sur le bâton de cire. En effet, si nous considérons le bâton après qu'il a été électrisé, les corps légers après qu'ils ont été attirés, nous verrons que cette fois encore rien n'a été changé dans la nature intime de ces substances ; elles ont toujours même aspect, même couleur, même poids, etc.

3° Enfin, si, au lieu d'un bâton de cire, nous prenons un aimant et le présentons à un morceau de fer doux, ce dernier sera attiré et pourra même attirer à son tour d'autres objets en fer. Cette attraction constitue encore un phénomène physique, car après sa production on peut constater, comme dans les deux cas précédents, que ni l'aimant ni le fer n'ont éprouvé aucune modification appréciable dans leur constitution intime.

3. Étudions maintenant quelques phénomènes chi-

Fig. 3.

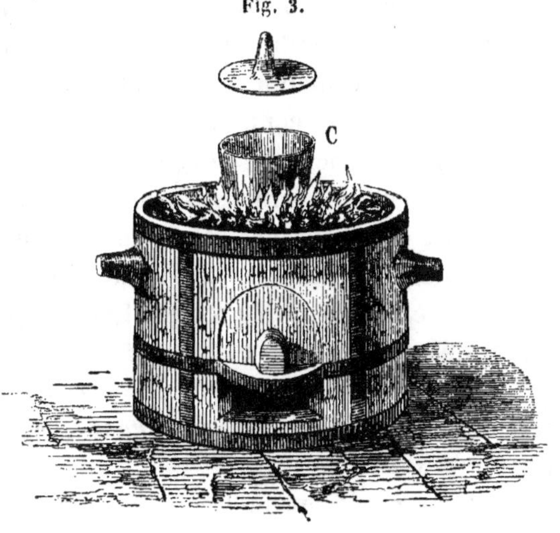

miques : 1° Dans un creuset C (petit vase en terre) (fig. 3) porté au rouge, on introduit un mélange aussi intime quepossible de *limaille de cuivre* et de *soufre* en poudre. Bientôt le soufre fond, la température du mélange s'élève, il y a apparition d'une belle lumière. Après le refroidissement, si l'on détache la masse pour l'examiner, on reconnaît qu'il s'est produit une matière *noire* tout à fait différente d'aspect des deux corps mis en présence. Dans ce cas, le soufre et le cuivre se sont *combinés*, et il en est résulté pour les deux corps un changement *permanent* qui caractérise un *phénomène chimique*. Le résidu n'est plus un mélange de soufre et de cuivre, mais une combinaison de ces deux corps, douée d'une couleur et de propriétés spéciales.

2° Si, dans le creuset, nous substituons du *zinc* au mélange précédent, nous verrons bientôt ce métal fondre, s'enflammer, brûler en produisant une vive lumière, et se transformer en une matière *blanche*. Or, dans cette expérience, le zinc a éprouvé un changement *permanent*, il doit donc s'être produit un phénomène chimique. En effet, cette transformation du métal *bleuâtre* en un solide *blanc* résulte de la combinaison du zinc avec l'un des éléments *gazeux* de l'air, l'*oxygène*. On voit donc encore ici combien les composés peuvent différer de couleur, d'état, de propriétés, etc., des éléments qui leur donnent naissance en se combinant. En nous appuyant sur les exemples qui précèdent, nous pouvons maintenant définir la chimie et dire :

La chimie a pour objet l'étude des phénomènes qui apportent des changements permanents dans la nature des corps mis en présence.

4. Quand les corps se combinent entre eux, le plus

souvent il se produit tout à la fois des phénomènes *physiques* et *chimiques*, mais d'après ce qui précède, il est facile de les distinguer. La transformation du soufre et du cuivre en un corps noir est un phénomène chimique, la production de chaleur et de lumière qui accompagne cette transformation sont des phénomènes physiques. Le premier est *permanent*, les seconds ne sont que *passagers*.

5. Corps simples et composés. — Les corps de la nature peuvent être *simples* ou *composés*. Les corps *simples* sont les corps dont on n'a pu extraire jusqu'ici qu'une seule espèce de substance, tels sont : le *soufre*, le *carbone*, l'*oxygène*, l'*azote*, le *fer*, le *zinc*, l'*or*, etc., pris à l'état de pureté absolue.

Les corps *composés* sont ceux au contraire qui renferment deux ou un plus grand nombre de corps simples, ainsi l'*eau*, le *sel marin*, le *salpêtre*, etc. De l'eau, on retire de l'hydrogène et de l'oxygène ; du sel marin ou sel de cuisine, du chlore et du sodium ; enfin du salpêtre on peut extraire trois corps simples : de l'azote, de l'oxygène et du potassium. Nous apprendrons bientôt à connaître tous ces composés. Les corps qui renferment *deux* éléments différents sont dits : *composés binaires*, ceux qui en renferment *trois : composés ternaires*, et ainsi de suite.

6. Constitution des corps matériels. — Les corps simples ou composés ne sont pas formés d'une manière continue, ils sont constitués par des particules excessivement petites, invisibles et auxquelles on a donné le nom de *molécules* ou *atomes ;* le mot *atome* signifie *insécable, non divisible ;* c'est la limite de divisibilité de la matière.

Dans les corps simples, les molécules sont simples, c'est-à-dire formées d'une même substance ; dans les

corps composés, chaque molécule renferme autant d'é-
léments qu'il en entre dans le corps lui-même. Ainsi,
une molécule de *soufre* ne renferme que du *soufre*, tandis qu'une molécule d'*eau* contient à la fois de l'*hydrogène* et de l'*oxygène*.

7. Des trois états des corps. — Nous savons que les
corps peuvent se présenter dans la nature sous trois
états : l'*état solide*, l'*état liquide* et l'*état gazeux*. L'eau,
suivant la température à laquelle elle est soumise, nous
en fournit un exemple.

Quand un corps solide devient liquide sous l'action de
la chaleur, on dit qu'il entre *en fusion* ou qu'il *fond*. Si
de l'état liquide il passe à l'état de *vapeur*, on dit qu'il
se *volatilise*.

8. Dissolution. — La dissolution est l'opération en
vertu de laquelle un corps *liquide* communique cet état
à un autre corps ; le cuivre se dissout dans l'eau-forte,
le sucre dans l'eau, le beurre dans l'éther.

9. Cristallisation. — Quand un corps fondu, volati-

Fig. 4.

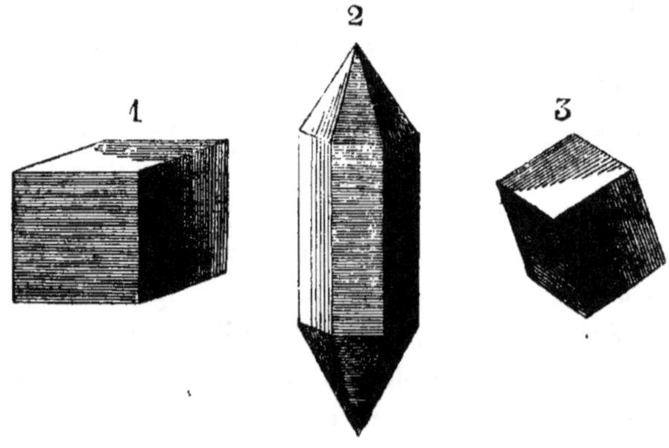

lisé ou dissous, repasse à l'état solide en affectant des formes géométriques régulières, on dit *qu'il cristallise*, et les solides réguliers sont appelés des *cristaux*.

Le sel marin peut affecter la forme 1, le cristal de roche la forme 2, la chaux carbonatée la forme 3, etc.

10. Cohésion et affinité.—Les corps étant constitués par des particules très-ténues appelées *molécules* qui sont simplement juxtaposées entre elles, on comprend qu'il doit y avoir, à l'intérieur des corps, une certaine force qui relie ces molécules afin de leur donner de la solidité.

La force qui réunit les molécules similaires des corps simples ou composés porte le nom de *cohésion ;* elle est très-développée dans les solides, très-faible dans les liquides, nulle dans les gaz et les vapeurs. Outre la cohésion, il y a encore une autre force qui réunit les éléments simples des corps composés, elle porte le nom d'*affinité chimique.*

Considérons, par exemple, un morceau de soufre S de forme quelconque, constitué par une série de molécules

Fig. 5.

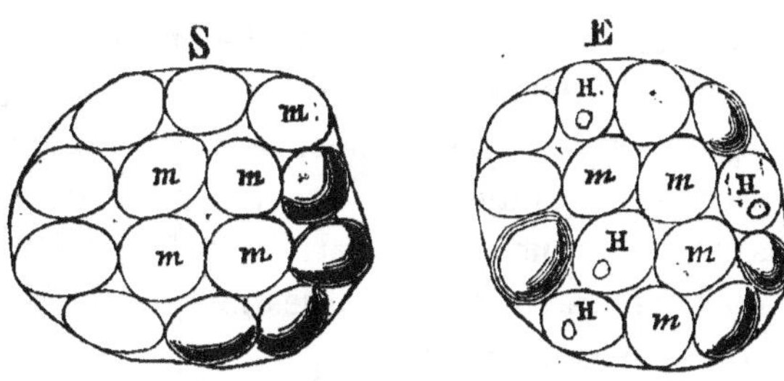

m considérablement grossies. Chacune de ces molécules étant simple comme le corps, la force qui les relie entre elles est la *cohésion*.

Prenons maintenant une goutte d'eau E, ce liquide

étant composé de deux éléments, l'*hydrogène* et l'*oxygène*, chaque molécule *m* renferme un certain poids de ces deux corps. Or, dans cette goutte d'eau, deux forces s'exercent entre les éléments, d'abord la *cohésion* qui agit entre les molécules composées *m*, et en second lieu l'*affinité* qui unit les deux éléments de nature différente, l'*hydrogène* (H) et l'*oxygène* (O), de manière à constituer la molécule composée.

Nous pourrions répéter le même raisonnement pour la substance *noire* formée de *soufre* et de *cuivre* que nous avons produite précédemment (n° 3).

11. Circonstances qui influent sur l'affinité. — Les corps ont les uns pour les autres des affinités très-variables et qui peuvent être modifiées par une foule de causes.

L'affinité exerce une action d'autant plus énergique que le contact des corps mis en présence est rendu plus intime, c'est pour cette raison que l'on fait intervenir souvent la *chaleur* dans les réactions chimiques : nous en avons eu la preuve quand nous avons déterminé la combinaison du *soufre* et du *cuivre*. Il est rare de voir deux corps solides réagir l'un sur l'autre à la température ordinaire ; mais si l'on a recours à la chaleur, cet agent ayant ordinairement pour effet de fondre ou de volatiliser les corps mis en présence, le contact des molécules est ainsi rendu plus parfait, l'affinité l'emporte alors sur la cohésion qui reliait les molécules simples et les éléments se combinent.

Quelquefois, au lieu d'employer la *chaleur*, on favorise l'affinité en faisant intervenir la *lumière* ou l'*électricité*.

12. Corps à l'état naissant. — Un corps qui, par suite de certaines réactions, vient à être dégagé d'une combinaison dont il faisait partie, est dit *à l'état naissant*. On a remarqué que, dans cet état, les corps avaient généralement beaucoup plus d'aptitude pour former de nouvelles combinaisons.

13. Analyse et synthèse. — *L'analyse est l'opération qui a pour but de séparer les divers éléments simples qui constituent les corps composés.*

Fig. 6.

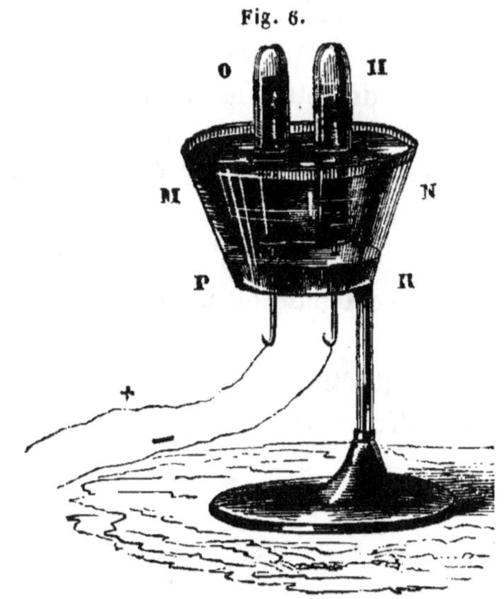

EXEMPLES : 1° Décomposition de l'eau par la pile en ses deux éléments, *oxygène* et *hydrogène*.

Dans un verre à pied MN fermé à sa partie inférieure par un bouchon de liége PR enduit d'un mastic isolant, on met de l'eau légèrement acidulée pour qu'elle conduise mieux l'électricité. — Le bouchon est traversé par deux petites lames de platine auxquelles on attache les fils de la pile, et sur chacune d'elles on renverse une petite cloche en verre préalablement remplie de l'eau du vase. Cette eau est décomposée par le courant électrique en ses deux éléments ; l'un des gaz se rend dans la cloche O qui correspond au pôle positif, l'autre dans la cloche H qui correspond au pôle négatif. A l'aide des caractères distinctifs propres à ces deux gaz et que nous indiquerons bientôt, on reconnaît que la cloche O renferme de l'*oxygène*, la cloche H de l'*hydrogène*.

2° Extraire le soufre et le cuivre du composé *noir* qui a pris naissance dans l'expérience du numéro 3 serait aussi faire l'analyse de cette matière.

La synthèse est l'opération qui a pour but de reconstituer les corps composés à l'aide des éléments simples qui entrent dans leur composition.

EXEMPLES : 1° Production de l'eau, en déterminant la combinaison de l'hydrogène et de l'oxygène à l'aide de l'étincelle électrique.

L'expérience peut être disposée comme l'indique la figure 7 ; nous la décrirons en détail quand nous étudierons l'*eau*.

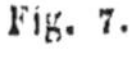

Fig. 7.

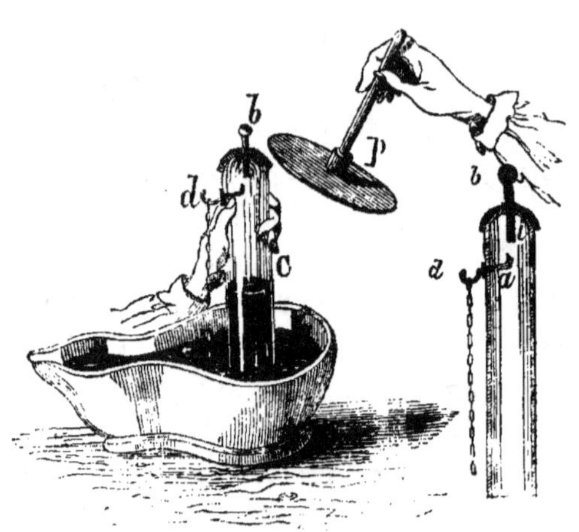

2° Production du composé *noir* obtenu dans l'expérience du numéro 3 en mettant en présence le soufre et le cuivre.

14. Notions de physique. — Avant d'entrer plus avant dans l'étude de la chimie, il est indispensable de rappeler ici quelques définitions de physique qui nous seront très-utiles par la suite.

15. Densité ou poids spécifique. — *La densité d'un corps est le poids de l'unité de volume de ce corps comparé au poids du même volume d'un autre corps pris pour unité.*

Pour les solides et les liquides, le poids de l'unité de volume de l'eau à la température de 4 degrés a été pris pour unité. — On peut prendre indifféremment pour unité de volume le *centimètre cube*, le *décimètre cube*, etc., mais alors le poids correspondant est le *gramme*, le *kilogramme*, etc.

Quand on dit qu'un corps solide ou liquide a une densité égale à 5 par exemple, cela signifie qu'un centimètre cube de cè corps pèse 5 fois plus qu'un centimètre cube d'eau à 4 degrés, c'est-à-dire 5 grammes. De même le décimètre cube de ce corps pèse 5 kilogrammes.

16. La densité des gaz et des vapeurs, au lieu d'être rapportée à l'eau, est rapportée à l'air, c'est-à-dire que l'on compare les poids d'un même volume d'air et de chacun de ces fluides élastiques.

Quand la température de l'air est 0 degré et que le baromètre marque 760 millimètres, le poids de 1 litre d'air sec est de 1^{gr},293 ; si l'on dit qu'un gaz a une densité égale à 2, 3, etc., cela signifie que le litre de ce gaz dans les mêmes conditions de température et de pression pèse 2, 3 fois 1^{gr},293.

EXEMPLE : L'oxygène ayant pour densité 1,1056, 1 litre de ce gaz pèse $1^{gr},293 \times 1,1056 = 1^{gr},429$.

Réciproquement, étant donné un certain poids d'un gaz, pour trouver le volume correspondant à 0 degré et à la pression 760, il faudra diviser le poids donné par celui de 1 litre de gaz.

EXEMPLE : $28^{gr},58$ d'oxygène correspondent à un nombre de litres fourni par la division $\dfrac{28,58}{1,429} = 20$ litres.

17. Un gaz est dit *permanent* quand il a conservé l'état gazeux, quels que soient les moyens employés pour le *liquéfier* ou le *solidifier* (pression ou refroidissement).

18. Action de la pile sur les corps composés. — Quand on soumet un composé à l'action d'une pile suffisamment énergique, il y a le plus souvent décomposition du corps, et ses éléments s'en vont les uns au pôle *positif*, les autres au pôle *négatif*.

EXEMPLE : Dans la décomposition de l'eau par la pile (n° 13), l'oxygène va au pôle *positif*, l'hydrogène au pôle *négatif*.

Or, en vertu du principe de physique, *que les électricités de nom contraire s'attirent et celles de même nom se repoussent*, tout corps simple ou composé qui, dégagé d'une combinaison, se rend au pôle *positif* de la pile, est dit *corps électro-négatif;* de même tout corps qui se rend au pôle *négatif* est dit *corps électro-positif*, parce que l'on admet que ces corps possèdent une électricité contraire à celle du pôle où ils se rendent.

19. Division de la chimie. — L'étude de la chimie se partage en deux grandes branches : la *chimie minérale* et la *chimie organique*.

La première s'occupe plus spécialement des corps et des combinaisons de la nature morte, la seconde a pour objet principal l'étude des substances produites par la végétation et par l'économie animale.

Dans la nature, la matière organique est fréquemment associée à la matière minérale.

EXEMPLES : Le bois, la viande, les os, etc., brûlés au contact de l'air, se consument, mais en laissant un résidu fixe appelé *cendres*. La partie qui disparaît ainsi sous l'action de la chaleur est la *matière organique* proprement dite, celle qui reste, la *matière minérale*.

Quatre corps simples, l'oxygène, l'hydrogène, le carbone et l'azote, entrent plus spécialement dans la composition des matières organiques, et suffisent souvent pour constituer certains principes parfaitement définis, tels que l'amidon, la cellulose, la gélatine, etc.; au règne minéral appartient au contraire une série de composés dont les éléments constituants sont bien plus nombreux, puisqu'ils comprennent tous les corps actuellement connus. Dans ce volume nous ne traiterons que de la chimie minérale.

20. Tableau des corps simples. — Les corps simples aujourd'hui connus sont au nombre de 62, mais nous n'indiquerons ici que ceux qui nous intéressent soit à l'état libre, soit à l'état de combinaison.

1. Oxygène.	9. Phosphore.
2. Hydrogène.	10. Arsenic.
3. Azote ou nitrogène.	11. Bore.
4. Soufre.	12. Silicium.
5. Chlore.	13. Carbone.
6. Brome.	—
7. Iode.	14. Potassium.
8. Fluor.	15. Sodium.

16. Barium.	26. Zinc.
17. Strontium.	27. Etain.
18. Calcium.	28. Antimoine.
19. Magnésium.	29. Plomb.
20. Manganèse.	30. Cuivre.
21. Fer.	31. Bismuth.
22. Aluminium.	32. Mercure.
23. Chrome.	33. Argent.
24. Cobalt.	34. Or.
25. Nickel.	35. Platine.

21. Métalloïdes et métaux. — On divise ordinairement les corps simples en deux grandes classes : les *métalloïdes* et les *métaux*.

La première classe comprend les treize premiers corps de notre tableau, la seconde renferme tous les autres.

Nous indiquerons bientôt les caractères qui distinguent les corps appartenant à ces deux classes.

CHAPITRE II.

22. Le nombre des corps *simples* n'étant pas très-considérable, il est possible de désigner chacun d'eux par un nom spécial et tout à fait arbitraire, mais il n'en est pas de même des corps *composés*. En présence de la multitude de produits fournis par la nature ou créés dans les laboratoires, les chimistes ont senti la nécessité d'adopter un *système de nomenclature*, c'est-à-dire un ensemble de règles qui permît de donner à chacun de ces corps un nom destiné à indiquer sa composition et souvent même ses propriétés les plus essentielles.

Les principes de cette nomenclature remontent à 1787, nous les devons à Guyton de Morveau, Lavoisier, Berthollet et Fourcroy, que l'Académie des sciences chargea de les rédiger à cette époque. Nous allons en donner l'exposé, en y joignant quelques exemples à l'appui afin d'être mieux compris.

23. Nomenclature des corps composés. — Les corps composés peuvent se partager en quatre groupes : 1° les *acides ;* 2° les *bases ;* 3° les *sels ;* 4° les *composés binaires dont l'oxygène n'est pas un élément.*

24. Des acides. — *On nomme* acides *les composés qui*

ont la propriété de rougir les teintures végétales [1] *et de se combiner aux bases pour former des sels.*

PRODUCTION D'UN ACIDE. — Prenons un plat creux renfermant de l'eau et sur cette eau plaçons une petite

Fig. 8.

[1] Les teintures végétales employées ordinairement dans les laboratoires sont : l'extrait aqueux de tournesol, qui est bleu, et le sirop de violette, qui est bleu violet. — Parmi les acides, les uns communiquent au tournesol bleu une couleur d'un *rouge vineux*, les autres, une *teinte rouge pelure d'oignon* ; les premiers sont dits acides faibles ; les autres, acides forts. — Le sirop de violette se trouve chez tous les pharmaciens ; quant à l'extrait aqueux de tournesol, on peut le préparer de la manière suivante : On broie 30 grammes de tournesol en pain du commerce et on les fait bouillir dans un demi-litre d'eau, jusqu'à ce que le liquide se colore en bleu foncé. Après quelques instants de repos, la liqueur est décantée sur un filtre et recueillie ensuite dans un flacon, où elle sera conservée.

Papier de tournesol bleu. On plonge dans l'extrait aqueux de tournesol des bandelettes de papier à filtre, et on les fait sécher ensuite.

Papier de tournesol rouge. Avant de plonger les bandelettes de papier, on ajoute dans l'extrait aqueux de tournesol quelques gouttes de vinaigre qui communiquent au liquide une teinte rouge.

capsule contenant un morceau de phosphore de la grosseur d'un pois. Si l'on enflamme le phosphore et qu'on le recouvre rapidement avec une cloche en verre, on voit des fumées blanches très-épaisses se répandre dans la cloche. Quand la combustion est achevée, ces fumées disparaissent peu à peu en se dissolvant dans l'eau. Si l'on enlève alors la cloche et que l'on verse de la *teinture bleue de tournesol* dans ce liquide, cette teinture passe immédiatement au *rouge*. La combustion du phosphore dans l'air emprisonné sous la cloche a donc donné naissance à un *acide*.

En effet, les fumées blanches observées n'étaient autre chose que le résultat de la combinaison du phosphore avec l'oxygène (un des éléments de l'air), et cette combinaison soluble dans l'eau est un *acide*, puisqu'elle rougit la couleur bleue du tournesol.

Les acides se divisent en deux groupes principaux : les oxacides et les hydracides.

Les *oxacides* sont les acides résultant de la combinaison d'un métalloïde ou d'un métal avec l'*oxygène*.

Les hydracides sont les acides résultant de la combinaison d'un métalloïde avec l'*hydrogène*.

25. Nomenclature des oxacides. — 1° *Quand un poids déterminé d'un corps simple, métalloïde ou métal, ne donne qu'une seule combinaison acide avec l'oxygène, on désigne le composé par le mot* acide *que l'on fait suivre du nom du corps simple terminé en* ique.

EXEMPLE : Combinaison acide du carbone avec l'oxygène : *acide carbonique.*

2° *Quand un poids déterminé de ce corps simple, en se combinant à des quantités différentes d'oxygène, forme deux combinaisons acides, on réserve dans ce cas la ter-*

minaison ique *pour la combinaison la plus oxygénée, et on donne à l'autre la terminaison* eux.

EXEMPLE : L'arsenic peut se combiner avec l'oxygène dans les deux proportions suivantes :

75 d'arsenic et 24 d'oxygène.

— 40 —

La première combinaison est appelée *acide arsenieux,* la seconde, plus oxygénée, *acide arsénique.*

3° *Si le nombre des combinaisons acides que le même poids d'un corps simple forme avec l'oxygène est supérieur à deux, on se sert de la préposition* hypo *pour distinguer ces combinaisons entre elles.*

EXEMPLE : Le soufre peut se combiner avec l'oxygène dans les proportions suivantes :

1° 16 de soufre. . . . . .   8 d'oxygène.
2° 16   —   16   —
3° 16   —   20   —
4° 16   —   24   —

Pour désigner ces quatre combinaisons, on réserve les terminaisons *eux* et *ique* pour la deuxième et la quatrième, et l'on a alors la liste suivante :

1° Acide hyposulfureux [1] ;

2° Acide sulfureux ;

3° Acide hyposulfurique ;

4° Acide sulfurique.

Le mot *hypo* signifie *au-dessous,* de telle sorte que si l'on dit : *acide hyposulfureux,* cela indique un acide moins oxygéné que l'acide *sulfureux.* Si l'on dit : *acide hyposulfurique,* cela indique un acide moins oxygéné que l'acide *sulfurique,* mais plus oxygéné que l'acide *sulfureux.*

[1] *Sulfur* signifie *soufre.*

Enfin, on emploie quelquefois la préposition *per* pour désigner la combinaison la plus oxygénée.

EXEMPLE : *Acide perchlorique*, acide du chlore le plus riche en oxygène.

26. Nomenclature des hydracides. — *Pour désigner un hydracide, on se sert de la seule terminaison hydrique, que l'on ajoute au nom du corps simple combiné avec l'hydrogène.*

EXEMPLES : Combinaison acide du chlore avec l'hydrogène, *acide chlorhydrique ;*

Combinaison acide du soufre avec l'hydrogène, *acide sulfhydrique*, etc.

La terminaison *eux* ou la préposition *hypo* sont inutiles dans ce cas, parce que les métalloïdes ne forment jamais qu'une seule combinaison acide avec l'hydrogène.

27. Des oxydes ou des bases. — *On donne le nom d'oxydes aux composés binaires oxygénés ne jouissant pas des propriétés acides, c'est-à-dire ne rougissant pas la teinture bleue du tournesol.*

On peut partager les oxydes en deux classes principales :

1° *Les oxydes qui peuvent se combiner aux acides pour donner des composés appelés* sels :

Ces oxydes sont désignés plus particulièrement sous le nom de *bases*, et celles qui sont solubles dans l'eau *bleuissent* la teinture rougie du tournesol et verdissent le sirop de violette.

2° *Les oxydes qui n'ont pas la propriété de se combiner aux acides pour donner des sels.*

28. Production d'une base. — Si l'on prend un fragment d'un métal appelé *sodium* et qu'on l'expose à l'air sur une soucoupe, le sodium absorbera bientôt l'oxygène et la vapeur d'eau de l'air ; il se ternira, et si l'on a soin de l'écraser pour faciliter l'action de l'air sur

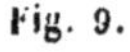

Fig. 9.

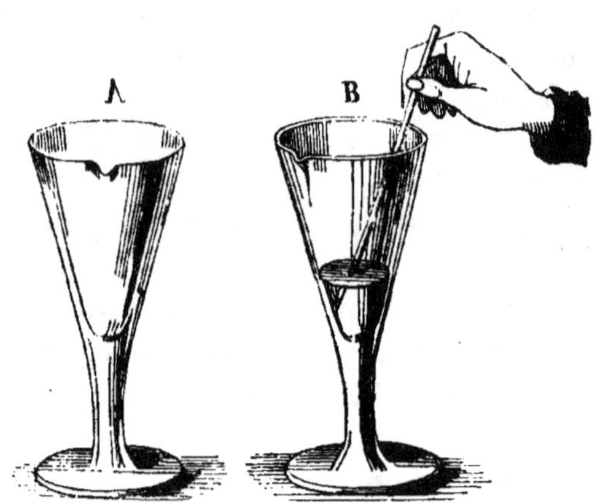

toutes ses parties, il se transformera en une matière blanche qui se dissoudra dans la vapeur d'eau absorbée. Si l'on partage alors dans deux verres à pied le liquide obtenu et que dans l'un A on verse un peu de *teinture de tournesol* préalablement *rougie* et dans l'autre B du *sirop de violette*, on verra le tournesol redevenir *bleu* en A et le sirop de violette passer à la couleur *verté* en B.

Le métal appelé *sodium*, par son exposition à l'air, s'est donc transformé en *base* en se combinant à l'oxygène de l'atmosphère.

29. Nomenclature des oxydes ou des bases. — 1° *Quand un poids déterminé d'un corps simple ne se combine qu'en une seule proportion avec l'oxygène pour donner un oxyde, on désigne le composé en énonçant le mot* *collectif* oxyde *que l'on fait suivre du nom du corps simple.*

EXEMPLE : Combinaison du sodium et de l'oxygène, *oxyde de sodium.*

2° Si le même poids du corps simple peut former plusieurs oxydes, c'est-à-dire s'unir en plusieurs proportions avec l'oxygène, on désigne ces divers composés en faisant précéder le nom collectif oxyde, *des mots* proto, sesqui, bi, tri, etc.

Le *protoxyde* est l'oxyde qui pour un poids déterminé d'un corps simple renferme le moins d'oxygène.

Le *sesquioxyde* renferme moitié en plus d'oxygène que le protoxyde pour la même dose de l'autre élément.

Le *bioxyde* contient deux fois autant d'oxygène que le protoxyde.

Le *trioxyde* en contient trois fois autant, etc.

EXEMPLE : Le manganèse peut former avec l'oxygène les combinaisons suivantes :

$27^{gr},5$ de manganèse et	8 d'oxygène,	*protoxyde.*
—	12 —	*sesquioxyde.*
—	16 —	*bioxyde*, etc.

NOTA. On appelle souvent l'oxyde le plus oxygéné *peroxyde.*

30. Irrégularités de nomenclature. — La première combinaison basique de l'oxygène avec les métaux, tels que le potassium, le sodium, le magnésium, etc., doit être désignée par le nom d'*oxyde de potassium, oxyde de sodium, oxyde de magnésium*, etc , mais dans le langage ordinaire on dit souvent : potasse, soude, magnésie, etc. On devra donc se rappeler que :

La potasse est de l'oxyde de potassium.
La soude   —   de sodium.
La baryte   —   de barium.
La strontiane   —   de strontium.
La chaux   —   de calcium.
La magnésie   —   de magnésium.
L'alumine   —   d'aluminium.

30 *bis*. Alcalis minéraux. — Parmi les bases, on distingue une classe de corps qui ont reçu le nom d'*alcalis*. Ces composés sont solubles dans l'eau, ont une saveur âcre et urineuse, verdissent le sirop de violette, se carbonatent à l'air et transforment rapidement les matières animales en composés solubles. — Les alcalis proprement dits sont : la *potasse*, la *soude* et l'*ammoniaque*.— On appelle encore *alcalis terreux* ou *terres alcalines* les bases telles que la *chaux*, la *baryte*, la *strontiane* et la *magnésie*.

31. Des sels. — *Un sel résulte de la combinaison d'un acide avec une base.*

PRODUCTION D'UN SEL. — Prenons deux verres à pied, renfermant tous deux 50 centimètres cubes d'eau pure. Dans le premier verre A ajoutons 1 à 2 centimètres cubes d'acide sulfurique ordinaire (huile de vitriol du commerce), dans le second B faisons dissoudre 5 ou 6 grammes d'un oxyde qui nous est connu, l'*oxyde de sodium* ou la *soude*. Ceci fait, ajoutons quelques gouttes de teinture bleue dans le verre A, cette liqueur passera au rouge, puisqu'elle tombe dans un acide.

Si maintenant on ajoute goutte à goutte dans ce verre A la liqueur alcaline renfermée dans le verre B, et si l'on a soin d'agiter avec une petite baguette de verre (un agitateur), il arrivera un moment où la teinte

rouge du liquide passera au violet ; quelques gouttes de
plus de liqueur alcaline ramèneraient la teinture de
tournesol au bleu primitif. Comment expliquer cette
réaction ?

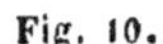

Fig. 10.

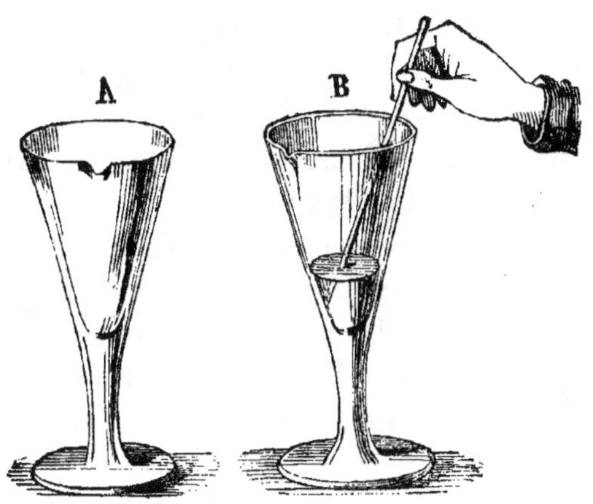

Nous avons dit déjà que les bases étaient des oxydes
qui pouvaient se combiner aux acides pour donner des
sels. Or, l'oxyde de sodium ou la soude, étant mis en
présence de l'acide sulfurique, se combine à cet acide,
en détruisant peu à peu la propriété de ce composé. —
Quand le tournesol préalablement rougi repasse au
violet, cela indique que l'acide sulfurique a perdu complétement sa propriété *acide;* on dit alors qu'il est *neu-
tralisé* ou *saturé* par la soude. A ce moment, il s'est
formé un *sel neutre* dans la liqueur.

Si la soude neutralise peu à peu l'acide sulfurique, il
est également vrai de dire que *l'acide neutralise la base,*
car autrement la soude devrait bleuir le tournesol

rouge, tandis que ce dernier effet ne se produit que si l'on verse de la dissolution alcaline en quantité plus que suffisante pour neutraliser l'acide employé.

Si l'on faisait évaporer dans une capsule et à une douce chaleur le liquide obtenu dans le verre A, et qu'on abandonnât ensuite à lui-même le liquide réduit au cinquième du volume primitif, on verrait au bout de quelques jours des *cristaux* se déposer au fond de la capsule. Ce serait le *sel* qui se séparerait de l'eau en excès, et l'on aurait ainsi un exemple de la cristallisation d'un corps par voie de dissolution.

32. Nomenclature des sels. — I. On forme le nom des sels en tenant compte de trois choses : 1° de la nature de l'acide ; 2° de celle de la base ; 3° des proportions suivant lesquelles l'acide et la base sont combinés.

Le nom de l'acide détermine le *genre* du sel, le nom de la base détermine l'*espèce*.

1° *Tout acide terminé en* ique *donne un sel dont le nom générique est terminé en* ate.

EXEMPLE : L'acide sulfurique, en se combinant avec une base, donne un *sulfate*. ·

L'acide phosphorique donne un *phosphate* [1]. ·

L'acide carbonique donne un *carbonate*.

L'acide hypochlorique donne un *hypochlorate*, etc.

2° *Un acide terminé en* eux *donne un sel dont le nom générique est terminé en* ite.

EXEMPLE : L'acide sulfureux, en se combinant avec une base, donne un *sulfite ;*

L'acide hypochloreux donne un *hypochlorite ;*

L'acide arsenieux donne un *arsénite*, etc.

---

[1] On dit : sulfate, phosphate, au lieu de : sulfurate, phosphorate.

3° *Le nom générique du sel étant déterminé, on le fait suivre du nom de la base.*

EXEMPLES :

Les acides { sulfureux, sulfurique, carbonique, hypochloreux, arsénique, } en se combinant avec { l'oxyde de plomb (1), — de sodium (2), — de calcium (3), — de potassium (4), — d'argent (5), }

donnent les sels suivants :

(1) *Sulfite d'oxyde de plomb ;*

(2) *Sulfate d'oxyde de sodium* (c'est le sel qui a pris naissance dans l'expérience du numéro 31) ;

(3) *Carbonate d'oxyde de calcium ;*

(4) *Hypochlorite d'oxyde de potassium ;*

(5) *Arséniate d'oxyde d'argent.*

ABRÉVIATIONS.—Le plus souvent, on se contente dans le langage ordinaire de dire simplement : sulfate de soude, sulfite de plomb, carbonate de chaux, etc., mais il ne faut pas oublier que ce n'est point le métal, mais bien l'oxyde de ce métal qui est combiné à l'acide.

II. *L'acide et la base d'un sel se combinent souvent en plusieurs proportions pour donner naissance à différents sels que l'on désigne par les noms de sels neutres,* acides *ou* basiques.

EXEMPLES : La potasse peut donner avec l'acide sulfurique les combinaisons suivantes :

(A) 47 de potasse peuvent se combiner à   40 d'acide sulfurique,
(B)   —   —   à 80   —
(C)   —   —   à 120   —

quantités d'acide qui pour un même poids de base sont entre elles comme les nombres 1, 2, 3.

Réciproquement, l'acide sulfurique peut donner avec la soude les combinaisons suivantes :

(D) 40 d'acide sulfurique peuvent se combiner à 31 de soude,
(E)   —   —   à 62   —
(F)   —   —   à 93   —

quantités de base qui pour un même poids d'acide sont aussi entre elles comme les nombres 1, 2, 3.

Un sel est dit neutre *quand il n'exerce aucune réaction sur les réactifs colorés ; il est ordinairement formé d'une partie d'acide et d'une partie de base.*

Tels sont les sulfates de potasse et de soude (A) et (D) des exemples précédents.

Un sel est dit acide *quand, pour un poids déterminé de base, il renferme 2, 3..... parties d'acide. Il rougit alors la teinture bleue de tournesol quand il est soluble.*

Tels sont les *sulfates de potasse* (B) et (C).

Pour indiquer les proportions d'acide que renferme un sel, on se sert des mêmes mots *proto, sesqui, bi, tri,* etc., que pour indiquer les divers degrés d'oxygénation d'un métal.

Les sulfates (A) (B) (C) seront donc appelés :

(A) *Protosulfate,* ou simplement *sulfate de potasse ;*
(B) *Bisulfate de potasse ;*
(C) *Trisulfate de potasse.*

Un sel est dit basique *quand, pour un poids déterminé d'acide, il renferme 2, 3..... parties de base.* Quand il est soluble, il ramène au bleu la teinture rougie du tournesol.

On se sert encore dans ce cas des mêmes mots *bi, tri, quadri,* pour indiquer les proportions de base que ces sels renferment.

Les sulfates (D) (E) (F) seront donc appelés :

(D) *Sulfate de soude protobasique*, ou simplement *sulfate de soude ;*

(E) *Sulfate de soude bibasique ;*

(F) *Sulfate de soude tribasique.*

33. Nomenclature des composés dont l'oxygène n'est pas un élément. — Jusqu'ici, sauf pour le cas des hydracides, nous avons vu l'oxygène faire partie de toutes les combinaisons (acides, bases et sels) dont nous avons établi la nomenclature; mais il existe encore un grand nombre de composés ne renfermant point d'oxygène et résultant de la combinaison d'*un métalloïde avec un métal*, ou de *deux métalloïdes* entre eux. Nous allons indiquer les règles de nomenclature relatives à ces nouveaux composés.

1° *Quand un métalloïde autre que l'oxygène se combine avec un métal pour former une combinaison qui n'est ni acide, ni basique, on désigne cette combinaison en donnant au métalloïde la terminaison* ure *que l'on fait suivre du nom du métal.*

EXEMPLES : Le chlore en se combinant avec le plomb donne du *chlorure de plomb.*

Le soufre avec le cuivre, du *sulfure de cuivre* (expérience du numéro 3, 1°).

2° *Si le même poids d'un métalloïde se combine avec un métal en plusieurs proportions, on fait précéder le nom du métalloïde des mêmes prépositions* proto, sesqui, bi, tri, etc., *que dans le cas des oxydes.*

EXEMPLE : Le soufre peut donner avec le potassium les combinaisons suivantes :

(A) 16 de soufre pour 47 de potassium,
(B) 32 — —
(C) 48 — —

Pour un même poids de potassium, les quantités de soufre étant entre elles comme les nombres 1, 2, 3, ces combinaisons sont désignées comme il suit :

(A) *Protosulfure de potassium*, (B) *bisulfure*, (C) *tri-sulfure*.

3° *Quand deux métalloïdes se combinent entre eux, l'on donne à l'un d'eux la terminaison* ure, *et l'on nomme à la suite l'autre métalloïde.*

Le métalloïde qui prend la terminaison *ure* est celui qui vient le premier dans la liste suivante, que nous justifierons à la fin du chapitre.

Fluor, chlore, brome, iode, soufre, azote, phosphore, arsenic, bore, silicium, carbone, hydrogène.

EXEMPLES : Soit une combinaison de *chlore* et d'*arsenic*, on devra dire : *chlorure d'arsenic*, puisque le chlore vient avant l'arsenic dans la liste précédente.

Si le chlore se combinait en plusieurs proportions avec un même poids d'arsenic, on emploierait, comme dans les cas précédents, les mots *proto, bi, tri*, etc., pour distinguer ces diverses combinaisons entre elles.

34. Exceptions aux règles précédentes. — 1° Les combinaisons avec l'*hydrogène* des métalloïdes, tels que le *chlore*, le *soufre*, le *fluor*, l'*iode*, le *brome*, devraient, d'après ce qui précède, être désignées par les noms de *chlorure d'hydrogène, sulfure d'hydrogène*, etc., mais, comme nous l'avons dit au commencement de ce chapitre, ces combinaisons jouissant des propriétés acides, on en a fait une classe à part, celle des *hydracides*, et l'on dit : *acide chlorhydrique, sulfhydrique*, etc.

2° Il existe une combinaison d'*azote* et d'*hydrogène* que l'on devrait appeler *azoture d'hydrogène*, mais il est d'usage de la désigner sous le nom d'*ammoniaque* ou *alcali volatil*.

De même pour une combinaison d'*azote* et de *carbone*, que l'on nomme *cyanogène*, au lieu de dire : *azoture de carbone*.

35. Alliages et amalgames. — Les combinaisons des métaux entre eux portent le nom d'*alliages*. On dit : *alliage de cuivre d'étain, alliage de plomb et de zinc*.

Quand le mercure est un des métaux constituants de l'alliage, on donne au composé le nom d'*amalgame*.

EXEMPLE : *Amalgame de zinc*, c'est-à-dire *alliage de mercure et de zinc*.

36. Action de la pile sur les sels, les acides, les oxydes et les composés binaires dans lesquels l'oxygène n'est pas un élément. — 1° *Décomposition d'un sel*.

Quand, sous l'influence d'une pile, un sel est décomposé en *acide* et en *base*, l'acide va toujours au pôle *positif*, la base au pôle *négatif*.

D'après ce que nous avons dit (n° 18), l'acide est donc l'élément *électro-négatif*, la base l'élément *électro-positif*.

EXPÉRIENCE : Dans le tube recourbé U, on introduit une dissolution de *sulfate de soude* légèrement colorée par du sirop de violette, et l'on fait communiquer les deux réophores de la pile avec les lames de platine N et P qui plongent dans les deux branches du tube (fig. 11).

On voit bientôt la liqueur changer de teinte ; elle devient *rouge* dans la branche qui communique avec le réophore positif et *verte* dans l'autre branche, ce qui prouve que l'acide s'est porté au pôle *positif*, et la base *alcaline* au pôle *négatif*.

2° Quand l'action galvanique est suffisamment énergique pour que l'*acide* et la *base* soient eux-mêmes dé-

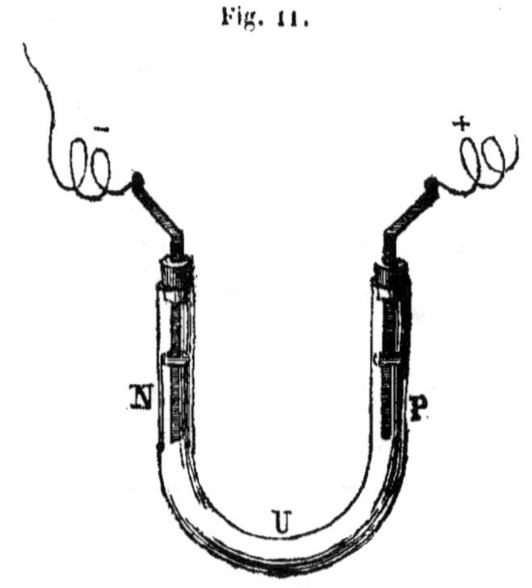

Fig. 11.

composés, l'*oxygène* des deux composés va toujours au pôle *positif*, l'autre métalloïde et le métal, au pôle *négatif* : l'*oxygène* est donc toujours l'élément *électro-négatif*.

3° S'il s'agit d'un composé binaire dans lequel l'oxygène n'entre pas, le corps *électro-négatif* est celui que l'on énonce le premier en vertu de la règle ci-dessus (n° 33, 3°).

EXEMPLE : Si l'on décompose par la pile les composés suivants : *acide chlorhydrique, sulfurique, chlorure de plomb, sulfure d'arsenic*, etc., le chlore, le soufre, se rendront au pôle *positif*, l'hydrogène, le plomb, l'arsenic, etc., au pôle *négatif*.

Telles sont les règles de nomenclature les plus importantes à connaître : si nous avons traité la question avec
quelques détails, c'est que la nomenclature est la clef
de la chimie et que, sans la parfaite connaissance des
règles que nous venons d'exposer, il est impossible de
faire le premier pas dans l'étude de cette science.

CHAPITRE III.

DES MÉTALLOÏDES.

---

37. Nous avons dit, en terminant le premier chapitre, que les corps simples se partageaient ordinairement en deux grandes classes : les *métalloïdes* et les *métaux ;* nous allons nous occuper des corps appartenant à la première classe.

CARACTÈRES DES MÉTALLOÏDES. — Les métalloïdes sont des corps simples qui, à l'inverse des métaux, ne jouissent généralement pas de l'éclat métallique et conduisent mal la chaleur et l'électricité. Les combinaisons des métalloïdes avec l'oxygène sont ordinairement *acides*, tandis que celles des métaux avec le même corps sont le plus souvent des *bases*.

OXYGÈNE, HYDROGÈNE, AZOTE.

OXYGÈNE (O).

Équivalent = 8 [1].

38. Propriétés physiques et chimiques. — L'oxygène est un gaz incolore, inodore, insipide et permanent.

---

[1] Nous indiquerons au chapitre VII l'usage des symboles tels que (o) et des équivalents tels que (8), placés en regard de chaque corps simple.

Sa densité D $= 1{,}1056$; il est, par conséquent, plus dense que l'air dont la densité est prise pour unité. 1 litre d'oxygène à 0 degré et sous la pression 760 pèse $1^{gr}{,}293 \times 1{,}1056 = 1^{gr}{,}429$.

1 litre d'eau peut dissoudre 46 centimètres cubes d'oxygène à la température de 15 degrés.

Préparation du gaz oxygène. — On fait un mélange intime et à poids égaux de 30 grammes d'un sel appelé *chlorate de potasse* et de *peroxyde de manganèse* (ce dernier composé n'est là que pour faciliter la réaction). On introduit le mélange dans un petit ballon B de 150 centimètres cubes de capacité environ, auquel on adapte un tube T, qui plonge dans une cuve pleine d'eau et dont l'extrémité recourbée s'engage sous une cloche C ou éprouvette également remplie d'eau. On chauffe doucement le mélange avec une lampe à alcool, et bientôt le gaz se dégage : quand on en a recueilli cinq ou six éprouvettes, on arrête l'opération.

Fig. 12.

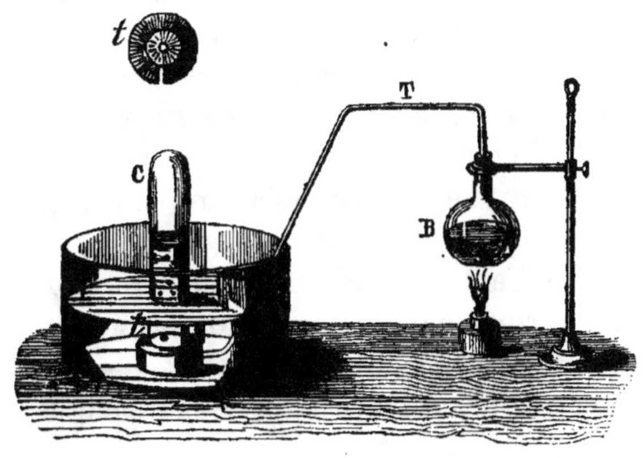

Théorie de la préparation. — D'après les règles de la nomenclature, le chlorate de potasse renferme de l'acide chlorique et de l'oxyde de potassium ; sous l'influence de la chaleur, le sel est décomposé, tout son oxygène se dégage à l'état gazeux, le chlore

39. Caractère distinctif de l'oxygène. — Si l'on plonge dans une éprouvette remplie d'oxygène une pe-

Fig. 13.

tite bougie ou une allumette éteintes, mais conservant encore quelques points en ignition, ces corps se rallument et brûlent avec une flamme brillante.

40. Affinité pour les autres corps. — L'oxygène peut se combiner avec presque tous les autres corps, surtout quand on fait intervenir la chaleur.

Expériences : Le charbon, le soufre, et particulièrement le phosphore, allumés et plongés dans un flacon d'oxygène, brûlent avec une belle lumière et donnent lieu, par leur combinaison avec ce gaz, aux acides *carbo-*

---

et le potassium se combinent pour donner du chlorure de potassium qui reste dans le ballon.

Chlorate de potasse.	Acide chlorique....	Oxygène............... se dégage ⟶
		Chlore... ⎱ Se combinent ⎰ Chlorure
		Potassium. ⎰ et donnent ⎱ de potassium.
	Oxyde de potassium.	Oxygène............... se dégage ⟶

nique, *sulfureux* et *phosphorique* (fig. 14).

Un ressort d'acier porté au rouge à l'une de ses extrémités et plongé dans un flacon plein d'oxygène brûle également avec une vive clarté. Il projette autour de lui de brillantes étincelles et lance des globules fondus d'oxyde de fer (fig. 15).

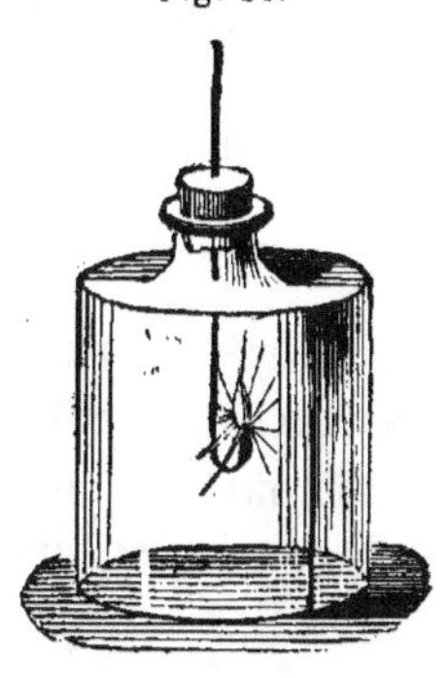

Fig. 14.

Ces diverses combinaisons font voir que l'oxygène est le véritable agent de la combustion ordinaire : on le nomme pour cette raison *gaz combu-rant*, et les corps qu'il sert à brûler sont dits *corps combustibles*.

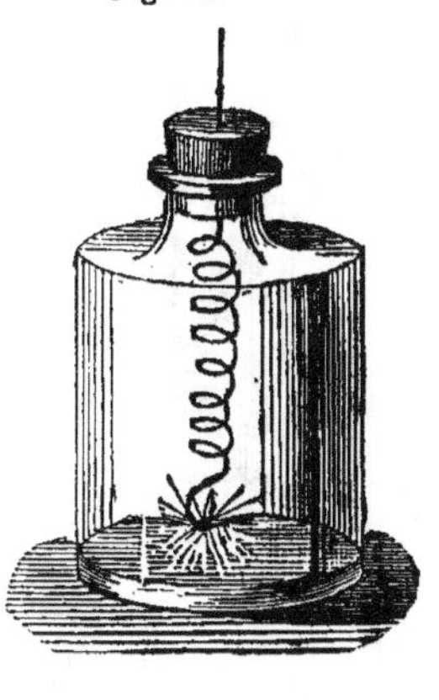

Fig. 15.

41. Etat naturel. Usages. — L'oxygène est universellement répandu dans la nature, à l'état de combinaison ou de mélange. Il fait partie constituante de l'atmosphère qui enveloppe notre globe, c'est un des deux éléments qui composent l'eau ; on le trouve aussi dans toutes les substances végétales et animales, et dans la plupart des minéraux.

Ce gaz est l'élément indispensable de tous les phénomènes de combustion, de respiration, de végétation et de fermentation ; mais l'énergie de son action est tempérée par la présence dans l'air d'un autre gaz appelé *azote* que nous allons étudier à la fin de ce chapitre.

HYDROGÈNE (H).

Eq. = 1.

42. Propriétés physiques et chimiques. — L'hydrogène est un gaz incolore, inodore, très-peu soluble dans l'eau, insipide et permanent. D = 0,0692. Poids de 1 litre de ce gaz $1^{gr},293 \times 0,0692 = 0^{gr},0895$. Ce gaz est environ 14 fois 1/2 plus léger que l'air.

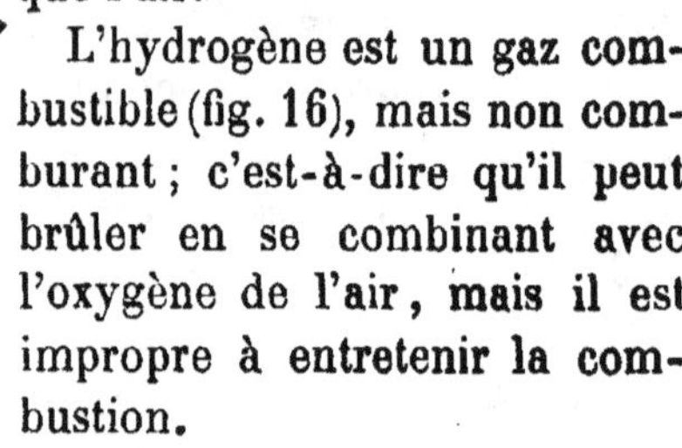

L'hydrogène est un gaz combustible (fig. 16), mais non comburant ; c'est-à-dire qu'il peut brûler en se combinant avec l'oxygène de l'air, mais il est impropre à entretenir la combustion.

Remarque : Il faut avoir soin de n'enflammer le jet de gaz qui s'échappe de l'orifice *a* que cinq minutes environ après que le dégagement a commencé, autrement il pourrait y avoir explosion.

La flamme de l'hydrogène, quoique très-peu éclairante, n'en est pas moins cependant une des plus chaudes.

Préparation de l'hydrogène.—Dans un flacon AB, à deux tubulures, d'un demi-litre de capacité environ, on met 40 à 50 grammes de grenaille de zinc et 250 centimètres cubes d'eau, et l'on y ajuste les deux tubes T et T'.

On verse ensuite *peu à peu* de l'acide sulfurique ou huile de vitriol du commerce sur le mélange, à l'aide du petit entonnoir qui

43. La combustion de l'hydrogène avec l'oxygène donne de l'eau. — On peut le démontrer de la manière suivante (fig. 18) :

Entre le flacon F, producteur de l'hydrogène, et le tube de dégagement *t*, on interpose un autre tube plus

surmonte le tube T, et l'on recueille dans la cloche E, préalablement remplie d'eau, le gaz hydrogène qui se dégage.

Fig. 17.

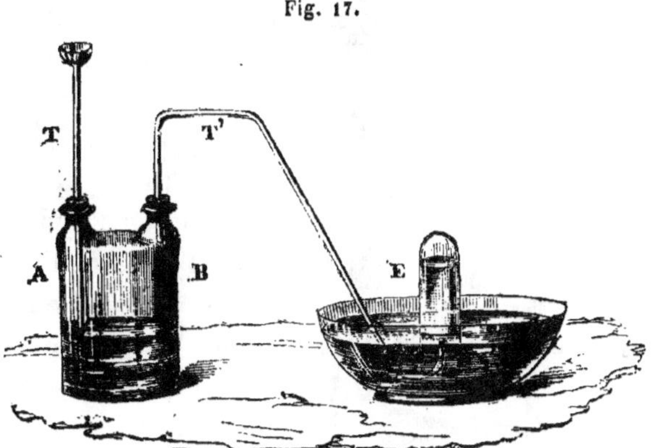

Théorie de la préparation. — Le zinc jouit de la propriété de décomposer l'eau (formée d'hydrogène et d'oxygène) en présence de l'acide sulfurique, ce métal se combine à l'oxygène de cette eau et met l'hydrogène en liberté. L'oxyde de zinc se combine à son tour à l'acide sulfurique pour donner du *sulfate de zinc*, qui reste en dissolution dans le flacon.

Zinc. . . . .⎫

⎩ Oxygène. . . . . .⎫ Oxyde de zinc. . . . .⎫

Eau.⎨   Sulfate

⎩ Hydrogène. . . . se dégage ➡   ⎭ d'oxyde de zinc.

Acide sulfurique. . . . .⎭

gros T qui renferme du chlorure de calcium anhydre. Le gaz, en traversant ce tube T, se dessèche complète-ment, parce que le chlorure très-avide d'eau lui enlève son humidité. Si l'on allume alors le jet d'hydrogène à l'extré-mité *o* et que l'on entoure la flamme avec une cloche en verre, on la voit bientôt se recouvrir de gouttelettes qui résultent de la condensation, sur les parois, de la vapeur d'eau formée par la combinaison de l'hydrogène avec l'oxygène de l'air.

44. Mélange explosif formé par l'hydrogène et l'oxygène. — Si l'on mélange, dans une éprouvette à parois un peu épaisses, 2 *volumes d'hydrogène pour* 1 *d'oxygène*, et si l'on présente ce mélange à la flamme d'une bougie (fig. 19), celui-ci s'enflamme en produisant une explosion plus ou moins forte.

Fig. 18.

Dans cette expérience, les deux gaz se combinent et

donnent encore lieu à de *l'eau* qui s'échappe à l'état

Fig. 19.

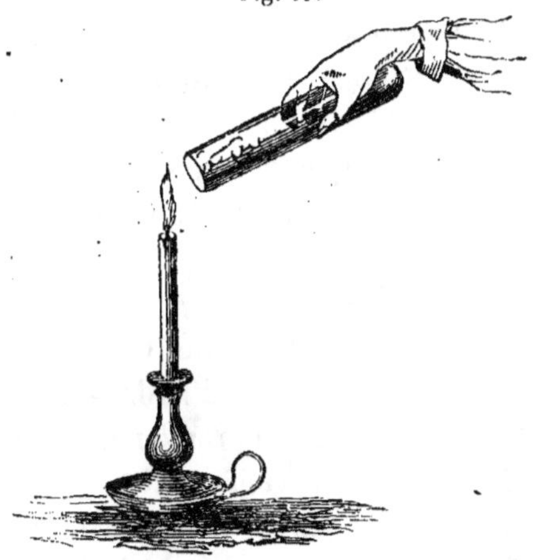

de vapeur par l'orifice de l'éprouvette.

Cette expérience explique pourquoi l'on entend une

Fig. 20.

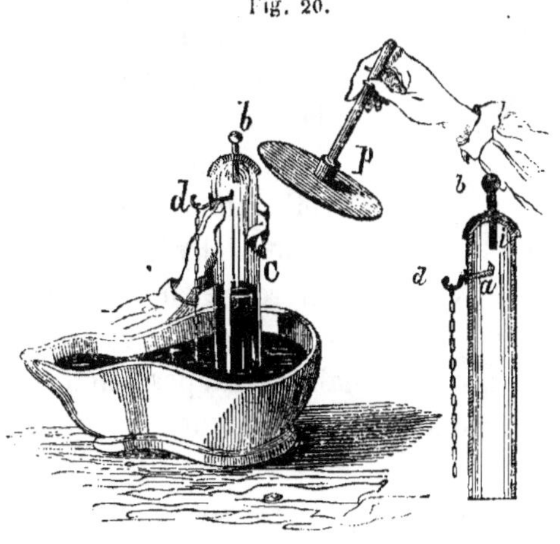

petite détonation quand on enflamme de l'hydrogène

pur renfermé dans une éprouvette. — A ce moment, il y a toujours, en effet, un peu de gaz qui se mélange à l'oxygène de l'air pour constituer un mélange explosif. On peut aussi déterminer l'inflammation du mélange précédent en y faisant passer une étincelle électrique (fig. 20) ou bien en y projetant une matière très-divisée, telle que de la *mousse de platine*, préparée comme il sera dit à l'article du platine.

EXPÉRIENCE *pour démontrer la légèreté de l'hydrogène :*

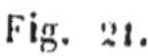

Fig. 21.

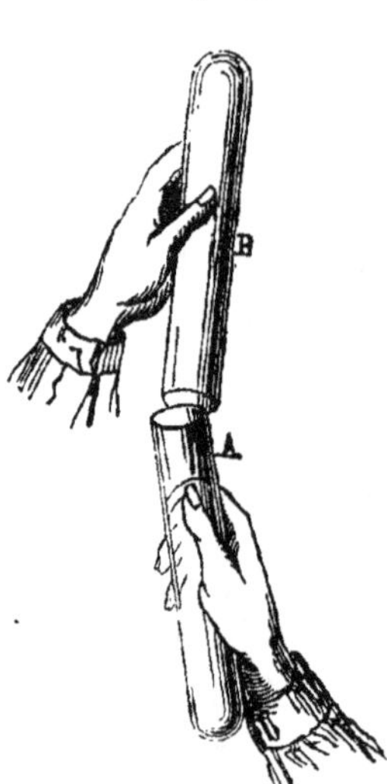

On prend une éprouvette A pleine d'hydrogène (fig. 21), et l'on renverse dessus une autre éprouvette B pleine d'air. Après quelques instants, si l'on approche de la flamme d'une bougie l'éprouvette B, on obtient une explosion plus ou moins forte, ce qui prouve que l'hydrogène, en vertu de son extrême légèreté, s'est élevé de A en B et s'est mélangé à l'air renfermé dans l'éprouvette supérieure.

45. L'hydrogène est un gaz impropre à la respiration, parce qu'il n'est pas comburant comme l'oxygène, mais il n'est pas délétère, c'est-à-dire qu'il peut asphyxier par manque d'oxygène, mais il n'empoisonne pas.

46. Affinité pour les autres corps. — A froid, l'hydrogène a peu d'action sur les autres corps, par voie indirecte il donne lieu à quelques composés importants,

tels que les *carbures d'hydrogène*, les *hydracides*, l'ammoniaque, etc.

47. Etat naturel. Usages. — L'hydrogène joue
un grand rôle dans la nature, comme faisant partie
de l'eau et de toutes les substances végétales et animales.

En raison de sa faible densité, ce gaz est employé
pour gonfler les aérostats. La haute température que
développe en brûlant le mélange de 2 volumes d'hydrogène et 1 d'oxygène a été utilisée pour fondre certaines
substances très-réfractaires.

AZOTE OU NITROGÈNE (AZ OU N).

$$Eq. = 14.$$

Nitrogène vient de *nitre*, nom donné au salpêtre, sel
dans lequel l'azote se trouve en combinaison.

48. Propriétés, etc. — L'azote est un gaz incolore,
inodore, insipide et permanent.

$D = 0,971$, c'est-à-dire un peu plus faible que celle
de l'air. Poids de 1 litre d'azote, $1^{gr},26$. 1 litre d'eau à
15 degrés dissout environ 25 centimètres cubes d'azote,
par conséquent, moins que d'oxygène.

49. Caractéres distinctifs de l'azote. — Ce gaz se
signale surtout par ses propriétés négatives.

Il est *impropre* à la combustion; une bougie allumée
s'éteint instantanément dans ce gaz (fig. 22).

Il est *impropre* à la respiration; les animaux plongés
dans l'azote y périssent asphyxiés par manque d'oxygène,
mais non empoisonnés.

On comprend, du reste, que l'azote ne saurait être un

Fig. 22.

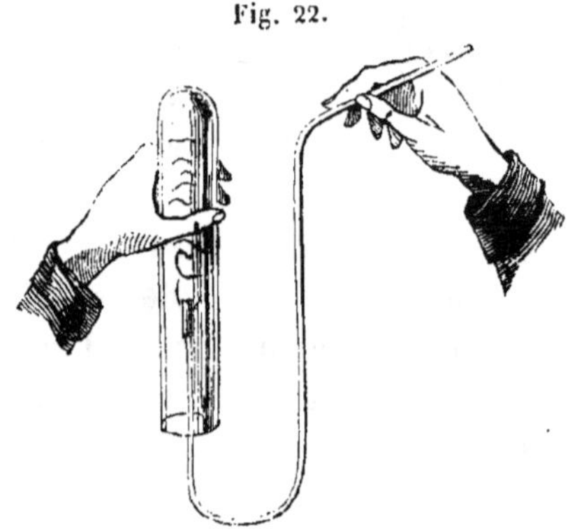

gaz délétère, puisque les 4/5 de l'air que nous respirons en sont formés.

Suivant quelques auteurs, l'azote se dégage quelquefois des fentes de la terre pendant les tremblements de terre, et détermine alors l'asphyxie d'un grand nombre d'animaux.

Préparation de l'azote. — L'air, comme nous le verrons

Fig. 23.

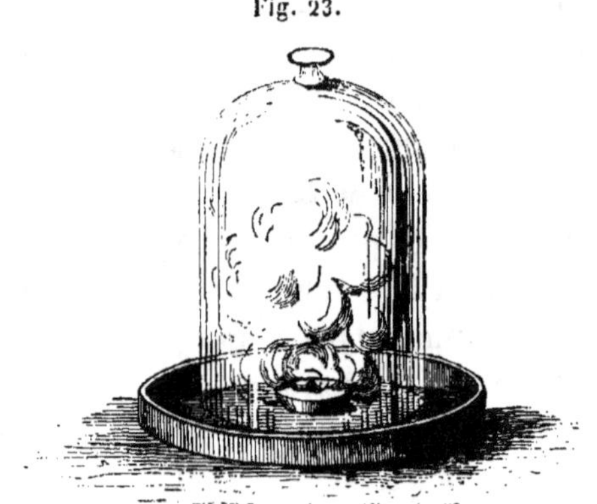

50. Affinité de l'azote pour les autres corps. — L'azote ne décompose aucun corps, n'entre en combinaison *directe* avec aucun autre élément pris isolément. La seule exception à ces lois s'observe quand on fait passer une série d'étincelles électriques dans un mélange d'azote et d'oxygène humides. On obtient dans ces conditions un peu d'acide azotique.

51. Etat naturel. Usages. — L'azote, comme l'oxygène et l'hydrogène, est un corps très-répandu dans la nature. Ce gaz constitue les 4/5 d'un volume donné d'air, il forme un des éléments de l'*acide azotique*, de l'*ammoniaque*, du *cyanogène*, du *salpêtre*, etc., composés minéraux que nous étudierons successivement. On retrouve aussi ce corps dans un grand nombre de substances organiques et particulièrement dans les matières dites *albuminoïdes*, dont on a fait une classe spéciale en raison de la forte proportion d'azote qu'elles contiennent. Ces substances sont désignées sous les noms de *fibrine*, *gluten*, *caséine*, *albumine*.

Le règne animal renferme beaucoup plus d'azote que le règne végétal, mais néanmoins dans presque toutes les plantes sans exception on rencontre ce corps simple.

M. Payen a constaté que ce gaz était d'autant plus abondant dans les tissus des végétaux que ceux-ci étaient

---

plus loin, est un mélange de deux gaz principaux, l'*oxygène* et l'*azote*. Pour obtenir de l'azote, il suffit donc d'enlever à l'air son oxygène. Cette séparation peut s'effectuer en répétant l'expérience indiquée au numéro 24. Quand les fumées blanches d'acide phosphorique auront totalement disparu, que l'eau aura cessé de s'élever dans la cloche, le gaz qui restera sera de l'azote à peu près pur. En le transvasant dans des éprouvettes, on pourra constater les propriétés indiquées ci-dessus.

plus jeunes et doués d'une plus grande énergie vitale ; tels sont les bourgeons, l'extrémité des jeunes pousses ou des racines.

A l'état de mélange dans l'air, l'azote modère l'action de l'oxygène sur tous les corps de la nature; à l'état de combinaison, il communique aux substances organiques des propriétés nutritives ou fécondantes très-remarquables. Les aliments les plus substantiels sont ceux qui renferment le plus de matières albuminoïdes, les engrais les plus actifs, ceux que l'analyse reconnaît comme les plus riches en azote.

Nous verrons par la suite, que la science agronomique admet aujourd'hui que les deux éléments les plus importants à considérer, pour juger de la valeur d'un engrais ou d'un fourrage, sont l'*azote* et l'*acide phosphorique*, tout en tenant compte, bien entendu, de quelques autres éléments que l'on suppose ne pas faire défaut dans ces substances ou dans le sol lui-même.

Les plantes peuvent-elles assimiler directement l'azote atmosphérique, ou bien est-il nécessaire que cet élément entre préalablement en combinaison avec d'autres corps? Nous admettons avec un grand nombre de savants distingués que les végétaux et surtout les graminées sont inaptes à absorber l'azote atmosphérique non combiné, mais comme nos connaissances en chimie sont encore fort restreintes, nous préférons différer l'étude de cette grave question.

CHAPITRE IV.

DES MÉTALLOÏDES (suite).

———

SOUFRE, CHLORE, BROME, IODE, FLUOR.

SOUFRE (s).

Eq. $= 16$.

52. Propriétés. — Le soufre est un des corps connus de toute antiquité, on le trouve dans le commerce sous forme de bâtons coniques (fig. 24) ou de poussière. Ce métalloïde peut affecter les trois états : solide, liquide et gazeux.

Fig. 24.

A la température ordinaire, il est solide, tendre, friable, inodore, insipide et d'une couleur jaune-citron. Le frottement peut lui faire acquérir une légère odeur. $D = 2$.

Un bâton de soufre, serré dans la main pendant quelques instants, se casse; ce qui tient à ce que le calorique se répartit très-inégalement dans la masse par suite de la mauvaise conductibilité de ce corps, et que les parties extérieures se dilatent avant que les parties internes se soient échauffées.

Le soufre fond vers 110 à 115 degrés, et bout vers

450 degrés. Le soufre fondu cristallise en aiguilles par refroidissement. C'est là un exemple de la cristallisation d'un corps par voie de fusion. A peu près insoluble dans l'eau, le soufre se dissout un peu dans l'éther ou l'alcool, mais beaucoup mieux dans les essences et surtout le sulfure de carbone.

53. Action de la chaleur sur le soufre. — Le soufre fondu est parfaitement limpide et d'un *jaune clair*. Si on le chauffe davantage, sa couleur se fonce et il devient en même temps moins fluide. A 160 degrés, il ne coule

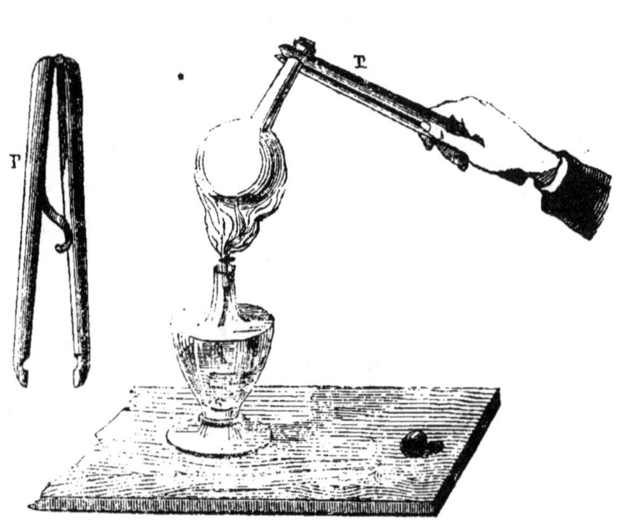

plus que difficilement et sa couleur est devenue *brune*; à 200 degrés, il est tellement visqueux qu'on peut retourner le vase qui le contient sans qu'il s'écoule : il est alors d'un *brun foncé*.

Si on le chauffe encore plus, le soufre redevient fluide, mais en conservant sa teinte brune. Enfin, vers 450 degrés, il entre en ébullition et donne lieu à des vapeurs rougeâtres.

Si l'on verse sous forme d'un petit filet, dans un vase plein d'eau froide, du soufre fondu et chauffé à 250 degrés environ, on obtient une masse rougeâtre, spongieuse, molle et élastique, qui peut s'étirer en fils. Ce *soufre mou* durcit au bout de quelques jours. — Tous ces faits peuvent être vérifiés facilement en chauffant quelques grammes de soufre dans un petit ballon au-dessus d'une lampe à alcool (fig. 25).

Le soufre est un corps combustible, qui brûle avec une flamme bleuâtre et dégage l'odeur suffocante et caractéristique des allumettes soufrées que l'on enflamme.

54. Affinité pour les autres corps. — Le soufre peut s'unir directement avec la plupart des autres corps : sa combustion dans l'oxygène (fig. 26) fournit de l'acide sulfureux qu'une nouvelle addition de cet élément peut transformer en acide *sulfurique*. Avec l'hydrogène, ce corps fournit l'*acide sulfhydrique;* avec les autres métalloïdes ou les métaux, il donne un grand nombre de *sulfures*.

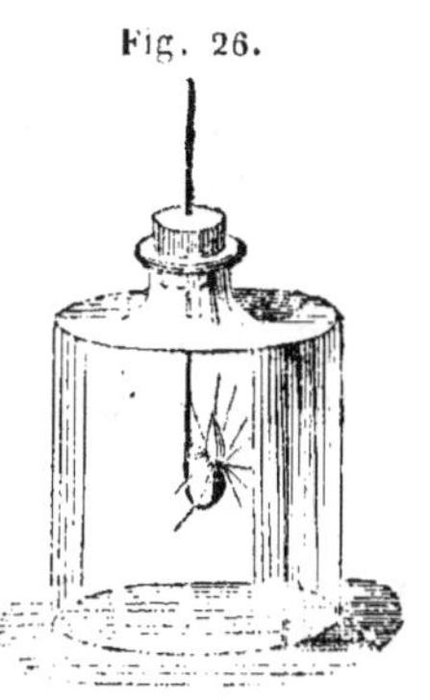

Fig. 26.

55. État naturel. — Le soufre se rencontre en grandes masses dans la nature, surtout dans le voisinage des volcans. Il imprègne les cendres accumulées à l'orifice de certains cratères éteints appelés *solfatares*. — On le trouve aussi au milieu de marnes

bitumineuses et de dépôts gypseux ou calcaires. C'est
en Sicile que l'on rencontre les gisements les plus importants de ce corps. A l'état de combinaison, le soufre
est encore plus répandu dans la nature. On le trouve à
l'état de sulfure de fer, de zinc, de cuivre, etc., de sulfate
dans le plâtre, combiné à l'hydrogène (acide sulfhydrique) dans certaines eaux dites *sulfureuses*.

Le soufre, en proportion très-variable il est vrai, est
un des corps simples les plus généralement répandus
dans les corps organisés, végétaux ou animaux. D'après
M. Payen, la substance organique d'un homme de taille
moyenne renferme environ 110 grammes de soufre. Les
végétaux contiennent aussi presque toujours du soufre,
ordinairement en quantité très-minime, sauf les plantes
de la famille des crucifères (chou, moutarde, etc.),
dans lesquelles ce corps se retrouve en assez grande
abondance. Enfin, quelques substances animales, telles
que les œufs, la bile, etc., sont également riches en
soufre.

56. Usages du soufre. — Les usages du soufre sont
très-nombreux : ce corps sert à la confection des allumettes, à la fabrication des acides sulfureux et sulfurique, à celle de divers sulfures, de la poudre à tirer, etc.
On emploie également le soufre pour le scellement du

Préparation du soufre du commerce. — On sépare le
soufre des matières terreuses qui l'accompagnent, par voie de
de fusion ou de volatilisation.

Recueilli à l'état liquide dans des moules coniques en bois de
sapin, il fournit le *soufre en canon ;* volatilisé et condensé dans de
grandes chambres dont les parois sont maintenues à une température inférieure à 115 degrés, il fournit le *soufre sublimé* ou la
fleur de soufre.

fer dans la pierre, l'extinction des feux de cheminée et le soufrage des tonneaux destinés à renfermer les vins. Enfin, depuis quelques années, on fait une grande con-sommation de fleur de soufre pour combattre les effets de la maladie de la vigne.

57. Usages médicaux du soufre. — La fleur de soufre mélangée à diverses substances, telles que l'axonge, l'huile grasse, l'essence de térébenthine, etc., est em-ployée fréquemment en médecine vétérinaire pour l'usage externe et interne. A l'intérieur, on administre le soufre à titre de purgatif, d'antipsorique (contre la gale), d'expectorant et de fondant ; à l'extérieur, les diverses préparations soufrées sont très-efficaces contre les affections cutanées de tous nos animaux domestiques.

58. Soufrage des vignes malades. — Le soufre en poudre doit être répandu sur les vignes aussitôt que l'on voit apparaître les premières traces de l'*oïdium*. Le premier soufrage a lieu généralement vers le milieu du mois de mai, il doit être fait autant que possible par un temps sec et chaud, et jamais pendant la pluie. En mai, une femme peut soufrer environ un demi-hectare de vigne en répandant 8 à 10 kilogrammes de soufre sur cette surface.

Le deuxième soufrage des vignes malades a lieu ordinairement un mois après le premier. La dose de soufre à employer est alors de 50 kilogrammes par hectare (vu le grand développement pris par la végétation), et une femme ne peut plus soufrer qu'un quart d'hectare environ dans sa journée.

Les appareils employés pour le soufrage des vignes sont des boîtes à sablier, des boîtes à houppes, des soufflets, des brosses ; on en trouvera la description dans l'ouvrage intitulé : *le Bon Fermier*, de M. Barral.

59. Soufrage ou méchage des tonneaux. — Cette opération étant un des plus puissants moyens de conserver les vins, nous indiquerons en quelques mots la manière de l'effectuer. On attache à un fil de fer une mèche soufrée, c'est-à-dire une bandelette de toile enduite de soufre, on l'allume et on l'introduit dans le tonneau. La mèche étant suspendue par l'extrémité courbée du fil de fer, on pose simplement la bonde sur l'orifice et on laisse la combustion s'effectuer. Quand celle-ci est achevée, on retire doucement le fil pour éviter que la mèche ne tombe dans le tonneau, et l'on verse immédiatement le vin sur le gaz acide sulfureux qui a remplacé l'air dans le tonneau. Nous donnerons l'explication de cette pratique quand nous ferons l'étude de l'acide sulfureux.

CHLORE, BROME, IODE, FLUOR.

60. Les quatre métalloïdes ci-dessus forment une famille naturelle par l'ensemble de leurs propriétés communes, nous allons les étudier successivement en commençant par le *chlore*.

CHLORE (Cl).

$$Eq. = 35,5.$$

61. Propriétés. — A la température ordinaire, le chlore est un gaz jaune verdâtre, d'une odeur suffocante et très-dangereux à respirer. Si l'on reste longtemps exposé à son action, il peut en résulter des crachements de sang et même la mort.

Préparation du chlore. — Dans un ballon B d'un demi-litre de capacité environ, on introduit 50 grammes de protoxyde de manganèse pulvérisé et l'on monte ensuite un appareil semblable à celui représenté ci-contre. Dans le flacon A se trouve un peu d'eau destinée à laver le gaz.

Le chlore ne pouvant être recueilli ni sur l'eau ni sur le mercure, on l'amène dans le flacon F à l'aide d'un tube qui plonge jusqu'au fond et l'on reconnaît que le vase est plein à la couleur jaune verdâtre du gaz. Pour produire le dégagement, on ajoute peu à peu par le tube S 100 grammes d'acide chlorhydrique, qui tombe sur l'oxyde de manganèse, et l'on favorise la réaction à l'aide de quelques charbons allumés.

Fig. 27.

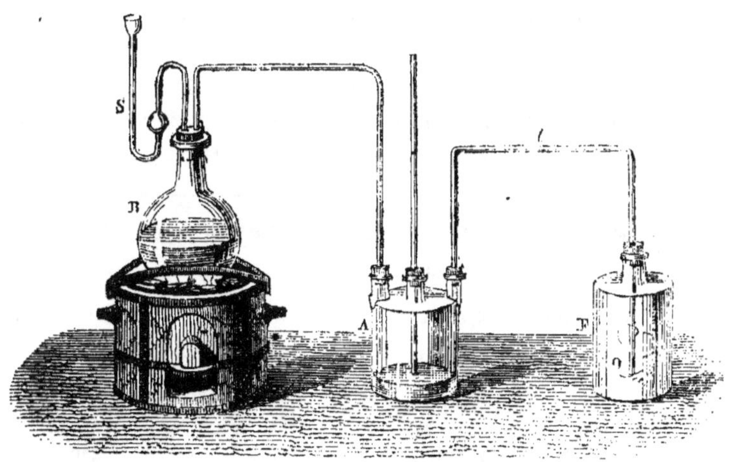

Théorie de l'opération. — En présence de l'acide chlorhydrique, le peroxyde de manganèse se décompose et son oxygène se portant sur l'hydrogène de l'acide pour donner de l'eau, le chlore se trouve libre. La moitié se combine au manganèse pour donner du

D $= 2,44$. Poids de 1 litre de chlore, $3^{gr},18$. Impropre à la combustion, la flamme d'une bougie que l'on plonge dans ce gaz s'allonge, rougit et s'éteint (fig. 28).

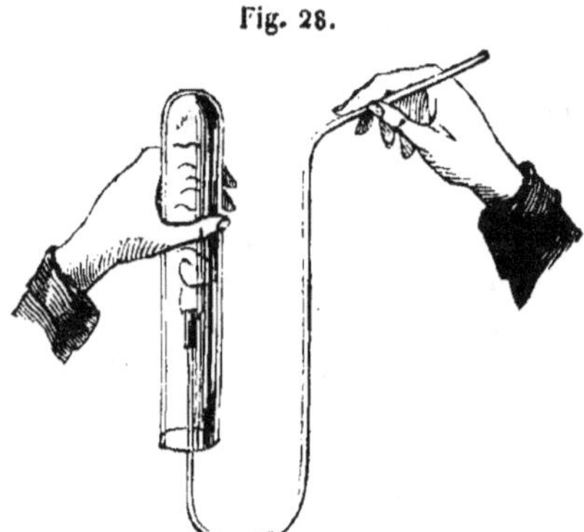

Fig. 28.

Un froid de — 50 degrés liquéfie le chlore, une pression suffisante le liquéfie également; mais il n'a pu être congelé par aucun moyen.

EAU DE CHLORE OU CHLORE DISSOUS DANS L'EAU. — L'eau froide dissout deux à trois fois son volume de chlore en se colorant en vert clair; cette dissolution en-

---

protochlorure de manganèse, l'autre moitié se dégage à l'état gazeux.

Peroxyde	Manganèse.		Protochlorure
de manganèse.	Oxygène.. . . . . . . } Eau.		de manganèse.
Acide	Hydrogène..		
chlorhydrique.	1/2 chlore.		
	1/2 chlore.. . . . . ➡ se dégage.		

Si l'on veut une dissolution de chlore, il suffit de remplir d'eau le flacon F et de laisser dégager le gaz jusqu'à ce que le liquide ait pris une teinte verte. Le chlore étant un gaz très-pernicieux à respirer, il faut autant que possible le préparer à l'air libre.

tourée de glace se transforme en un composé cristallisé qui est une combinaison de chlore et d'eau.

62. Affinité pour les autres corps. — Le chlore a des affinités puissantes, il se combine directement avec tous les corps simples, sauf l'oxygène, le carbone et l'azote.

Certains corps, tels que l'*anti-moine*, l'*arsenic*, projetés en poudre dans ce gaz, s'y combinent avec une telle énergie qu'il y a production de lumière en même temps que formation de *chlorures* (fig. 29).

63. L'affinité du chlore pour l'hy-drogène est des plus remarquables; ces deux métalloïdes en se combi-nant à volumes égaux donnent de l'*acide chlorhydrique.*

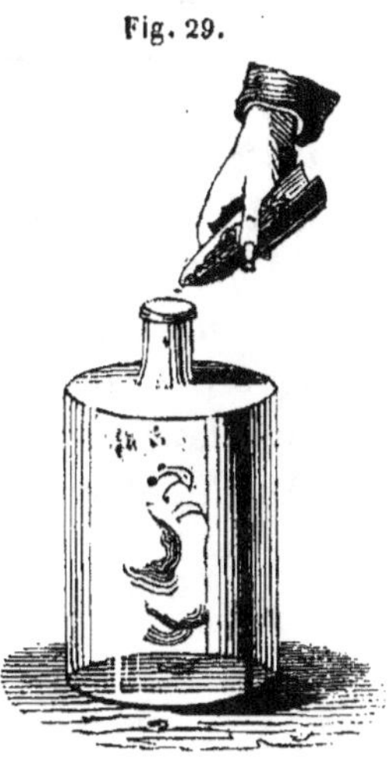

Fig. 29.

On peut déterminer l'union de ces deux gaz en

Fig. 30.

faisant intervenir l'action de la chaleur (fig. 30), de l'électricité ou de la lumière solaire : dans ces divers cas, la combinaison est toujours accompagnée d'une forte détonation. Si l'on fait agir seulement la lumière diffuse, la combinaison a encore lieu, mais sans explosion.

64. Pouvoirs décolorants et désinfectants du chlore. — Le chlore gazeux ou en dissolution possède un pouvoir décolorant et désinfectant très-remarquable qui résulte de son affinité pour l'hydrogène.

Pouvoir décolorant. — Les matières colorantes végétales blanchissent en perdant l'hydrogène que le chlore leur enlève.

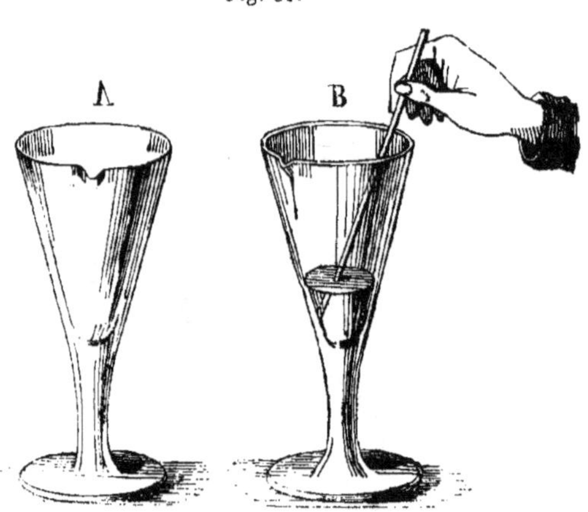

Fig. 31.

Expérience A : On prend deux verres, dans l'un on met de la teinture bleue de tournesol, dans l'autre de l'encre. Si l'on vient à verser de la dissolution de chlore, on voit ces liqueurs prendre rapidement une couleur d'un jaune sale.

Pouvoir désinfectant. — Les miasmes, les matières putrides, sont également des composés de nature organique renfermant de l'hydrogène.

En leur enlevant cet élément, le chlore les décompose et fait disparaître leur mauvaise odeur.

Expérience B : On introduit dans un flacon (fig. 32) du purin ou de l'eau croupie, et l'on verse de l'eau de chlore. Par l'agitation toute odeur disparaît.

65. Décomposition de l'eau de chlore. — Une dissolution dans l'eau ne tarde pas à se transformer en acide chlorhydrique par suite de la décomposition que le chlore fait subir à ce liquide en s'emparant de son hydrogène.

Exemple : De l'eau de chlore fraîchement préparée décolore la teinture bleue de tournesol ; cette même eau altérée rougit la teinture bleue.

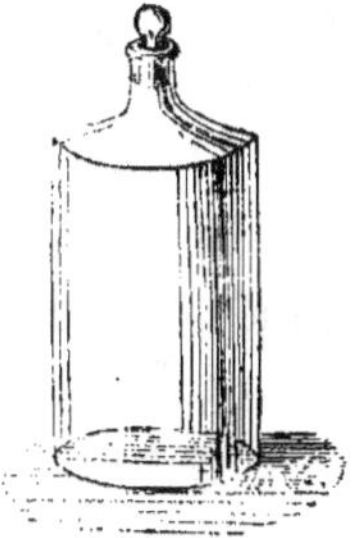

Fig. 32.

66. Etat naturel. Usages. — Le chlore ne se trouve jamais libre dans la nature ; mais à l'état de combinaison il est assez répandu. Le *chlorure de sodium* ou *sel gemme* se rencontre en grandes masses dans certains terrains. Les eaux de la mer renferment aussi en dissolution une forte proportion de ce sel.

Enfin, on retrouve encore d'autres chlorures métalliques dans la terre.

Dans les végétaux, comme dans les terres arables, le chlore paraît exister généralement à l'état de *chlorure de sodium*, cependant, d'après MM. Malaguti et Durocher, certaines plantes renferment aussi du chlorure de potassium, et même des chlorures de magnésium et de calcium. Enfin, dans les liquides animaux, c'est surtout du chlorure de sodium que l'on rencontre.

67. Usages. — Les usages du chlore sont nombreux : ce gaz est très-employé comme décolorant et désinfectant, mais le plus souvent, au lieu de s'en servir à l'état gazeux ou dissous, on l'engage dans des composés connus sous le nom de *chlorures décolorants et désinfectants*, que nous étudierons plus tard.

Les usages médicaux du chlore seront indiqués à l'article HYPOCHLORITE DE CHAUX.

BROME (Br).

Eq. = 80.

68. Propriétés. — Liquide rouge brun .foncé, à la température ordinaire. Il bout à 63 degrés et se congèle vers —10 degrés.

Sa vapeur est rougeâtre, d'une odeur très-désagréable et plus suffocante encore que celle du chlore.

D = 2,97.

69. Affinité pour les autres corps. — Ce métalloïde présente à l'égard de l'hydrogène et des métaux une affinité intermédiaire entre celle du chlore et celle de l'iode. Avec l'*hydrogène*, il donne l'*acide bromhydrique;* avec les métaux, des *bromures*.

Le brome détruit les matières organiques, comme le chlore.

70. Etat naturel.— Ce corps existe dans les eaux de la mer, à l'état de *bromure alcalin ;* aussi le retrouve-t-on dans les plantes marines, telles que les fucus ou varechs qui croissent sur ses bords.

On extrait le brome des cendres de ces végétaux.

71. Usages. — Le brome est employé en médecine humaine contre les affections glandulaires, il a été essayé également en médecine vétérinaire, et les composés à base de brome paraissent être des agents fondants et antiscrofuleux parfois supérieurs à ceux d'iode.

IODE (I).

$$\text{Eq.} = 127.$$

72. Propriétés. — A la température ordinaire, l'iode est solide, tendre, friable, et se présente sous forme de paillettes à éclat métallique.

Fig. 33.

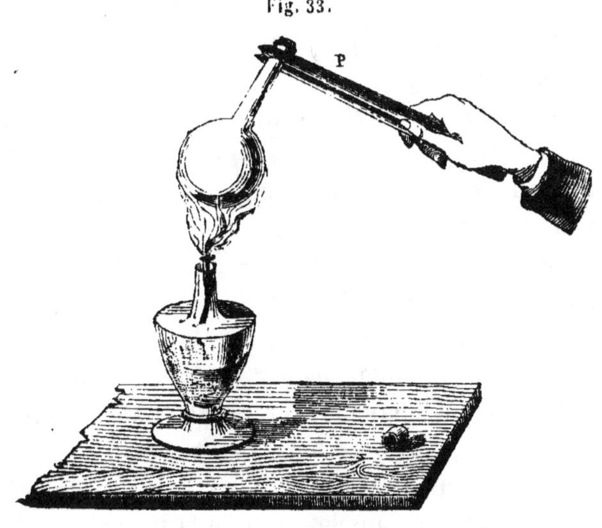

Il fond à 107 degrés en un liquide brun foncé et donne à 180 degrés de belles vapeurs violettes (fig. 33), mais dont l'odeur très-désagréable rappelle celle du chlore.

Par le refroidissement, ces vapeurs se condensent sur les parois du vase en petits cristaux brillants; c'est là un exemple de cristallisation d'un corps par voie de volatilisation. D = 4,95.

73. Affinité pour les autres corps. — L'iode présente dans ses combinaisons une grande analogie avec le chlore et le brome, mais ses affinités sont plus faibles. Avec l'hydrogène, il donne l'*acide iodhydrique;* avec les métaux, des *iodures*.

Ce corps attaque les matières organiques et colore la peau en jaune.

L'iode est peu soluble dans l'eau qui n'en dissout que $\frac{1}{7000}$ de son poids, l'alcool concentré en dissout une beaucoup plus grande proportion, environ 10 pour 100 en poids.

74. Coloration de l'amidon par l'iode. — L'iode est un précieux réactif pour reconnaître les plus faibles traces d'amidon, et réciproquement. En effet, si l'on fait bouillir une pincée d'amidon dans 1/2 litre d'eau, et que l'on ajoute ensuite quelques gouttes de dissolution d'iode, on obtiendra une belle couleur *bleue*, combinaison mal définie d'iode et d'amidon, que l'on appelle quelquefois, mais improprement, *iodure d'amidon*. Cette couleur disparaît par la chaleur et reparaît par le refroidissement.

75. Etat naturel. Usages. — L'iode se trouve à l'état d'*iodure alcalin* dans les eaux de la mer et les plantes marines des cendres desquelles on l'extrait.

Comme le brome, l'iode est employé en médecine humaine et vétérinaire pour combattre les maladies du système lymphatique, des glandes, etc.

FLUOR (F*l*).

Eq. = 19.

76. Ce corps n'a pu être étudié à l'état isolé, parce qu'il attaque tous les métaux et tous les corps dans lesquels on a essayé de le préparer : il paraît être un gaz incolore.

Le fluor est sans usage à l'état libre, mais il fournit avec l'hydrogène un composé important, *l'acide fluorhydrique*, qui est très-employé dans la gravure sur verre.

Le fluor combiné au calcium (fluorure de calcium) se retrouve associé au *phosphate de chaux* dans les os, les dents, etc., d'où il résulte que ce corps concourt en même temps que le phosphore à la constitution des êtres organisés.

CHAPITRE V.

DES MÉTALLOÏDES (suite).

—

PHOSPHORE, ARSENIC, BORE, SILICIUM ET CARBONE.

PHOSPHORE (Ph).

Éq. = 31.

77. Ce corps peut affecter deux modifications principales sous lesquelles il jouit de propriétés très-différentes. On distingue : 1° le *phosphore blanc ou ordinaire ;*
2° le *phosphore rouge ou amorphe.*

78. Phosphore ordinaire. Propriétés. — En été, ce
corps est mou, tendre et friable; en hiver, il est cassant.
Dans le commerce, sa forme habituelle est celle d'un
cylindre de la grosseur d'un crayon.

Récemment préparé, le phosphore est incolore et
translucide, mais le plus souvent on le voit jaunâtre et
opaque par suite de son exposition à la lumière diffuse.
D = 1,83.

Le phosphore est fusible à 44 degrés et volatil vers
290 degrés. Combustible, il prend feu dans l'air à 60 degrés.

A la température ordinaire, le phosphore répand à l'air des fumées blanches d'une odeur d'ail, lumineuses dans l'obscurité, et qui résultent de la combinaison de ce corps avec l'oxygène. Le composé qui prend naissance dans ces circonstances est de l'*acide phosphoreux*.

En raison de cette propriété, on conserve le phosphore dans des flacons remplis d'eau bouillie, c'est-à-dire privés d'air par l'ébullition.

Un bâton de phosphore, frotté sur un mur, donne des traits qui sont aussi lumineux dans l'obscurité.

79. Danger de manier le phosphore. — La basse température à laquelle ce métalloïde s'enflamme indique qu'il ne faut le manier qu'avec beaucoup de précaution, une fois qu'il a été retiré de l'eau. Les brûlures causées par le phosphore sont du reste des plus douloureuses et très-difficiles à guérir.

80. Affinité pour les autres corps. — Le phosphore peut se combiner directement avec beaucoup de corps simples. Un morceau de phosphore allumé et plongé dans un flacon plein d'oxygène se combine avec ce gaz en produisant une magnifique lumière : nous l'avons dit déjà en étudiant l'oxygène. Le résultat de cette combinaison est de l'*acide phosphorique*.

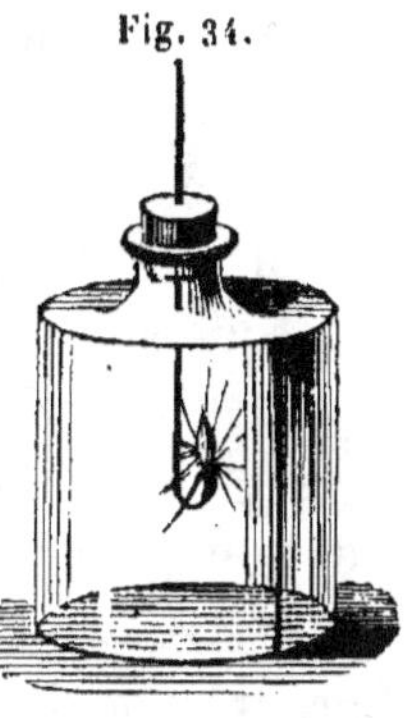

Fig. 34.

Avec l'*hydrogène*, ce métalloïde donne des composés appelés ordinairement *hydrogènes phosphorés;* avec les métaux, il fournit des *phosphures métalliques.*

81. Extraction du phosphore. — Les os renferment

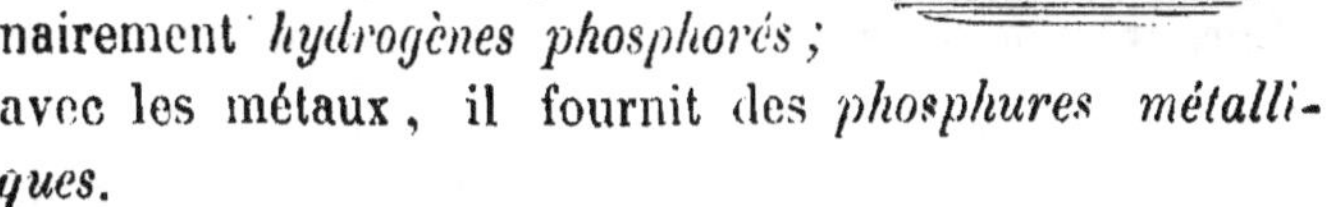

4

environ 1/3 de matière organique et 2/3 de substance minérale. Quand on calcine un os à l'air, la matière organique ou cartilagineuse disparaît et l'on obtient un résidu blanc, conservant la forme de l'os incinéré. Dans ce résidu, le phosphate de chaux entre pour les 9/10 environ, le reste étant du carbonate de chaux associé à un peu de phosphate de magnésie et de fluorure de calcium. Les cendres d'os soumises à un traitement convenable fournissent le phosphore.

82. Etat naturel. — Le phosphore est un corps qui ne se rencontre dans la nature qu'à l'état de combinaison. On le trouve dans le sein de la terre constituant des *phosphates*, et nous verrons par la suite qu'à tous les âges du monde la Providence a pris soin de répandre ce métalloïde à la surface du globe, d'une manière très-générale, mais toujours en très-petite quantité.

L'urine, la matière cérébrale des mammifères, les diverses substances albuminoïdes, la laitance des poissons renferment ce corps à l'état libre ou combiné.

M. E. de Beaumont évalue à 640 grammes environ la proportion de phosphore contenue dans le corps d'un homme de structure moyenne.

Presque toutes les cendres des plantes contiennent aussi des *phosphates*, surtout les céréales dans leurs graines, ce qui indique que les sols sur lesquels elles se développent doivent en être pourvus.

83. Usages. — L'usage le plus important du phosphore réside dans la fabrication des allumettes chimiques.

Ce corps étant un poison violent, on l'emploie pour la fabrication d'une pâte dite *phosphorée* destinée à détruire les rats et autres animaux nuisibles. Cette pâte se compose de 10 parties de farine, 10 d'eau et 1 de phosphore.

Enfin, le phosphore est quelquefois employé en médecine comme stimulant du système nerveux, mais c'est un médicament fort dangereux en raison de ses propriétés vénéneuses.

84. Phosphore rouge ou amorphe. — Exposé à la lumière solaire, le phosphore ordinaire prend au bout d'un certain temps une couleur *rouge cramoisi;* il possède alors des propriétés chimiques essentiellement différentes de celles qui appartiennent au phosphore ordinaire.

On obtient la même modification en maintenant, pendant 50 à 60 heures, le phosphore ordinaire à l'abri de l'oxygène et à une température comprise entre 240 et 250 degrés. C'est le procédé industriel mis en pratique aujourd'hui.

85. Propriétés du phosphore rouge. — Corps solide, brun rougeâtre, opaque, inodore quand il ne renferme aucune trace de phosphore ordinaire, inaltérable à l'air et non phosphorescent. Un peu plus dense que le phosphore ordinaire, il ne fond et ne s'enflamme que vers 260 degrés en redevenant phosphore ordinaire.

Ces propriétés caractéristiques du phosphore rouge ont été mises à profit dans la fabrication de nouvelles allumettes qui présentent d'incontestables avantages au point de vue de la sûreté et de l'hygiène.

86. Etat allotropique des corps. — Certains corps simples, tels que le phosphore, l'oxygène, etc., peuvent revêtir des formes, des aspects variés, jouir même de propriétés essentiellement différentes, sans que leur composition en éprouve le moindre changement : on désigne cette faculté sous le nom d'*allotropie* (différence d'état). Ainsi, la modification du phosphore ordinaire en phosphore rouge constitue un état *allotropique* de ce corps. On regarde l'allotropie comme le résultat d'un groupement différent dans les molécules constitutives de ces corps.

L'*ozone* est un état *allotropique* de l'oxygène dont nous parlerons quand nous traiterons de la *nitrification*.

ARSENIC (As).

Eq. = 75.

87. Propriétés physiques et chimiques. — A la température ordinaire, ce métalloïde est solide, cassant, gris d'acier ou noirâtre. D = 5,8. Insoluble dans l'eau pure, l'alcool et les huiles.

Chauffé à la pression ordinaire, il se gazéifie sans se fondre ; ses vapeurs sont dangereuses à respirer. Sous une pression de plusieurs atmosphères, il fond en un liquide transparent.

EXPÉRIENCE : Dans un tube d'essai (plus long que celui indiqué ci-contre) on introduit quelques parcelles d'arsenic et l'on chauffe à la lampe. L'arsenic se volatilise et vient se déposer à la partie supérieure du tube : on le reconnaît à sa couleur d'un bleu noirâtre et à son as-

Fig. 35.

pect miroitant. Cette volatilisation est accompagnée d'une odeur d'ail qui caractérise la vapeur arsenicale.

L'arsenic projeté sur des charbons ardents brûle avec une flamme bleuâtre, dégage une *odeur d'ail* très-prononcée et se transforme en un composé blanc volatil, dont une partie forme un enduit sur le charbon : c'est de l'*acide arsenieux*, appelé vulgairement *arsenic* ou *mort aux rats*, et qui résulte de la combinaison de ce métalloïde avec l'oxygène de l'air.

88. Affinité pour les autres corps.—L'arsenic s'unit en général avec facilité aux métaux et à la plupart des métalloïdes. Il donne, avec l'oxygène, les acides *arsenieux* et *arsénique;* avec l'hydrogène, l'*arséniure d'hydrogène*, appelé aussi *hydrogène arséniqué*, etc.

89. Etat naturel et usages. — L'arsenic se retrouve dans la nature à l'état natif, mais le plus souvent il est combiné avec des métaux, tels que le cobalt ou le nickel, quelquefois avec le soufre. Ce métalloïde sert à préparer les *sulfures d'arsenic* artificiels employés en peinture, ainsi que le papier dit *mort aux mouches*, dont on se sert beaucoup dans les campagnes.

90. Remarque. — Par ses propriétés physiques, l'arsenic ressemble complétement aux métaux, mais on le range dans la classe des métalloïdes, parce qu'il offre une analogie parfaite avec le phosphore sous le rapport des combinaisons qu'il peut former avec les autres corps.

BORE ET SILICIUM.

91. Ces deux corps n'offrent aucune utilité par eux-mêmes, ils ne sont intéressants que par les combinaisons qu'ils forment avec l'oxygène; nous indiquerons en quelques mots seulement leurs propriétés principales.

BORE. — Bo = 11.

Solide, brun verdâtre, inodore, infusible au rouge, sensiblement fixe.

Chauffé à l'air, il prend feu, se combine à l'oxygène et donne de l'*acide borique*.

Le bore se rencontre dans la nature à l'état d'*acide borique* ou de *borate*.

SILICIUM. — Si = 21.

Solide, brun noisette, a été obtenu cristallisé par M. Deville, dans ces dernières années.

Même réaction à l'air et production d'*acide silicique*.

Le silicium est un des corps les plus répandus dans la nature, à l'état d'acide silicique (silice) et de *silicate*.

CARBONE (C).

Eq. = 6.

92. L'étude du carbone présente un grand intérêt en raison des modifications variées sous lesquelles on le rencontre dans la nature.

Les diverses variétés de carbone possèdent quelques propriétés, spéciales à chacune d'elles, et d'autres qui sont communes à toutes; nous commencerons par indiquer ces dernières.

93. Propriétés. — Le carbone est solide, inodore, insipide, infusible et fixe aux plus hautes températures de nos fourneaux.

Soumis à l'action calorifique produite par 500 éléments de pile, le carbone a pu être fondu et donner des vapeurs très-sensibles.

94. Affinité pour les autres corps. — Sous l'influence de la chaleur, le carbone peut se combiner à l'oxygène et donner des composés distincts : *l'oxyde de carbone* et *l'acide carbonique*.

Combustion du carbone dans l'oxygène (fig. 36). — Dans un flacon plein d'oxygène, on introduit un petit cône de braise préalablement allumée, et l'on voit la combustion se continuer avec beaucoup d'activité. Si, après le refroidissement du vase, on ajoute de la dissolution de tournesol bleu étendue d'eau, ce liquide passe au rouge *vineux* sous l'influence de l'acide carbonique qui s'est produit.

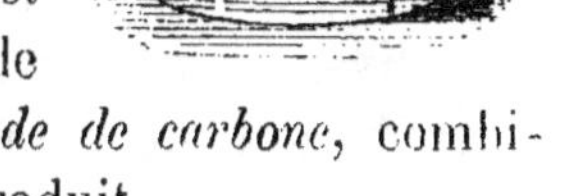

Fig. 36.

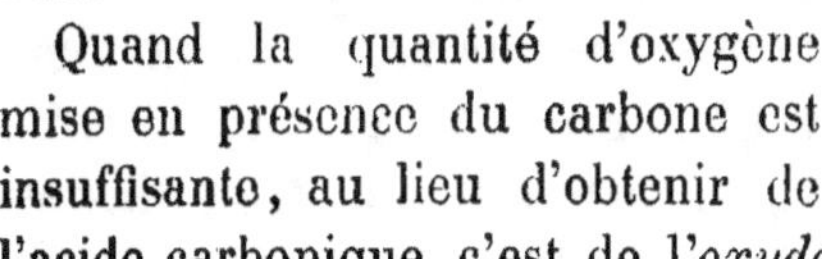

Quand la quantité d'oxygène mise en présence du carbone est insuffisante, au lieu d'obtenir de l'acide carbonique, c'est de l'*oxyde de carbone*, combinaison moins oxygénée, qui se produit.

Le carbone s'unit aussi avec l'*hydrogène*, et produit des combinaisons très-variées appelées *carbures d'hydrogène* ou *hydrogènes carbonés*; avec la vapeur de soufre, le carbone incandescent donne du *sulfure de carbone* utilisé en industrie.

Nous avons dit précédemment que le *cyanogène* était une combinaison de carbone et d'azote; enfin, on peut aussi faire entrer le carbone en combinaison directe avec certains métaux, tels que le fer, et obtenir ainsi de la *fonte* ou de l'*acier*.

95. État naturel. — Le carbone est un des corps les plus répandus dans la nature : pur, il constitue le *diamant*; presque pur, le *graphite*. Ce corps entre pour une forte proportion dans la composition des combustibles fossiles, tels que la *houille*, l'*anthracite*; c'est aussi un des éléments constitutifs de toutes les autres matières organiques appartenant aux deux règnes.

Dans l'atmosphère, on retrouve le carbone à l'état d'acide carbonique ; dans la terre ou dans les eaux, à l'état d'acide carbonique et de carbonates.

96. Etude des principales variétés de carbone. — Diamant. — $D = 3,50$.

Le diamant est le carbone élémentaire de la nature, on le trouve ordinairement sous forme de cristaux souvent incolores et transparents, d'autres fois diversement colorés.

Plus dur que tous les autres corps, il raye même l'acier trempé, et ne peut être usé que par sa propre poussière. On a fait, mais inutilement, un grand nombre de tentatives pour fabriquer artificiellement du diamant avec du carbone amorphe, et l'on a constaté seulement que, sous l'influence de sources calorifiques exceptionnelles et produites par plusieurs centaines d'éléments de pile, le diamant se ramollissait, se fendillait, devenait noir et se transformait en un charbon analogue au coke. Cette transformation a été accompagnée d'indices sensibles de fusion et de volatilisation.

97. Graphite ou plombagine, mine de plomb. — Cette variété de carbone se rencontre dans la nature tantôt en petites paillettes très-minces d'un gris métallique, tantôt en masses brillantes très-tendres, tachantes aux doigts, et laissant des traces d'un gris de plomb sur le papier. On l'emploie dans la fabrication des crayons sous le nom de *mine de plomb*. $D = 2,5$.

La plombagine ne renferme que quelques centièmes de matières terreuses et 1/2 centième de fer, c'est donc du carbone presque pur.

On donne encore le nom de *graphite artificiel* à du

charbon que, dans la fabrication du fer, ce métal en fusion dissout, et qui, pendant le refroidissement de la masse, vient cristalliser en partie à la surface sous forme de lames noires brillantes.

98. Charbon des matières organiques. — Parmi les quatre corps simples que nous avons dit constituer plus spécialement les matières organiques (n° 19), nous avons cité le *carbone*. Il suffit, en effet, de soumettre une semblable matière à une haute température, en la préservant en partie de l'action comburante de l'oxygène de l'air, pour que ce carbone devienne *visible*.

Sous l'influence de la chaleur, une portion des éléments entre en combinaison et se dégage sous forme de composés volatils, mais la plus grande partie du *carbone* reste dans le récipient en affectant des aspects différents suivant la matière organique d'où il dérive.

Expérience : Calcination d'os concassés, dans un creuset que l'on recouvre de son couvercle.

La houille ou charbon de terre chauffée dans ces conditions laisse comme résidu du coke, en même temps qu'elle fournit le gaz de l'éclairage : le bois donne du *charbon de bois*, les os fournissent le *noir animal*. D'autres matières d'origine organique, telles que les *résines*, les *goudrons*, laissent échapper pendant leur combustion une si grande quantité de carbone *non brûlé* que ce corps est recueilli dans des appareils spéciaux et utilisé dans les arts sous le nom de *noir de fumée*.

99. Noir de fumée. — Cette variété de carbone renferme environ 80 pour 100 de ce corps mélangé à des matières résineuses et terreuses. Cette matière est employée pour la peinture en noir et la fabrication des encres d'imprimerie et de Chine.

100. Charbon de bois. — Ce charbon est, avons-nous dit plus haut, le résidu fixe de la distillation du bois ou de sa combustion imparfaite. Bien préparé et de bonne qualité, il est d'un *noir brillant*, cassant et sonore.

Sa densité varie avec la nature du bois qui a servi à le préparer. Les bois durs et compactes, tels que le chêne, donnent un charbon *dense* qui brûle avec lenteur, les bois légers et poreux (bois blancs) fournissent un charbon *léger* et facilement combustible.

La poussière de charbon de bois tombe au fond de l'eau, tandis que les morceaux flottent à la surface; ce qui tient à l'extrême porosité de cette variété de carbone.

Le charbon ordinaire est un mauvais conducteur de la chaleur et de l'électricité, mais il devient au contraire bon conducteur quand il a été soumis de nouveau à une vive calcination : c'est pour cette raison que l'on entoure de *braise* (charbon de bois calciné) l'extrémité des conducteurs des paratonnerres.

101. Propriété absorbante du charbon de bois. — En vertu de sa porosité, le charbon de bois jouit de la propriété d'absorber les gaz ou la vapeur d'eau contenus dans l'air. Il renferme ordinairement 10 à 15 pour 100 d'eau condensée dans ses pores.

EXPÉRIENCE : On fait pénétrer dans une éprouvette placée sur le mercure et pleine de gaz ammoniac (nous verrons plus loin comment on obtient ce composé) un morceau de charbon de bois incandescent qui s'éteint en traversant le mercure (fig. 37).

On voit bientôt le liquide s'élever peu à peu dans la cloche et arriver jusqu'au sommet (si le gaz était bien pur); ce qui provient de ce que le charbon a condensé la totalité du gaz dans ses pores. On commence par porter

Fig. 37.

le charbon au rouge pour chasser les gaz et la vapeur
d'eau que ce combustible renferme toujours à la température ordinaire.

La propriété dont jouit le charbon de bois d'absorber
les gaz est mise à profit quelquefois pour purifier les galeries des mines, les puits et autres cavités souterraines
de certains gaz irrespirables, notamment de l'acide carbonique, dont le charbon peut absorber jusqu'à 35 fois
son volume.

**102. Le charbon de bois peut absorber également
les matières colorantes et odorantes.**

EXPÉRIENCE A : On fait digérer dans un verre du vin
avec du charbon de bois pulvérisé et l'on jette ensuite le
rouge mélange sur un filtre, qui laisse écouler le liquide
sensiblement incolore (fig. 38). Si l'on chauffe le mé-
ange dans un petit ballon en ayant soin de maintenir

par l'agitation le carbone en suspension, afin d'éviter la rupture du récipient, la décoloration s'effectue bien mieux encore.

Les vinaigres, les sirops colorés, les sucs des plantes, les décoctions de matières tinctoriales, traités de la même façon, se décolorent comme le vin rouge.

EXPÉRIENCE B : Si l'on substitue au vin de l'expérience précédente du *purin* ou *jus de fumier*, après filtration, le liquide aura d'autant mieux perdu sa *couleur* et son *odeur*, que son contact avec le charbon de bois aura été plus prolongé.

Fig. 38.

La propriété dont jouit le charbon de bois d'absorber les *odeurs* le fait employer comme *désinfectant*.

Dans les villes on purifie souvent les eaux destinées à

la boisson en les faisant passer à travers des filtres de charbon; à bord des bâtiments, on préserve de la putréfaction l'eau douce que l'on transporte, en carbonisant l'intérieur des tonneaux qui la renferment.

La poussière de charbon peut servir aussi pour conserver les viandes ou désinfecter celles qui ont éprouvé un commencement d'altération.

Enfin, les médecins emploient la poussière de charbon dans le traitement des plaies gangréneuses et des ulcères, et la recommandent aussi comme une excellente poudre dentifrice.

103. Charbon animal ou noir animal. — Cette substance, résidu de la calcination des os en vase clos, est un mélange de charbon très-divisé et de sels terreux. Elle possède au plus haut degré la propriété décolorante et est employée principalement dans les sucreries pour la décoloration des jus sucrés. Le noir animal est ensuite livré à l'agriculture pour l'amendement des terres, sur lesquelles il agit tout à la fois par les matières organiques *azotées* et les éléments minéraux (phosphate et carbonate de chaux) qu'il renferme.

Si, dans les expériences du numéro 102, on substitue le noir animal au charbon de bois, il sera facile de constater combien l'emporte la puissance décolorante du premier.

104. Coke. — Le coke est le charbon qui provient de la calcination de la houille en vase clos.

Il est gris de fer, doué d'un éclat demi-métallique et souvent très-caverneux.

Le coke est le combustible qui produit le plus de chaleur en brûlant, mais sa combustion n'a lieu que sous l'influence d'un courant d'air très-rapide. Il est employé principalement pour alimenter les hauts fourneaux et les locomotives.

105. Charbon métallique. — On nomme ainsi le charbon que déposent certaines substances carbonées et volatiles en passant à travers des tubes chauffés au rouge. On le trouve principalement dans les cornues qui servent à distiller la houille pour la fabrication du gaz d'éclairage.

Ce charbon a souvent le brillant et la sonorité d'un métal, il est très-dur, fait feu au briquet, mais brûle très-difficilement. Il est très-bon conducteur de la chaleur et de l'électricité, et l'on utilise cette dernière propriété en employant ce charbon dans la construction des piles dites de Bunsen, qui sont munies de cylindres ou de prismes fabriqués avec cette matière.

CHAPITRE VI.

AIR ET EAU.

106. En raison du rôle si important que l'air et l'eau jouent dans la nature, nous consacrerons un chapitre spécial à l'étude de ces deux véhicules.

AIR ATMOSPHÉRIQUE.

107. On donne le nom d'*air atmosphérique* ou *d'atmosphère* à la masse gazeuse qui enveloppe notre globe et dont l'épaisseur est d'environ 18 à 20 lieues.

L'air est un fluide pesant, élastique, incolore en couches peu épaisses et bleu clair en grandes masses, inodore et permanent.

La pression exercée par l'atmosphère est d'environ $1^k,033$ par centimètre carré, elle est mesurée par le baromètre, dont la hauteur moyenne au niveau de la mer est de 760 millimètres.

La densité de l'air est prise pour unité quand il s'agit des gaz; comparée à celle de l'eau, elle est de $\dfrac{1}{770}$, ce qui signifie que, tandis que 1 décimètre cube ou 1 litre d'eau pèse 1,000 grammes, 1 décimètre cube d'air à 0 degré et sous la pression 760 pèse $\dfrac{1,000}{770}$ ou $1^{gr},29$.

108. Composition de l'air. — L'air est composé de deux sortes d'éléments, les uns *essentiels* et les autres *accessoires*.

Les premiers sont : l'*oxygène* et l'*azote;* les seconds, plus nombreux, sont : l'*acide carbonique*, la *vapeur d'eau*, l'*ammoniaque*, l'*acide nitrique*, l'*iode, quelques substances organiques*, etc.

109. Eléments essentiels. — Lavoisier est le premier qui eut la gloire d'indiquer la véritable nature de l'air atmosphérique relativement à ses principaux éléments ; il reconnut que l'air était un *mélange* de deux gaz, l'*azote* et l'*oxygène.*

Les nombreux travaux qui ont suivi ont fait reconnaître que la composition de ce mélange est sensiblement uniforme à toute époque, à toute latitude et à toute hauteur et qu'elle peut être fixée comme il suit :

100 volumes d'air renferment :

$$
\begin{aligned}
&\text{Azote.} \ldots \ldots \ldots \ldots \quad 79 \text{ volumes.}\\
&\text{Oxygène.} \ldots \ldots \ldots \quad 21 \quad —
\end{aligned}
$$

100 parties en poids renferment :

$$
\begin{aligned}
&\text{Azote.} \ldots \ldots \ldots \quad 77 \quad —\\
&\text{Oxygène.} \ldots \ldots \quad 23 \quad —
\end{aligned}
$$

110. Analyse de l'air. — La séparation de ces deux éléments constitutifs de l'air peut être effectuée par un grand nombre de procédés qui consistent à mettre l'air en contact à froid ou à chaud avec des corps qui absorbent l'oxygène et qui sont sans action sur l'azote.

L'expérience indiquée p. 42 (fig. 23) nous offre un premier exemple de cette séparation.

On peut encore faire une analyse approximative de l'air, de la manière suivante :

On prend une éprouvette ou cloche graduée de 150 centimètres cubes de capacité environ, dans laquelle on emprisonne 100 centimètres cubes d'air, et on y introduit ensuite un bâton de phosphore qui doit s'élever jusqu'à la partie supérieure de la cloche. On voit bientôt ce bâton émettre des fumées blanches qui résultent de la combinaison du phosphore avec l'oxygène de l'air : l'eau remonte dans la cloche à mesure qu'elle dissout ces fumées, et au bout de quelques heures, quand le niveau du liquide dans l'éprouvette ne varie plus, on constate qu'il correspond à la 79e division et que le gaz qui occupe ce volume jouit de toutes les propriétés de l'azote.

Fig. 39.

Les propriétés chimiques de l'air résultent principalement de celles appartenant à ces deux gaz azote et oxygène; comme nous les connaissons déjà, nous n'y reviendrons pas ici.

111. Eléments accessoires. — 1° *Vapeur d'eau.* L'air contient toujours de l'eau à l'état de vapeur ; il suffit de placer une carafe pleine d'eau glacée dans une enceinte pour déterminer la condensation de cette vapeur sur les parois froides du vase. La proportion de vapeur aqueuse contenue dans l'air est très-variable ; dans nos climats elle ne dépasse pas 1 à 2 pour 100 du volume de l'air, et elle descend fréquemment à 1/2 pour 100.

La présence de cette vapeur d'eau dans l'atmosphère résulte de l'évaporation continuelle qui se fait à la surface des grandes masses d'eau qui recouvrent le globe ;

les végétaux déversent également, par leurs parties vertes, une grande portion de l'eau que leurs racines puisent sans cesse dans le sol.

Suivant la proportion de vapeur d'eau contenue dans l'air pendant les diverses saisons, les fonctions d'exhalation et de respiration chez les végétaux et les animaux s'exécutent dans des conditions très-différentes.

2° *Acide carbonique.* Cet acide gazeux, à la température ordinaire, n'existe dans l'air qu'en très-faible quantité, sa proportion varie entre 3 et 5 parties pour 10,000 parties en volume; et l'on admet qu'*en moyenne* l'air en renferme $\dfrac{4}{10,000}$, ce qui signifie que, dans 10,000 centimètres cubes d'air par exemple, il y a en moyenne 4 centimètres cubes d'acide carbonique. Cette moyenne correspond à peu près à 1 milligramme d'acide carbonique par litre d'air. Malgré la faible proportion de ce gaz dans l'atmosphère, l'acide carbonique n'en joue pas moins un rôle des plus importants dans les phénomènes de la vie organique, nous le démontrerons plus tard en étudiant les propriétés de cet acide.

3° *Ammoniaque, acide nitrique, iode, matières organiques,* etc. L'ammoniaque et l'acide nitrique n'ayant pas encore été étudiés, nous ne parlerons pas ici de ces deux éléments accessoires de l'air.

L'iode, d'après M. Chatin, existerait dans l'atmosphère, et il résulterait des recherches de ce savant que c'est dans les pays où l'air et l'eau sont le moins riches de ce principe que l'on observe les cas les plus fréquents de goître et de crétinisme; tels sont les sommets et les vallées des Alpes.

Du reste, nous avons dit déjà que l'iode était employé

en médecine comme remède efficace des affections glandulaires.

4° Enfin, l'air renferme accidentellement des *substances organiques* encore mal connues, désignées sous le nom de *miasmes* ou *effluves*, et qui se dégagent principalement dans les contrées humides et marécageuses. Ces principes concourent à donner de l'odeur à certains brouillards et occasionnent souvent des fièvres ou des maladies contagieuses.

112. Action de l'air sur les animaux et les végétaux. — L'air est l'élément indispensable à la vie des animaux et des végétaux. Aux premiers, il fournit principalement son *oxygène* qui détermine la combustion des principes hydrogénés et carbonés du sang, et qui est rejeté ensuite sous forme de vapeur d'eau et d'acide carbonique. Aux seconds, l'air apporte au contraire sa *vapeur d'eau* et son *acide carbonique;* les parties vertes des plantes décomposent ce dernier gaz sous l'influence de la radiation solaire, fixent le carbone et rejettent l'oxygène. Nous reviendrons sur ces différents phénomènes quand nous étudierons l'acide carbonique.

113. Usages. — Les usages de l'air sont très-nombreux; en masse il est utilisé comme force motrice, par son oxygène il est la source de toutes les fermentations ainsi que de toutes les combustions destinées à produire de la chaleur ou de la lumière; l'industrie lui emprunte ce même élément pour transformer certains métaux en oxydes par la calcination, pour produire l'acide sulfureux, ou obtenir certaines couleurs, telles que l'indigo, l'écarlate, etc.

DE L'EAU (HO).

Éq. = 9.

114. Composition de l'eau. — Nous avons vu (n° 43) que l'hydrogène en brûlant dans l'air produisait de l'eau, et nous avons pu conclure de l'expérience indiquée que ce liquide était formé d'*hydrogène* et d'*oxygène*.

De nombreuses analyses ont fait voir que ces deux éléments entraient dans la composition de l'eau suivant les proportions ci-dessous :

Composition en volume.

Hydrogène. . 2 volumes. } Ces 3 volumes, en se combinant, se condensent de manière à donner 2 volumes de vapeur d'eau à la température de 100 degrés et la pression 760.

Oxygène. . . 1 —

Composition en poids.

100 grammes d'eau pure renferment :

Hydrogène. . . . . . $11^{gr},12$
Oxygène. . . . . . . 88 ,88

115. Composition de l'eau en volumes. — La composition de l'eau en volumes peut être établie par la synthèse et l'analyse.

SYNTHÈSE DE L'EAU. — Nous allons décrire ici une expérience que nous n'avons fait qu'indiquer aux numéros 13 et 44.

Dans une cloche C appelée *eudiomètre*, à parois épaisses, et préalablement remplie de mercure, on introduit *deux volumes* d'hydrogène et *un volume* d'oxygène (100 centimètres cubes du premier pour 50 centimètres cubes du second, par exemple).

On touche alors le bouton *b* en fer de l'eudiomètre avec le plateau de l'électrophore *p*, le crochet *d* étant mis en communication avec le mercure de la cuvette, et l'on obtient entre les deux extrémités *a* et *i* une étincelle qui enflamme le mélange gazeux et détermine la combinaison des deux éléments. La vapeur d'eau produite se condense peu à peu contre les parois de l'eudiomètre, et l'on voit le mercure remonter jusqu'au sommet de l'éprouvette, parce que le volume de l'eau liquide est infiniment petit, eu égard à celui des gaz employés.

Fig. 40.

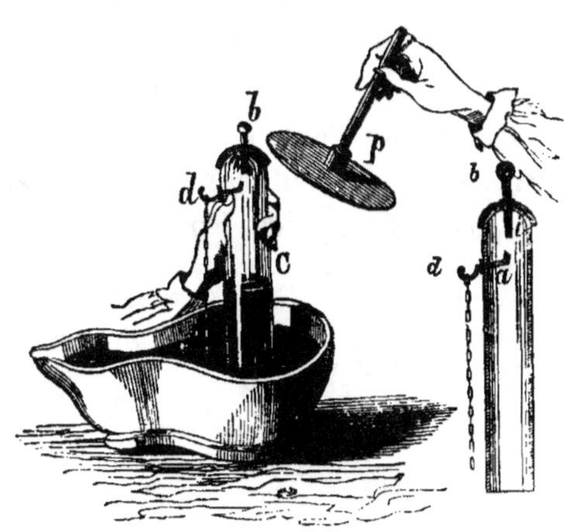

116. Analyse de l'eau. — Dans l'expérience citée (n° 13), il suffit d'avoir des cloches graduées pour constater que, dans la décomposition de l'eau par la pile, on

obtient toujours un volume d'*hydrogène **double de celui
de l'oxygène*** (fig. 41).

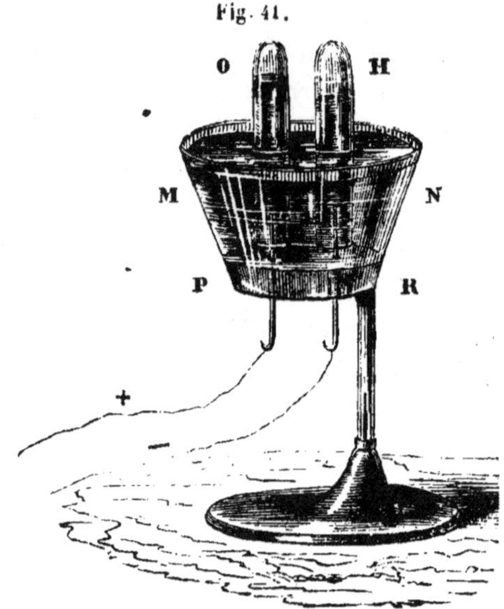

Fig. 41.

117. Composition de l'eau en poids. — La composition en volumes de l'eau étant connue, il est facile d'en déduire sa composition en poids. En effet :

2 litres d'hydrogène pèsent. . . . . . . $0^{gr},0894 \times 2 = 0^{gr},1789$
1 litre d'oxygène pèse. . . . . $1\ ,4295 \times 1 = 1\ ,4295$

Le poids d'eau formée par la combinaison d'un semblable mélange est donc égal à. . . . . $1^{gr},6084$

D'où nous dirons :

Si $1^{gr},6084$ d'eau renferme $1^{gr},4295$ d'oxygène,
Combien 100 grammes. . . x

On trouve $x = 88,88$, et par conséquent la proportion d'hydrogène est $100 - 88,88$, d'où la composition de l'eau en poids est bien celle indiquée :

$$\begin{array}{ll} \text{Oxygène} & = 88,88 \\ \text{Hydrogène} & = 11,12 \\ \hline & 100,00 \end{array}$$

118. Propriétés physiques et chimiques de l'eau.
— L'eau pure n'a ni saveur ni odeur, elle est incolore
sous une faible épaisseur, mais en grande masse elle a
un aspect verdâtre.

L'eau peut affecter les trois états dans la nature : liquide à la température ordinaire, elle se solidifie et se
vaporise à deux températures fixes qui ont été adoptées,
l'une pour le *zéro*, l'autre pour le point 100 du thermomètre centigrade.

Ce liquide présente une propriété singulière : au lieu
de se dilater lorsqu'on le chauffe à partir de 0 degré, il
se contracte au contraire jusqu'à 4 degrés, mais au delà
il se comporte comme les autres corps, c'est-à-dire qu'il
augmente de volume proportionnellement à la température. L'eau présentant un minimum de volume à
4 degrés, on dit alors que c'est à cette température
qu'elle possède un *maximum de densité*, ce qui signifie
qu'à 4 degrés un volume déterminé d'eau pèse plus qu'à
toute autre température.

L'eau en se congelant augmente de volume, sa densité diminue et devient 0,918, celle de l'eau étant 1. La
glace est donc plus légère que le liquide qui lui donne
naissance, ce qui explique pourquoi les glaçons flottent
à la surface. Il résulte de cette augmentation de volume
que la glace possède une force expansive très-considérable capable de fendre et même de faire éclater les
corps au sein desquels elle se forme.

L'eau, en se congelant dans un air dont la température est inférieure à 0 degré, peut affecter des formes
géométriques très-régulières, la neige nous en offre un
exemple ; il suffit d'en observer les flocons à la loupe
pour reconnaître qu'ils sont formés d'une multitude de

petits cristaux groupés en étoiles autour d'un centre.

L'eau chauffée à 100 degrés se transforme en vapeur quand la pression atmosphérique correspond à une hauteur barométrique de 760 millimètres, mais on peut faire bouillir l'eau à des températures supérieures ou inférieures à 100 degrés, en augmentant ou diminuant convenablement la pression.

Le volume occupé par la vapeur d'eau qui se forme à 100 degrés et à la pression 760 est près de 1,700 fois plus considérable que le volume liquide qui lui a donné naissance, c'est-à-dire que 1 litre d'eau vaporisée dans ces circonstances donne lieu à près de 1,700 litres de vapeur.

La densité de la vapeur d'eau rapportée à celle de l'air est égale à 0,622.

L'eau peut donner de la vapeur aux températures les plus basses et sans l'action directe d'une source de chaleur ; on dit alors que l'eau *s'évapore*.

L'évaporation est la source de la vapeur d'eau que renferme constamment l'atmosphère.

119. L'eau est rarement *pure*, c'est-à-dire qu'elle renferme toujours en dissolution une plus ou moins grande proportion de substances qui peuvent retarder son point de congélation ou de vaporisation.

L'eau de mer ne se solidifie qu'à —2°,5, une dissolution saturée de sel marin ne bout qu'à 105 degrés environ.

120. Eau pure ou distillée. — L'eau chimiquement pure s'obtient par voie de *distillation* à l'aide d'un appareil spécial appelé *alambic* (fig. 42). Un alambic se compose de trois parties : 1° la chaudière M, appelée *cucurbite*, dans laquelle on met de l'eau ordinaire ; 2° le chapiteau C, dans lequel s'élève la vapeur formée dans la chaudière ; 3° le serpentin S, dans lequel

se condense cette vapeur. Ce serpentin contourné en
hélice est renfermé dans un autre vase R appelé *réfrigé-*

Fig. 42.

rant, qui renferme de l'eau que l'on maintient toujours
froide en en faisant couler un petit filet dans l'entonnoir E. Cette eau, plus lourde que celle du réfrigérant
(parce qu'elle est plus froide), tombe au fond et fait
sortir par le tube en caoutchouc *t* l'eau plus chaude qui
se tient à la surface. Quant à l'eau condensée dans le
serpentin, elle s'écoule par l'orifice *i* et on la recueille
dans des flacons F à embouchure étroite, afin d'éviter

qu'elle ne soit souillée par la chute des poussières qui flottent toujours dans l'atmosphère.

On peut se procurer de l'eau presque *pure* en recueillant dans de larges récipients celle qui tombe du ciel.

124. Air dissous dans l'eau. — Outre les substances salines, les eaux terrestres renferment toujours de l'air en dissolution, on peut s'en assurer à l'aide de l'expérience suivante :

A un ballon B *complétement* rempli d'eau (fig. 43) on adapte un tube également plein de ce liquide et dont on

Fig. 43.

engage l'autre extrémité sous une éprouvette pleine de mercure. En chauffant, on obtient bientôt dans la cloche en verre un mélange gazeux composé d'*azote*, d'*oxygène* et d'une faible proportion d'*acide carbonique*.

L'air dissous dans l'eau ne présente pas la même composition que l'air atmosphérique, ce qui tient à ce que l'oxygène et l'azote ne sont pas également solubles dans l'eau.

L'analyse directe a donné, pour 100 volumes d'air dissous, 32 volumes d'oxygène et 68 volumes d'azote.

122. Action de quelques corps simples sur l'eau. — Le chlore en dissolution dans l'eau décompose peu à peu ce liquide en raison de son affinité pour l'hydrogène qu'elle renferme (n° 65).

Le carbone porté au rouge décompose également l'eau, mais en s'emparant de son oxygène ; il se produit un mélange d'*oxyde de carbone* et d'*acide carbonique ;* quant à l'hydrogène, il devient libre.

Les métaux peuvent aussi décomposer l'eau dans des circonstances très-diverses que nous étudierons en détail quand nous établirons la classification des corps métalliques.

123. Eau d'hydratation. Eau de constitution. — Nous avons dit (n° 31) qu'en concentrant convenablement une dissolution de *sulfate de soude*, ce sel se séparait ensuite de la liqueur sous forme de cristaux. Or, l'analyse a reconnu que ces cristaux renfermaient en combinaison 60 pour 100 d'*eau.* Tous les sels qui sont dans ce cas sont dits *sels hydratés*.

EXPÉRIENCE (fig. 44) : Si l'on chauffe sur une lame d'argent ou de platine un cristal de sulfate de soude, on voit d'abord le sel se résoudre en liquide en se dissolvant dans son eau de combinaison. Sous l'influence de la chaleur, cette eau s'évaporant peu à peu finit par laisser

un résidu sec sur la lame, c'est du sulfate de soude entièrement privé d'eau ou *anhydre*.

Fig. 44.

La perte subie par le sel, dans cette opération, n'a
nullement altéré sa nature et ses propriétés ; redissous
dans l'eau, il pourra fournir une seconde fois les mêmes
cristaux, etc.

L'eau que l'on peut faire perdre ainsi à un sel hydraté
sans que sa nature en soit altérée, est appelée *eau
d'hydratation* ou *de cristallisation*. Par opposition, on
appelle *eau de constitution* l'eau de combinaison que l'on
ne peut enlever à un corps composé sans en modifier
complétement la nature.

124. Fusion aqueuse. Fusion ignée. — Quand un
sel hydraté se transforme en liquide sous l'influence de
la chaleur, on dit qu'il éprouve la *fusion aqueuse ;* si le
sel est *anhydre*, c'est la *fusion ignée* qu'il subit. Dans
l'expérience précédente, le sulfate de soude peut éprouver successivement ces deux sortes de fusion.

125. Décrépitation. — Certains sels cristallisés renferment, outre l'eau de combinaison, une certaine quantité d'humidité interposée entre leurs cristaux. Quand

on chauffe ces sels, l'eau d'interposition, se volatilisant brusquement, fait éclater et pétiller les cristaux, on dit alors que le sel *décrépite*.

EXEMPLE : Le *sel marin projeté sur des charbons ardents*.

Quelques sels anhydres peuvent aussi décrépiter, dans ce cas la décrépitation est due à la dilatation brusque des cristaux sous l'influence de la chaleur.

126. Corps efflorescents et déliquescents. — Certaines substances renfermant de l'eau jouissent de la propriété de perdre dans l'air ambiant une partie de cette eau et de tomber en poussière, on les nomme *substances efflorescentes*.

Le sulfate et le carbonate de soude sont dans ce cas.

D'autres substances placées dans l'air absorbent au contraire une partie de la vapeur d'eau qu'il renferme et se dissolvent dans ce liquide, on les appelle *substances déliquescentes*.

Le carbonate de potasse, le chlorure de calcium, jouissent de cette propriété.

EXPÉRIENCE : Il suffit de placer sur des soucoupes les composés nommés ci-dessus, et de les abandonner dans un air non saturé.

127. Caractères des eaux répandues à la surface du globe. — Nous avons dit que les eaux terrestres, c'est-à-dire celles des mers, des fleuves, des rivières, des sources, des puits, etc., n'étaient jamais pures, elles renferment ordinairement en dissolution des matières *minérales, gazeuses* et *organiques*. La composition de ces eaux varie beaucoup avec la nature des terrains qu'elles ont traversés; si elles ne contiennent qu'une faible proportion de sels et de gaz, si elles n'ont point de saveur sensible et qu'elles soient propres aux usages domestiques, on les nomme *eaux douces* ou *potables*.

Si ces eaux renferment des principes salins ou gazeux particuliers et en dose assez notable pour exercer sur l'économie animale une action spéciale, on les appelle alors *eaux minérales, eaux gazeuses*.

Enfin, les eaux qui sortent du sein de la terre à une température plus élevée que l'air ambiant sont dites *eaux thermales*.

Nous ne décrirons pas ici les caractères particuliers à chacune de ces eaux, nous préférons faire de ce sujet l'objet d'un chapitre spécial quand nos connaissances chimiques seront plus complètes.

128. Usages de l'eau sous ses trois états. — L'eau joue un rôle des plus importants dans la nature en raison de l'abondance avec laquelle elle s'y trouve répandue.

1° *A l'état de vapeur*, on l'emploie comme force motrice ou comme source de chaleur en utilisant le calorique latent qu'elle abandonne lorsqu'elle repasse à l'état liquide. On s'en sert aussi pour la cuisson de certains aliments destinés à l'homme ou aux animaux.

2° *A l'état solide*, elle sert pour produire des froids artificiels, pour déterminer le point 0 des thermomètres et la chaleur spécifique des corps. On l'emploie également pour la fabrication des glaces, des sorbets et de quelques autres mets ; la médecine l'utilise aussi dans certaines maladies.

3° *A l'état liquide*, elle est constamment puisée dans le sol par les racines des plantes ; elle fournit à ces dernières ses éléments propres en même temps que les substances nutritives qu'elle a dissoutes et qui sont indispensables à leur existence ; enfin, elle entretient dans les végétaux la fonction si importante de l'évaporation et sert d'intermédiaire indispensable à toutes les réactions chimiques qui s'accomplissent dans leurs cellules et leurs vaisseaux. Absorbée par les animaux, elle imbibe tous leurs tissus et fait pénétrer dans leur sang ces principes minéraux nécessaires au développement ou à l'entretien de leur squelette.

L'agriculteur trouve dans l'emploi de l'eau comme irrigation une source féconde de richesses, le chimiste et l'industriel s'en servent également pour dissoudre un grand nombre de corps, les faire agir les uns sur les autres, opérer des lavages, des décompositions, des séparations, etc.

Enfin, le médecin a recours à son emploi dans une foule de circonstances qu'il serait trop long d'énumérer ici.

CHAPITRE VII.

129. Avant de commencer l'étude des diverses combinaisons que les corps métalloïdes ou métalliques peuvent former entre eux, il nous est indispensable de définir ici ce que l'on entend par *équivalents* et *symboles chimiques*, ainsi que d'expliquer toute leur importance en chimie.

Nous n'avons pas voulu faire cet exposé au début de notre ouvrage, de peur de n'être pas suffisamment compris ; maintenant, au contraire, les notions antérieurement acquises serviront à l'intelligence de notre sujet.

Nous commencerons par reproduire le tableau des corps simples indiqué déjà p. 13, mais en y ajoutant des symboles et des chiffres dont nous donnerons ensuite la signification. Les chiffres représentant les équivalents des divers corps simples sont tirés, pour la plupart, du remarquable mémoire communiqué à l'Académie des sciences, en 1859, par M. Dumas.

130. Table des équivalents des corps simples.

		Équivalents	
Corps simples.	Symboles.	par rapport à l'oxygène $=$ 100.	par rapport à l'hydrogène $=$ 1.
1 Oxygène	O	100	8,0
2 Hydrogène	H	12,5	1,0
3 Azote	Az	175,0	14,0
4 Soufre	S	200,0	16,0
5 Chlore	Cl	443,2	35,5

| Corps simples. | Symboles. | Equivalents | |
		par rapport à l'oxygène = 100.	par rapport à l'hydrogène = 1.
6 Brome.	Br.	1000,0	80,0
7 Iode.	I.	1586,0	127,0
8 Fluor.	Fl.	237,5	19,0
9 Phosphore.	Ph.	387,5	31,0
10 Arsenic.	As.	937,5	75,0
11 Bore.	Bo.	137,5	11,0
12 Silicium.	Si.	262,5	21,0
13 Carbone.	C.	75,0	6,0
14 Potassium.	K.	490,0	39,0
15 Sodium.	Na.	287,5	23,0
16 Barium.	Ba.	856,2	68,5
17 Strontium.	Sr.	546,9	43,75
18 Calcium.	Ca.	250,0	20,0
19 Magnésium.	Mg.	150,0	12,0
20 Manganèse.	Mn.	343,7	27,5
21 Fer.	Fe.	350,0	28,0
22 Aluminium.	Al.	171,9	13,75
23 Chrome.	Cr.	328,5	26,0
24 Cobalt.	Co.	368,7	29,5
25 Nickel.	Ni.	368,7	29,5
26 Zinc.	Zn.	406,6	32,75
27 Etain.	Sn.	735,3	59,0
28 Antimoine.	Sb.	762,5	61,0
29 Plomb.	Pb.	1294,5	103,5
30 Cuivre.	Cu.	396,8	31,75
31 Bismuth.	Bi.	2625,0	210,00
32 Mercure.	Hg.	1250,0	100,0
33 Argent.	Ag.	1350,0	108,0
34 Or.	Au.	1227,8	98,0
35 Platine.	Pt.	1232,0	98,5

Les symboles K, Na, Sn, Sb, Hg, Au, appartenant aux métaux, *potassium, sodium, étain, antimoine, mercure, or*, viennent de leurs noms latins : *kalium, natrum, stannum, stibium, hydrargyrum, aurum.*

DES ÉQUIVALENTS CHIMIQUES.

131. *Les équivalents chimiques sont les quantités pondérales des corps qui peuvent se substituer les unes aux autres dans diverses combinaisons.*

132. Equivalents des corps simples. — Nous avons dit, dans le chapitre précédent, que 100 grammes d'eau pure étaient composés de :

$$11^{gr},12 \text{ d'hydrogène,}$$
$$88 \ ,88 \text{ d'oxygène.}$$

Or, si nous cherchons la proportion d'hydrogène combinée à 100 d'oxygène, nous aurons :

$$88,88 : 11,12 :: 100 : x, \text{ d'où } x = 12,50.$$

D'autre part, en exposant les règles de nomenclature, nous avons vu que les divers corps pouvaient se combiner en plusieurs proportions avec l'oxygène; or, on comprend qu'il soit possible comme pour l'eau de faire l'analyse des premières combinaisons oxygénées de ces divers corps et de rapporter chaque fois la composition trouvée à un poids fixe d'oxygène, égal à 100.

EXEMPLES : 100 de protoxyde de manganèse renferment :

$$
\begin{aligned}
\text{Manganèse} &\ldots\ldots\ldots\quad 77,46 \\
\text{Oxygène} &\ldots\ldots\ldots\quad 22,54 \\
\cline{2-2}
&\qquad\qquad\ 100,00
\end{aligned}
$$

100 parties d'acide hypochloreux renferment :

$$
\begin{aligned}
\text{Chlore} &\ldots\ldots\ldots\quad 81,59 \\
\text{Oxygène} &\ldots\ldots\ldots\quad 18,41 \\
\cline{2-2}
&\qquad\qquad\ 100,00
\end{aligned}
$$

De ces analyses on tire :

$$77,46 : 22,54 :: x : 100, \text{ d'où } x = 343,7 ;$$
$$81,59 : 18,41 :: x : 100, \text{ d'où } x = 443,2.$$

En procédant de même à l'égard des premières combinaisons oxygénées des différents corps [1], on a trouvé une série de nombres qui sont inscrits dans la troisième colonne du tableau (n° 130), et qui ont été appelés les *équivalents de ces corps*.

Ces nombres ont reçu le nom d'*équivalents* parce que, suivant la définition donnée en tête de ce chapitre, ils représentent les quantités pondérales des corps qui peuvent se substituer les unes aux autres dans les combinaisons chimiques; en effet :

12,50 d'hydrogène		de l'eau.
443,2 de chlore	en se combinant	de l'acide hypochloreux.
200,0 de soufre	avec 100 parties	de l'acide hyposulfureux.
490,0 de potassium	d'oxygène, donnent :	de la potasse.

343,7 de manganèse	en se combinant	du protoxyde de manganèse.
1294,5 de plomb	avec 100 d'oxygène	— de plomb.
406,6 de zinc	donnent :	— de zinc, etc.

Or, si l'on cherche : 1° quels sont les poids de chlore, de soufre nécessaires pour donner, avec 490 de potassium ou 406,6 de zinc, etc., un *protochlorure* ou un *protosulfure* de ces métaux, on trouve justement les nombres 443,2 et 200 ;

2° Si l'on cherche quels sont les poids de chlore, de soufre, etc., nécessaires pour se combiner à 12,5 d'hydrogène et donner les acides *chlorhydrique*, *sulfhy-*

---

[1] Il n'a pas toujours été possible de déduire l'équivalent d'un corps de sa première combinaison avec l'oxygène, mais nous l'admettons ici pour simplifier notre exposé.

drique, etc.; on trouve encore les mêmes nombres 443,2, 200, etc.;

3° Inversement, si l'on cherche quels sont les poids des divers métaux, potassium, zinc, plomb, etc., qui, mis en présence des acides chlorhydrique, sulfhydrique, etc., peuvent remplacer 12,5 d'hydrogène et se combiner à 443,2 de chlore, 200 de soufre, etc., pour donner encore un *protochlorure* ou un *protosulfure*, on retrouve les nombres 490, 406,6, 1294,5, c'est-à-dire les poids qui, combinés à 100 d'oxygène, fournissent des protoxydes.

On peut donc tirer des exemples ci-dessus les conclusions suivantes :

1° Si 443,2 de chlore, 200 de soufre combinés avec 100 d'oxygène donnent de l'acide hypochloreux ou hyposulfureux, les poids 490, 406,6, 1294,5, etc., de potassium, zinc, plomb, etc., peuvent *se substituer* à ce poids 100 d'oxygène pour donner des protochlorures ou des protosulfures avec ces mêmes poids 443,2 et 200 de chlore ou de soufre. La réciproque est également **vraie**.

2° Si 12,50 d'hydrogène combinés avec 100 d'oxygène donnent de l'eau, les poids 443,2 de chlore, 200 de soufre peuvent *se substituer* à ce même poids 100 d'oxygène pour donner de l'acide chlorhydrique ou sulfhydrique avec 12,50 d'hydrogène, etc., etc.

Donc, *toutes ces quantités pondérales, pouvant se remplacer les unes les autres dans les combinaisons chimiques, sont équivalentes.*

Remarque. — Au lieu de rapporter la composition des diverses combinaisons chimiques à 100 d'oxygène, on aurait pu prendre un poids quelconque de tout autre corps comme terme de comparaison. Or, il est facile de voir que plusieurs équivalents de la troisième colonne de notre tableau sont des multiples exacts de l'équivalent 12,50 de l'hydrogène.

EXEMPLES :

L'équivalent de l'oxygène 100 $= 12,50 \times 8$.
—   du carbone   75 $= 12,50 \times 6$.
—   de l'azote   175 $= 12,50 \times 14$, etc.

Or, si l'on pose l'équivalent de l'hydrogène 12,50 égal à l'unité, pour calculer les valeurs numériques que prennent alors ceux des autres corps simples, il suffit d'établir une série de proportions semblables aux trois suivantes :

$12,50 : 100 :: 1 : x$, d'où $x = 8$, équivalent de l'oxygène.
$12,50 : 175 :: 1 : x$, d'où $x = 14$,   —   de l'azote.
$12,50 : \ 75 :: 1 : x$, d'où $x = 6$,   —   du carbone.

C'est en procédant ainsi, que l'on a obtenu les nombres renfermés dans la quatrième colonne de notre tableau.

Tous ces nombres ne sont pas des multiples exacts de l'équivalent 12,50 de l'hydrogène, mais comme ils ont l'avantage d'être plus simples que ceux renfermés dans la troisième colonne, ce sont eux dont nous nous servirons par la suite, dans les divers problèmes que nous aurons à résoudre.

133. Combinaisons des corps en proportions définies. — En établissant les règles de la nomenclature chimique, nous avons dit que deux corps pouvaient souvent se combiner en plusieurs proportions, nous ajouterons maintenant que ces combinaisons ont toujours lieu en *proportions définies* et que les rapports de ces proportions sont aussi fort simples.

EXEMPLES : *Les diverses combinaisons du soufre avec l'oxygène peuvent se représenter de la manière suivante :*

16 de soufre + 8 oxygène.	Acide hyposulfureux.
— + 16 —	— sulfureux.
— + 20 —	— hyposulfurique.
— + 24 —	— sulfurique, etc.

Or, 16 est l'équivalent du soufre, et 8 celui de l'oxygène (l'hydrogène étant 1). Les composés ci-dessus résultent donc de la combinaison de 1 équivalent de soufre avec 1. 2, 2 1/2 et 3 équivalents d'oxygène.

On trouve de même que les divers composés oxygénés du manganèse résultent de la combinaison de 1 équivalent de manganèse avec 1, 1 1/2. 2, 3, 3 1/2 équivalents d'oxygène.

Beaucoup d'autres exemples nous conduiraient à cette conclusion, que :

Si les corps simples peuvent se combiner en plusieurs proportions, ces combinaisons ont toujours lieu suivant des multiples très-simples des nombres que nous avons appelés des équivalents.

Ainsi, 1 équivalent d'un corps pouvant se combiner à 1, 2, 3, 4, 5 fois l'équivalent d'un autre corps, ou bien encore 2 équivalents de l'un à 3, 5, 7 fois l'équivalent d'un autre, il en résulte que les rapports entre le nombre d'équivalents des deux corps sont représentés par les nombres très-simples 1, 3/2, 2, 5/2, 3, 7/2, 4, 5, etc.

COMBINAISONS EN VOLUMES. — Ce que nous venons de dire relativement aux *quantités pondérales* des corps qui entrent en combinaison, est également applicable aux *volumes*, c'est-à-dire qu'il existe toujours un rapport simple : 1° entre les volumes des corps qui se combinent ;

2° entre la somme des volumes des constituants et le volume du composé.

EXEMPLES :

2 vol. hydrogène + 1 vol. oxygène   = 2 vol. de vapeur d'eau.
1 vol. chlore   + 1 vol. hydrogène = 2 vol. acide chlorhydrique.
2 vol. azote   + 1 vol. oxygène   = 1 vol. protoxyde d'azote.
1 vol. azote   + 1 vol. oxygène   = 2 vol. bioxyde d'azote.

Généralement, quand les gaz se combinent à volumes égaux, il n'y a pas condensation dans le composé.

134. Symboles et formules chimiques. — Les chimistes ont adopté, pour désigner chaque corps simple, un *signe* ou *symbole chimique* indiqué dans la seconde colonne de notre tableau et qui n'est autre chose que la première lettre du nom français ou latin du corps. Le nom de plusieurs corps commençant par la même initiale, pour éviter la confusion on a joint dans ce cas une seconde lettre à cette initiale.

Mais ce qu'il importe de savoir, c'est que ce symbole ne désigne pas seulement le corps, mais encore son *équivalent*. Ainsi, les symboles *Cl*, K, *Fe*, ne représentent pas seulement du chlore, du potassium, du fer, mais de plus les poids 35,5, 39, 28 de ces divers corps.

135. Formules chimiques. — *Les diverses combinaisons chimiques se représentent par des formules renfermant les symboles des corps qui entrent dans ces combinaisons, et ces formules s'établissent en tenant compte du nombre d'équivalents de chacun des corps simples qui constituent le corps composé.*

EXEMPLES : Les combinaisons du soufre et de l'oxygène énoncées précédemment se représentent de la manière suivante :

Acide hyposulfureux 1 équiv. de S + 1   équiv. d'O = SO.
 —   sulfureux   1   —   de S + 2   —   d'O = SO^2.
 —   hyposulfurique 1   —   de S + 2 1/2 —   d'O = SO$^{5}_{2}$ (A).
 —   sulfurique   1   —   de S + 3   —   d'O = SO^3.

De même les combinaisons oxygénées du manganèse :

Protoxyde   1 Mn + 1   Ox.   Mn O.
Sesquioxyde   1 Mn + 1 1/2 O.   Mn O$^{\frac{3}{2}}$ (B).
Bioxyde   1 Mn + 2   O.   Mn O^2.
Acide manganique   1 Mn + 3   O.   Mn O^3.
Acide permanganique   1 Mn + 3 1/2 O.   Mn O$^{\frac{7}{2}}$ (C).

Mais, pour faire disparaître les équivalents fractionnaires comme dans les combinaisons (A) (B) (C) ci-dessus, on multiplie les exposants des deux corps simples par le dénominateur de la fraction, ce qui ne change pas le rapport. On obtient alors : acide hyposulfurique, S^{2}O^5 ; sesquioxyde de manganèse, Mn^{2}O^3 ; acide permanganique, Mn^{2}O^7, etc.

136. Equivalents des corps composés. — *L'équivalent d'un corps composé est toujours égal à la somme des équivalents des corps simples qu'il renferme et dont le nombre est indiqué par sa formule chimique.*

EXEMPLES :

1° *Acides.*   *Formules.*   *Equivalents* A.

Azotique. . . . . . . AzO^5 $\begin{cases} Az = 14 \\ O^5 = 8 \times 5 \end{cases}$ 14 + 40 = ... 54

Sulfurique. . . . . SO^5 $\begin{cases} S = 16 \\ O^3 = 8 \times 3 \end{cases}$ 16 + 24 = ... 40

Carbonique. . . . . CO^2 $\begin{cases} C = 6 \\ O^2 = 8 \times 2 \end{cases}$ 6 + 16 = ... 22

Silicique. . . . . . SiO^3 $\begin{cases} Si = 21 \\ O^3 = 8 \times 3 \end{cases}$ 21 + 24 = ... 45

2° *Bases.*   *Formules.*   *Equivalents B.*

Potasse . . . . KO $\begin{cases} K = 39 \\ O = 8 \end{cases}$ $\Big\}$ $39 + 8 =$ ... 47

Soude . . . . NaO $\begin{cases} Na = 23 \\ O = 8 \end{cases}$ $\Big\}$ $23 + 8 =$ ... 31

Baryte . . . . BaO $\begin{cases} Ba = 68,5 \\ O = 8 \end{cases}$ $\Big\}$ $68,5 + 8 =$ ... 76,5

Chaux . . . . CaO $\begin{cases} Ca = 20 \\ O = 8 \end{cases}$ $\Big\}$ $20 + 8 =$ ... 28

Protoxyde de fer . . FeO $\begin{cases} Fe = 28 \\ O = 8 \end{cases}$ $\Big\}$ $28 + 8 =$ ... 36

Protoxyde de plomb. PbO $\begin{cases} Pb = 103,5 \\ O = 8 \end{cases}$ $\Big\}$ $103,5 + 8 =$ ... 111,5

La règle que nous avons énoncée, pour déterminer le poids équivalent d'un corps composé, repose sur des faits analogues à ceux exposés au sujet des équivalents des corps simples.

1° *Si l'on prend un quelconque des poids* A *(celui de l'acide sulfurique, par exemple), et si l'on cherche les poids des divers protoxydes capables de donner des sulfates neutres en s'unissant à ce poids 40 d'acide, on trouve exactement les nombres* B;

2° *Si l'on prend un quelconque des poids* B *(celui du protoxyde de fer, par exemple), et si l'on cherche les poids des divers acides capables de donner des sels neutres, sulfate, carbonate, azotate, etc., avec ce poids 36 de protoxyde, on trouve exactement les nombres* A.

Ces poids de bases et d'acides peuvent donc se substituer les uns aux autres dans ces diverses combinaisons, ce sont donc bien les *équivalents de ces divers composés.*

On démontrerait, par un raisonnement semblable, que *l'équivalent d'un sel ou de tout autre composé est toujours égal à la somme des équivalents de ses constituants.*

Nous nous contenterons de citer quelques exemples numériques :

Sels.	Formules.		Equivalents.
Sulfate de chaux.	CaO, SO^3	$\begin{cases} CaO = 28 \\ SO^3 = 40 \end{cases}$	$28 + 40 = 68$
Bicarbonate de potasse.	$KO, 2\,CO^2$	$\begin{cases} KO = 47 \\ 2\,CO^2 = 22 \times 2 \end{cases}$	$47 + 44 = 91$
Silicate de soude bibasique.	$(NaO)^2, SiO^3$	$\begin{cases} 2\,NaO = 28 \times 2 \\ SiO^3 = 45 \end{cases}$	$56 + 45 = 101$

137. Règles relatives à la notation des corps composés. — 1° Le chiffre indiquant le nombre d'équivalents d'un corps simple est placé en exposant, mais il a la simple valeur d'un coefficient.

EXEMPLE : PbO^2, MnO^2, SO^3, AzO^5.

2° Quand un sel est basique, c'est-à-dire quand il renferme 2 ou un plus grand nombre d'équivalents de base pour 1 équivalent d'acide, ce nombre d'équivalents s'indique aussi par un chiffre placé en exposant.

EXEMPLE : Silicate de soude bibasique $(NaO)^2$, SiO^3.

3° Quand il s'agit d'un sel acide, on peut adopter la même notation.

EXEMPLE : Bicarbonate de potasse KO, $(CO^2)^2$; mais pour ne pas multiplier les exposants, on préfère écrire : $KO, 2\,CO^2$.

4° Dans la notation chimique, on suit une règle inverse de celle adoptée pour le discours, c'est-à-dire que le corps simple ou composé que l'on énonce le premier est celui que l'on écrit le dernier.

EXEMPLES :

Oxyde de calcium.. . . . . . . CaO.
Acide sulfurique. . . . . SO^5.
Chlorure de sodium.. . . . . $Na\,Cl$.
Carbonate de magnésie. . . . MgO, CO^2·

Cette règle repose sur la convention admise, *que, dans les formules chimiques, le principe électro-positif doit toujours s'écrire le premier et le principe électro-négatif le dernier.* On évite ainsi, autant qu'il est possible, l'intercalation des exposants entre les symboles des corps. Il est évident, en effet, que les formules MnO^2, PhO^5, KO, ClO^5 sont plus claires que les formules O^2Mn, O^5Ph, OK, O^5Cl qui pourraient représenter les mêmes corps.

138. Utilité de la notation chimique. — La notation chimique offre d'incontestables avantages en permettant : 1° de formuler d'une manière très-simple les diverses réactions chimiques ; 2° de traduire en chiffres ces mêmes réactions.

TRADUCTION EN FORMULES DE QUELQUES RÉACTIONS
ÉTUDIÉES DANS LES CHAPITRES PRÉCÉDENTS.

1° *Préparation de l'oxygène par le chlorate de potasse* (p. 33).

$$KO, ClO^5 = KCl + O^6$$

Chlorate de potasse. — Chlorure de potassium. — 6 équivalents d'oxygène.

2° *Préparation de l'hydrogène avec du zinc, de l'eau et de l'acide sulfurique* (p. 37).

$$Zn + SO^5 + HO = ZnO, SO^5 + H$$

Zinc. — Acide sulfurique et eau. — Sulfate de zinc. — Hydrogène.

3° *Préparation du chlore avec le bioxyde de manganèse
et l'acide chlorhydrique* (p. 51).

$$MnO^2 \ + \ 2\,ClH \ = \ Mn,Cl \ + \ 2\,HO \ + \ Cl$$

Peroxyde de manganèse.	2 équivalents d'acide chlorhydrique.	Chlorure de manganèse.	2 équivalents d'eau.	Chlore.

TRADUCTION EN CHIFFRES DES RÉACTIONS PRÉCÉDENTES.

Préparation de l'oxygène.

Poids équivalent du chlorate de potasse . . . $\begin{cases} K = 39 \\ O = 8 \\ Cl = 35,5 \\ O^5 = 40 \end{cases}$

$$122,5$$

Poids équivalent du chlorure de potassium. $\begin{cases} K = 39 \\ Cl = 35,5 \end{cases}$

$$74,5$$

d'où l'on tire la relation numérique :

$$KO,\,ClO^5 \ = \ KCl \ + \ O^6$$

$$122,5 \qquad 74,5 \ + \ 48$$

Ce qui signifie : *qu'un poids de chlorate de potasse égal
à 122,5 donne, en se décomposant par la chaleur, 74,5 de
chlorure de potassium et 48 d'oxygène.*

L'unité de poids peut être à volonté le kilogramme, le
gramme, le décigramme, le milligramme, etc.

PROBLÈME. — *Combien peut-on obtenir d'oxygène avec
250 kilogrammes de chlorate de potasse ?*

Il suffit de poser la proportion :

$$122^k,50 : 48^k :: 250 : x, \text{ d'où } x = 97^k,959.$$

Préparation de l'hydrogène.

$$\text{Poids équivalent de l'acide sulfurique.} \left\{ \begin{array}{l} SO^3 = 40 \\ HO = 9 \end{array} \right.$$
$$\overline{49}$$

Poids équivalent de l'eau. . . . . .

$$\text{Poids équivalent du sulfate de zinc.} \left\{ \begin{array}{l} ZnO = 40,75 \\ SO^3 = 40 \end{array} \right.$$
$$\overline{80,75}$$

d'où l'on tire la relation numérique :

$$Zn + SO^3 + HO = ZnO, SO^3 + H$$
$$\underbrace{32,75} + \underbrace{49} \qquad \underbrace{80,75} + \underbrace{1}$$

Ce qui signifie : *que 32,75 de zinc traités par 49 d'acide sulfurique étendu donnent 80,75 de sulfate de zinc et 1 d'hydrogène.*

Problèmes. — *Combien peut-on obtenir d'hydrogène en poids avec 125 grammes de zinc et une quantité d'acide sulfurique suffisante?*

Réponse. — $3^{gr},84$.

Combien peut-on obtenir de sulfate de zinc avec 1,800 grammes de zinc et une quantité d'acide suffisante?

Réponse. — $4,438^{gr},167$.

139. Problèmes sur les équivalents.

1. Traduire en chiffres la formule relative à la préparation du chlore.

2. Combien peut-on obtenir de chlore avec 1,800 grammes de peroxyde de manganèse et une quantité d'acide chlorhydrique suffisante?

3. Dans les mêmes conditions, combien obtiendra-t-on de chlorure de manganèse?

4. Quel poids d'acide chlorhydrique faut-il employer pour obtenir 1,500 grammes de chlore avec une quantité de peroxyde de manganèse suffisante ?

5. Combien peut-on retirer d'hydrogène et d'oxygène de 3,500 kilogrammes d'eau à 4 degrés ?

6. Combien peut-on obtenir d'acide chlorhydrique avec 3,500 kilogrammes de chlorure de sodium et une quantité suffisante d'acide sulfurique ?

7. Dans les mêmes conditions, combien obtiendrait-on de kilogrammes de sulfate de soude ?

8. Combien faut-il employer d'acide sulfurique concentré pour dégager tout le chlore contenu dans 1,350 grammes de sel marin ou chlorure de sodium ?

9. Combien peut-on obtenir d'acide sulfhydrique avec 225 kilogrammes de sulfure d'antimoine contenant 10 pour 100 de matières étrangères ?

10. Combien faudrait-il employer d'acide chlorhydrique dans ces conditions, et combien obtiendrait-on de chlorure d'antimoine ?

11. Combien peut-on obtenir d'acide azotique monohydraté avec 1,700 grammes d'azotate de soude ? Combien obtiendrait-on de sulfate de soude anhydre ? Quelle serait la quantité d'acide sulfurique à employer ?

12. Combien 1,245 kilogrammes de cuivre peuvent-ils fournir de sulfate de cuivre et d'acide sulfureux avec une quantité d'acide sulfurique suffisante ?

13. Combien faut-il d'acide sulfurique monohydraté pour transformer en sulfate de cuivre 745 grammes de cuivre métallique ?

14. Combien 175 grammes de chlorhydrate de baryte et 240 grammes de sulfate de soude dissous dans l'eau peuvent-ils fournir de sulfate de baryte et d'azotate de soude par double décomposition ?

15. Combien 1,539 grammes de carbonate de chaux, traités par une quantité d'acide chlorhydrique sufffisante, donneront-ils d'acide carbonique et de chlorhydrate de chaux ?

16. A quel poids de chlorure de calcium anhydre correspond le chlorhydrate de chaux, dans la question précédente ?

17. Combien peut-on obtenir de chaux vive ou anhydre, en calcinant à la chaleur blanche 125 kilogrammes de calcaire pur ?

18. Combien 145 grammes d'acide oxalique, traités par une quantité suffisante d'acide sulfurique, donneront-ils d'acide carbonique et d'oxyde de carbone ?

19. A combien de litres correspond chacun des poids d'acide carbonique et d'oxyde de carbone trouvés dans la question précédente ?

20. Combien 2,258 grammes de chlorhydrate d'ammoniaque peuvent-ils laisser dégager d'ammoniaque, en présence d'une quantité suffisante de chaux vive ?

21. Combien le poids d'ammoniaque dégagée dans le problème précédent renferme-t-il d'azote ?

22. Combien 227 grammes d'ammoniaque gazeuse peuvent-ils saturer d'acide sulfurique monohydraté ?

23. Un litre de liqueur sulfurique étendue contient 61^{gr},250 d'acide sulfurique monohydraté, le reste étant de l'eau, on demande combien il faut d'ammoniaque pour saturer 150 centimètres cubes de la liqueur acide ?

24. 180 centimètres cubes de la liqueur sulfurique précédente sont saturés par 220 centimètres cubes d'une dissolution de potasse, combien faudrait-il d'ammoniaque pour produire la même saturation ?

25. Dans un même volume de 180 centimètres cubes de la liqueur sulfurique précédente, on ajoute une quantité inconnue d'ammoniaque. Après cette addition, il ne faut plus que 110 centimètres cubes de la dissolution de potasse ci-dessus pour achever la saturation : quel poids d'ammoniaque avait-on ajouté d'abord ? A combien d'azote correspond ce poids d'ammoniaque?

26. Il faut 125 centimètres cubes d'une dissolution de soude à la chaux pour saturer 75 centimètres cubes d'une dissolution sulfurique renfermant, par litre, 61^{gr},250 d'acide sulfurique monohydraté. Pour saturer 75 centimètres cubes d'une autre liqueur sulfurique, il ne faut que 100 centimètres cubes de la même dissolution de soude ; on demande combien la seconde liqueur acide renferme d'*acide sulfurique monohydraté par litre.*

27. En vingt-quatre heures un homme adulte, de taille et de force moyennes, perd par la respiration près de 300 grammes de carbone; une vache laitière de moyenne taille, 1,700 grammes ; un cheval, 1,800 grammes; un porc, 600 grammes. On demande : 1° à quels poids d'acide carbonique correspondent ces quantités de carbone ; 2° quels sont les volumes d'acide carbonique rejetés dans l'air par l'expiration, en supposant le gaz à 0 degré et à la pression 760.

28. Un végétal a décomposé en vingt-quatre heures 125 litres d'acide carbonique dans ses parties vertes, on demande : 1° le poids de carbone fixé dans ses tissus; 2° le poids d'oxygène rejeté dans l'atmosphère; 3° le volume qui correspond à ce poids d'oxygène, en supposant toujours le gaz dans les circonstances normales de température et de pression.

29. Combien y a-t-il d'acide phosphorique (PhO^5) dans 275 grammes de *phosphate de chaux basique* ayant pour composition (PhO^5, 3 CaO)? Combien ce même poids de phosphate de chaux renferme-t-il de phosphore?

30. Combien y a-t-il d'azote dans 1,725 grammes d'azotate d'ammoniaque séchée à 100 degrés, sachant que ce sel a alors la composition (AzH^3, HO, AzO^5)?

31. On a trouvé dans une eau 5 grammes d'acide nitrique par mètre cube, on demande l'équivalent en nitrate de potasse.

32. Un litre d'eau contient $2^{gr},5$ de nitrate d'ammoniaque séchée à 100 degrés, combien y a-t-il d'acide azotique dans 240 centimètres cubes de cette liqueur? Combien y a-t-il d'ammoniaque dans 375 centimètres cubes?

33. 100 grammes d'une marne perdent par la dessiccation à 100 degrés 15 grammes d'eau. 10 grammes de la marne sèche, traités par l'acide étendu, perdent $3^{gr},5$; on demande : 1° la richesse en *calcaire* de cette marne à l'état sec; 2° la composition de cette marne à l'état humide (eau calcaire, argile et sable).

34. La marne précédente renferme à l'état sec 11 pour 100 de *noyaux cohérents*, on demande quel poids de marne humide on devra enfouir dans le sol pour y introduire autant de *calcaire actif* que si la marne était sans noyaux.

35. 10 grammes de marne sèche, traités par l'eau chaude, laissent pour résidu $8^{gr},7$. Traités ensuite par l'acide étendu, le premier résidu ne pèse plus que $2^{gr},9$, on demande d'établir la composition complète de la marne (sulfate de chaux, calcaire, argile et sable).

36. Une terre renferme 1,5 de carbonate de chaux, la profondeur du labour est 22 centimètres, on demande combien on doit y introduire d'une marne renfermant 74 pour 100 de calcaire pour que le sol contienne 3 pour 100 de cet élément.

37. Même problème, en supposant : richesse du sol en carbonate, 2,1 ; profondeur du labour, 33 centimètres ; richesse de la marne, 67,2.

38. Sachant que le *fumier normal* contient, à l'état humide, 4 pour 1,000 d'azote, on demande : 1° combien 1 kilogramme d'azote ou 1 kilogramme d'ammoniaque représente de ce fumier ; 2° combien 1 kilogramme d'acide azotique supposé anhydre (AzO^5) représente de ce même fumier.

Quand on connaît la hauteur d'eau qui tombe annuellement dans un pays, sur un hectare de superficie, pour avoir le nombre de mètres cubes correspondant, il suffit d'ajouter deux zéros à cette hauteur. Avec cette indication et les résultats trouvés n° 38, on résoudra les six problèmes suivants :

39. Hauteur d'eau moyenne à Paris, $0^m,57$. En supposant que chaque litre d'eau contienne 3 *milligrammes 4 dixièmes d'ammoniaque*, on demande quelle fumure les eaux pluviales peuvent avoir apportée au bout d'un an.

40. Même problème pour la Saulsaie ; hauteur moyenne d'eau tombée annuellement, $0^m,849$; richesse ammoniacale par litre, $3^{mg},5$.

41. Chaque litre d'eau pluviale qui tombe à la Saulsaie étant supposé renfermer $1^{mg},1$ d'acide azotique (AzO^5), calculer la fumure correspondante.

42. Sachant qu'un hectolitre de blé (grain et paille correspondante) renferme environ $2^k,200$ d'azote, calculer les récoltes en blé que les eaux pluviales pourraient donner à Paris et à la Saulsaie, en ne tenant compte que de l'ammoniaque qu'elles renferment.

43. En supposant qu'un litre d'eau de pluie des deux localités précédentes ne renferme que $0^{mg},07$ d'acide phosphorique, indiquer les quantités de cet acide apportées sur le sol par les eaux.

44. 1 hectolitre de blé enlevant au sol 1 kilogramme d'acide phosphorique, combien les récoltes trouvées n° 42 devront-elles puiser d'acide phosphorique dans le sol, en tenant compte de celui apporté par les eaux pluviales ?

45. Dans une irrigation, on a donné à une prairie, en quarante-huit jours, un arrosement de 130,000 mètres cubes d'une eau renfermant 11 grammes de *nitrate de potasse* et 20 *milligrammes* d'ammoniaque *par mètre cube*. En supposant que l'eau ait abandonné

7

au sol la totalité des matières tenues en dissolution, on demande :
1° le poids d'acide nitrique ; 2° le poids de potasse ; 3° le poids
d'ammoniaque apportés dans le sol par cette eau. On demande de
plus : le poids total d'azote et le poids de fumier normal qui y
correspond.

46. Sachant que l'eau employée dans l'irrigation précédente
contenait $2^{gr},50$ de silice soluble dans 100 litres, on demande le
poids total de ce composé mis à la disposition des plantes en quarante-huit jours.

47. Une eau de puits renferme, pour 100 litres, 25 grammes de
carbonate de chaux, $8^{gr},5$ de sulfate de chaux, $8^{gr},5$ de carbonate
de soude, $6^{gr},7$ de chlorure de sodium et de magnésium, 12 grammes de nitrates divers, $3^{gr},2$ de phosphates. Cette eau est donnée
en boisson au bétail, à raison de 30 litres en vingt-quatre heures,
et l'on demande :

1° Le volume total d'eau bue par 100 têtes en une année (365
jours) ;

2° Le poids de chaque substance minérale introduit dans le corps
de l'animal ;

3° Le poids total de toutes les substances salines apporté au fumier, en supposant que rien ne soit retenu dans les tissus des
animaux.

48. A Lyon, le Rhône renferme, en moyenne, 96 grammes de
limon par mètre cube. En supposant une irrigation de 100,000 mètres cubes sur 1 hectare de superficie, on demande : 1° le poids
de limon total que ces eaux pourraient abandonner ; 2° quel est
le poids de fumier normal représenté par ce limon, que nous sup-
poserons renfermer $2^{gr},4$ d'azote pour 1,000 à l'état humide.

49. A l'époque des eaux moyennes, le Rhin, à Lauterbourg,
débite 1,105 mètres cubes par seconde ; en supposant une richesse
moyenne de $3^{mg},8$ de nitrate de potasse, on demande la quantité
de ce sel portée à la mer par le fleuve : 1° en un jour ; 2° en une
année.

50. Même calcul pour la Seine. Débit par seconde, 250 mètres
cubes pendant les eaux moyennes. Nitrate de potasse, 9 grammes
par mètre cube.

CHAPITRE VIII.

COMBINAISONS BINAIRES DES MÉTALLOÏDES ENTRE EUX.

COMBINAISONS ACIDES DE L'HYDROGÈNE.

140. Etudes des principaux hydracides. — Nous avons dit précédemment que les acides se divisaient en deux groupes principaux : les *oxydes* et les *hydracides*, et que ces derniers résultaient de la combinaison de l'hydrogène avec divers métalloïdes, tels que le chlore, le soufre, etc.; nous allons étudier ici les hydracides les plus importants.

ACIDE CHLORHYDRIQUE.

$$HCl = 36,5.$$

Cet acide est encore appelé *acide hydrochlorique* ou *acide muriatique*.

141. Propriétés physiques et chimiques. — L'acide chlorhydrique est gazeux, incolore; son odeur est irritante, sa saveur fortement acide; il provoque la toux quand on le respire. A l'air, il répand des fumées blanches très-abondantes.

$D = 1,24.$ Ce gaz a pu être liquéfié, mais non solidifié.

Solubilité de l'acide chlorhydrique. — Il est extrêmement soluble dans l'eau qui en dissout 400 à 500 fois
son volume ; la dissolution de l'acide chlorhydrique dans
ce liquide est instantanée.

Acide chlorhydrique liquide. — L'acide chlorhydrique
liquide résulte de la dissolution de l'acide gazeux dans
l'eau, sa densité est d'autant plus considérable que le
liquide est plus riche en acide. Une dissolution saturée
a pour densité 1,21.

Préparation de l'acide chlorhydrique. — Dans un
petit ballon B, de 200 centimètres cubes de capacité environ, on met

Fig. 45.

30 grammes de sel marin fondu et 40 grammes d'acide sulfurique
concentré. On ajuste rapidement un tube au ballon, et sous l'in-

L'acide du commerce marque de 20 à 22 degrés à l'aréomètre de Baumé. Il bout entre 60 et 80 degrés.

L'acide chlorhydrique concentré répand des fumées abondantes comme le gaz, ce qui le fait appeler quelquefois *le fumant* dans les ateliers où on l'emploie.

L'acide chlorhydrique pur est un liquide incolore ; mais dans le commerce il est ordinairement plus ou moins jaunâtre, parce qu'il renferme du chlorure de fer qui a pris naissance dans les cylindres de fonte où le gaz est préparé en grand. Cet acide renferme toujours aussi de l'acide sulfurique employé également dans sa fabrication.

142. Action sur les corps simples ou composés. — L'acide chlorhydrique noircit les matières organiques et les détruit rapidement.

---

fluence d'une chaleur modérée, il se dégage du gaz chlorhydrique que l'on recueille sur le mercure.

Equation et théorie de la réaction.

$$NaCl \quad + \quad SO^3, HO \quad = NaO, SO^3 \quad\quad HCl$$

Chlorure de sodium ou sel marin.	Acide sulfurique concentré.	Sulfate de soude.	Acide chlorhydrique.

L'équivalent d'eau qui appartient à l'acide sulfurique employé se décompose en ses deux éléments : l'oxygène se porte sur le sodium du sel marin pour donner de la soude, et l'hydrogène sur le chlore pour donner de l'acide chlorhydrique qui se dégage à l'état gazeux. Quant à l'acide sulfurique privé d'eau, il se combine à la soude pour donner du sulfate de soude qui reste dans le ballon.

REMARQUE : En étudiant le chlore, nous avons dit que la combinaison de ce métalloïde avec l'hydrogène pouvait s'obtenir directement à l'aide de la chaleur, de la lumière ou de l'électricité (n° 63).

Plusieurs métaux, tels que le zinc, le fer, l'étain, etc., décomposent cet acide en se combinant avec le chlore, et il y a dégagement d'hydrogène.

Avec beaucoup d'oxydes métalliques, l'acide chlorhydrique donne des chlorures et de l'eau :

$$MO + HCl = MCl + HO.$$

L'initiale M représente un métal, tel que le potassium, par exemple.

143. Etat naturel et usages. — Cet acide ne se rencontre libre dans la nature que parmi les produits des volcans, c'est un des gaz qui sortent de leurs cratères. On le trouve encore dans quelques eaux thermales de l'Amérique du Sud.

Les usages de cet hydracide sont nombreux et importants : dans les laboratoires, il est employé très-fréquemment pour analyser ou préparer d'autres corps ; en industrie, il sert à la préparation du chlore, des chlorures décolorants, il entre dans la composition de l'eau régale (voir n° 162), il s'emploie également dans la fabrication des toiles peintes, dans la teinture, etc.

Enfin, en médecine vétérinaire, il est employé comme caustique, soit pur, soit affaibli par l'eau, l'alcool, le miel, le savon, etc.

144. Caractères distinctifs de l'acide chlorhydrique ou d'un chlorure soluble.

Acide chlorhydrique gazeux. — Odeur piquante, fume à l'air ; les fumées augmentent quand on approche de ce gaz un agitateur imprégné d'ammoniaque (fig. 46).

Acide chlorhydrique liquide ou chlorure soluble. — Quelques gouttes d'acide ou de chlorure soluble, versées dans une dissolution d'*azotate d'argent*, donnent lieu à un précipité blanc, cailleboté (ayant l'aspect du lait caillé), de *chlorure d'argent.*

Fig. 46.

Ce précipité noircit à la lumière, il est insoluble dans l'acide azotique et soluble au contraire dans l'ammoniaque.

145. Acides iodhydrique et bromhydrique. — L'iode et le brome donnent avec l'hydrogène les acides iodhydrique et bromhydrique qui jouissent de propriétés analogues à celles de l'acide chlorhydrique : mais ces hydracides sont sans intérêt pour nous.

ACIDE FLUORHYDRIQUE.

$$HFl = 20.$$

146. Cet hydracide, doué des mêmes propriétés que les précédents, et de plus d'une action corrosive très-dangereuse, agit sur le verre d'une manière fort remarquable que nous devons indiquer ici.

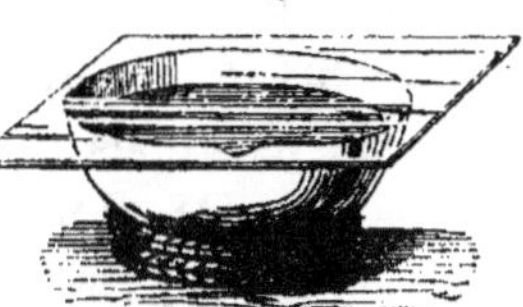

Fig. 47.

Dans une petite capsule en plomb (fig. 47), on place 20 grammes de *fluorure de calcium* réduit en poudre (ce composé se trouve en assez grande abondance dans la nature) que l'on délaye avec environ 50 grammes d'acide sulfurique concentré. Il se produit alors une réaction identique à celle indiquée pour la préparation de l'acide chlorhydrique ; seulement, dans ce cas, le gaz qui se dégage est de l'*acide fluorhydrique*, comme l'indique l'équation ci-dessous :

$$Ca\,Fl \quad + \quad SO^3,\,HO \quad = \quad CaO,\,SO^3 + \quad H\,Fl$$

Fluorure de calcium.	Acide sulfurique concentré.	Sulfate de chaux.	Acide fluorhydrique.

La capsule qui sert à cette préparation est, aussitôt après l'addition de l'acide sulfurique, recouverte d'une plaque de verre préalablement enduite d'une légère couche de cire et sur laquelle on a tracé ensuite, avec une pointe d'acier, des caractères ou un dessin quelconque. Partout où le burin a passé, la cire se trouve enlevée, et le verre exposé à l'action du gaz fluorhydrique qui se dégage. Après une heure ou deux, il suffit d'enlever la cire à l'aide d'une douce chaleur, pour constater que la surface du verre porte, reproduits en creux, les traits préalablement tracés sur la cire.

Cette propriété de l'acide fluorhydrique est mise à profit dans la gravure sur verre et pour tracer les divisions sur les tubes thermométriques et les cloches employées dans les laboratoires.

L'acide fluorhydrique attaque tous les métaux, excepté l'or, le platine et le plomb ; il donne avec eux des fluorures et laisse dégager son hydrogène.

ACIDE SULFHYDRIQUE.

$$HS = 17.$$

Cet acide est encore appelé *hydrogène sulfuré*.

147. Propriétés physiques et chimiques. — Gaz incolore, doué d'une odeur caractéristique qui rappelle celle des œufs pourris. $D = 1,19$.

Il donne au tournesol la couleur rouge vineux, ce qui indique que ses propriétés acides sont faibles. Cet hydracide a pu être liquéfié et solidifié.

Solubilité de cet acide. — Beaucoup moins soluble que les hydracides précédents, l'eau n'en dissout que trois fois son volume. Ce gaz est encore moins soluble dans l'eau saturée de sel marin ; et l'on met à profit cette propriété pour recueillir l'acide sulfhydrique sur ce liquide, quand on veut le préparer à l'état gazeux.

Préparation de l'acide sulfhydrique. — On peut préparer cet hydracide en suivant le même procédé que pour les acides chlorhydrique, fluorhydrique, etc., c'est-à-dire en traitant un sulfure (le sulfure de fer, par exemple) par l'acide sulfurique ; mais dans les laboratoires on préfère employer un produit assez abondamment répandu dans la nature, le *sulfure d'antimoine,* que l'on traite par l'acide chlorhydrique.

Dans le ballon B de la figure 48, on introduit 100 grammes de sulfure d'antimoine et 120 grammes d'acide chlorhydrique du commerce. Sous l'influence d'une douce chaleur, il se dégage un gaz que l'on peut recueillir comme le chlore, dans le flacon F.

On peut aussi recueillir le gaz sur du mercure ou de l'eau saturée de sel marin ; dans ce cas, il suffit de substituer au tube t un autre tube dont l'extrémité o est recourbée :

Equation et théorie de la réaction.

$$Sb^2 S^3 \quad + \quad 3\,H\,Cl \quad = \quad Sb^2\,Cl^3 \quad + \quad 3\,HS$$

Sulfure d'antimoine.	3 équiv. d'acide chlorhydrique.	Chlorure d'antimoine.	3 équiv. d'acide sulfhydrique.

La dissolution d'acide sulfhydrique s'altère peu à peu sous l'influence de l'oxygène de l'air renfermé dans l'eau; celui-ci se combine à l'hydrogène de l'acide pour donner de l'eau, et il y a un dépôt de soufre qui rend la liqueur laiteuse.

148. Combustibilité du gaz sulfhydrique. — L'acide sulfhydrique gazeux est combustible, il brûle dans l'air avec une flamme bleuâtre en donnant de l'eau et de l'acide sulfureux; mais cette combustion s'effectue toujours d'une manière incomplète, et une partie du soufre se dépose contre les parois de l'éprouvette qui renferme le gaz.

Dans cette réaction, le chlore abandonne l'hydrogène pour se combiner à l'antimoine en déplaçant le soufre. Les deux corps de-

Fig. 48.

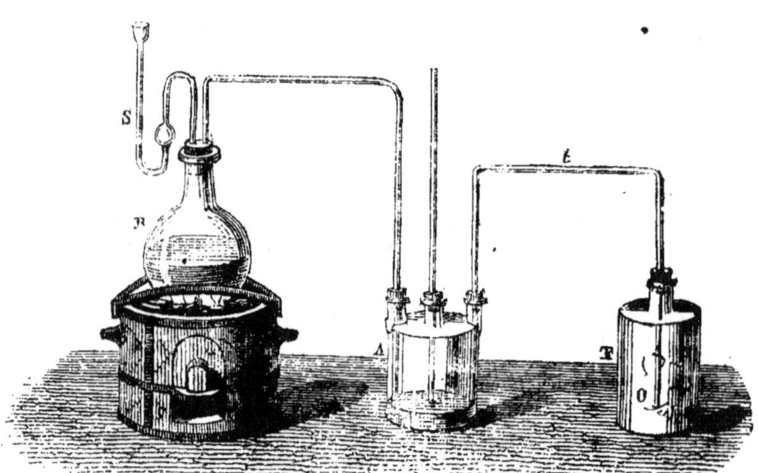

venus libres, soufre et hydrogène, se combinent à leur tour, pour donner de l'*acide sulfhydrique*.

Une forte chaleur peut aussi décomposer cet hydracide, mais toujours incomplétement.

149. Action délétère de l'acide sulfhydrique. — L'acide sulfhydrique est un gaz très-vénéneux, et il est la cause des asphyxies dont sont souvent victimes les ouvriers employés à vider les fosses d'aisances, lorsque les matières fécales, en se décomposant, ont laissé échapper ce gaz en trop grande abondance. Comme *antidote* de ce poison, on peut employer le chlore, qui, en raison de son affinité pour l'hydrogène, décompose l'acide sulfhydrique en donnant lieu à un dépôt de soufre.

$$SH + Cl = ClH + S.$$

Le meilleur moyen d'administrer ce contre-poison consiste à faire respirer doucement le malade au-dessus d'une assiette qui renferme un peu de *chlorure de chaux*, sur lequel on ajoute goutte à goutte du vinaigre.

150. Action sur les corps simples ou composés. — A la température ordinaire, l'acide sulfhydrique agit sur un grand nombre de métaux, tels que l'argent, le cuivre, qu'il transforme en sulfures, en même temps que son hydrogène est mis en liberté.

EXPÉRIENCE : Une lame ou pièce d'argent noircit quand on l'expose au-dessus d'une dissolution d'hydrogène sulfuré ; il se forme, en effet, du sulfure d'argent qui est noir, et de l'hydrogène se dégage.

$$Ag + HS = AgS + H.$$

Nous avons fréquemment l'occasion de constater cette réaction dans les circonstances les plus ordinaires de la vie. On sait que souvent les objets en argent deviennent *noirs* quand on vide les fosses d'aisances, ce qui tient à ce que le gaz sulfhydrique qui se dégage dans l'air à ce moment est décomposé au contact du métal, et donne lieu à du *sulfure d'argent noir* qui se produit à la surface de l'objet.

Les œufs renferment quelquefois une certaine proportion de gaz sulfhydrique, et les ustensiles en argent mis en contact avec eux produisent la même réaction sur cet *hydracide*. En présence des *oxydes métalliques*, l'acide sulfhydrique donne un sulfure et de l'eau :

$$HS + MO = MS + HO.$$

EXPÉRIENCE : Du protoxyde de plomb (massicot) devient noir quand on verse dessus quelques gouttes d'une dissolution d'acide sulfhydrique. Il se produit, en effet, du sulfure de plomb noir et de l'eau.

Avec les sels, cet hydracide donne un grand nombre de *sulfures métalliques* diversement colorés, mais le plus souvent noirs.

COULEURS DES PRINCIPAUX SULFURES.

Sulfure de plomb, brun noir.
    —   de cuivre,   —
    —   d'argent,   —
    —   de manganèse, couleur de chair.
    —   de zinc, blanc.
Protosulfure d'étain, chocolat.
Bisulfure d'étain, jaune.
Sulfure d'antimoine, orangé.

151. Etat naturel. — L'acide sulfhydrique existe en dissolution dans les eaux de plusieurs sources, qui sont appelées pour cette raison *eaux sulfureuses;* telles sont les eaux d'Enghien, de Barèges, de Plombières, de Bagnères-de-Luchon, d'Aix en Savoie, etc.

Beaucoup d'eaux stagnantes renferment aussi ce gaz, qui provient de la fermentation putride des matières organiques sur lesquelles elles reposent. Ce gaz se produit encore toutes les fois que certains sulfates, tels que le sulfate de chaux, par exemple, se trouvent au contact de l'eau, des matières organiques et de l'acide carbonique que ces dernières laissent dégager en se décomposant. Sous l'influence désoxydante des matières organiques, le *sulfate de chaux* commence par se transformer en *sulfure de calcium*, comme l'indique l'équation suivante :

$$CaO, SO^3 + 2C = CaS + 2CO^2.$$

Ce sulfure de calcium, en présence de l'eau et de l'acide carbonique, donne ensuite du *carbonate de chaux* et de l'*acide sulfhydrique*.

$$CaS + HO + CO^2 = CaO, CO^2 + HS.$$

Ces réactions expliquent l'odeur d'œufs pourris qui se dégage souvent quand on dépave les rues, et surtout les ruisseaux ; elles font voir également combien on doit éviter l'emploi du plâtre dans la construction des fosses d'aisances.

L'acide sulfhydrique prend aussi naissance toutes les fois que des matières organiques *sulfurées* entrent en putréfaction ; tels sont les œufs, la viande, le fromage, la farine, etc. Le soufre de ces matières se combine à leur propre hydrogène, ou bien à celui de l'eau qui les imbibe. Enfin, l'hydrogène sulfuré est un des gaz qui se forme dans les intestins des animaux pendant l'acte de la digestion.

152. Usages. — L'acide sulfhydrique rend de grands services en médecine; sa dissolution est employée en boissons ou pour des bains dits de Barèges, et qui sont ordonnés contre diverses affections de la peau.

En raison des propriétés vénéneuses de cet hydracide, on a proposé de l'employer en fumigation pour détruire dans leurs terriers certains animaux nuisibles aux récoltes, tels que les mulots, les rats, les fouines, etc.

L'acide sulfhydrique gazeux ou en dissolution est très-employé dans les laboratoires comme réactif, il permet d'accuser dans certains cas la présence d'une quantité impondérable d'un métal tel que plomb, cuivre, etc.

153. Caractères distinctifs de l'acide sulfhydrique ou d'un sulfure soluble.

Acide sulfhydrique, gazeux ou dissous. — Odeur caractéristique qui rappelle celle des œufs pourris.

Un papier que l'on trempe dans un sel de plomb et que l'on approche ensuite du gaz ou de la dissolution, noircit immédiatement, parce qu'il se forme du *sulfure de plomb*.

Cas d'un sulfure soluble. — La dissolution du sulfure versé dans un sel de plomb y détermine également un précipité brun noir.

Quelques gouttes d'acide chlorhydrique ajoutées dans le sulfure dissous donnent lieu à un dégagement d'acide sulfhydrique.

$$MS + HCl = MCl + HS.$$

154. Considérations générales sur les chlorures, iodures, bromures, fluorures, sulfures solubles. — Les chlorures, iodures, bromures, fluorures, sulfures solubles, une fois dissous dans l'eau, se comportent vis-à-vis des bases et des acides comme s'ils étaient transformés en *chlorhydrates, iodhydrates, bromhydrates,* etc.

Au début de l'étude de la chimie, et surtout quand il s'agit d'un enseignement élémentaire, on trouve un avantage à admettre que cette transformation a véritablement lieu, celui de permettre d'expliquer les réactions d'une manière plus simple.

Soit, par exemple, le *sel marin* ou *chlorure de sodium* qui, formé de *chlore* et de *sodium*, a pour formule : Na Cl.

Si l'on vient à dissoudre ce composé dans l'eau, la manière dont sa dissolution se comporte vis-à-vis des sels permet de supposer que les éléments de l'eau se sont combinés à ceux du *chlorure* de manière à former du *chlorhydrate de soude,* comme l'indique l'équation suivante :

$$\mathrm{Na\ Cl} \quad + \quad \mathrm{HO} = \quad \mathrm{NaO,\ HCl.}$$

Chlorure	Eau.	Chlorhydrate
de sodium.		de soude.

Examinons, en effet, ce qui se passe quand on met en présence certains composés solubles :

En vertu d'une loi indiquée par l'illustre Berthollet, *quand deux sels solubles sont mis en présence et que, par suite d'un échange entre leurs acides et leurs bases, il peut en résulter un sel insoluble, la double décomposition a toujours lieu.*

EXEMPLES : 1° *Action réciproque du sulfate de soude et de l'azotate de plomb.*

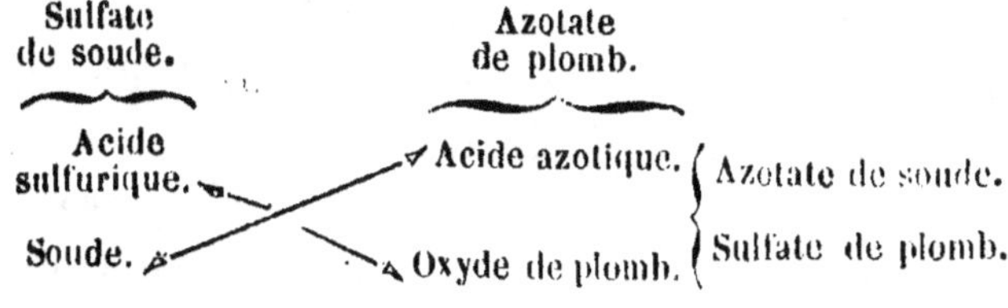

Le sulfate de plomb étant *insoluble*, il y a double décomposition, comme nous venons de l'indiquer, et il se forme de l'azotate de soude soluble et du sulfate de plomb qui se précipite.

2° *Action réciproque du chlorure de sodium dissous et de l'azotate de plomb.*

Si l'on vient à verser une dissolution de chlorure do sodium dans une autre renfermant de l'*azotate* de plomb, on verra qu'il se forme encore un précipité.

Or, un moyen commode d'expliquer la réaction produite consiste à regarder le chlorure de sodium dissous comme du *chlorhydrate de soude ;* on dira alors qu'en vertu de la même loi de Berthollet, il s'est formé de l'*azotate de soude soluble* et du *chlorhydrate de plomb insoluble.*

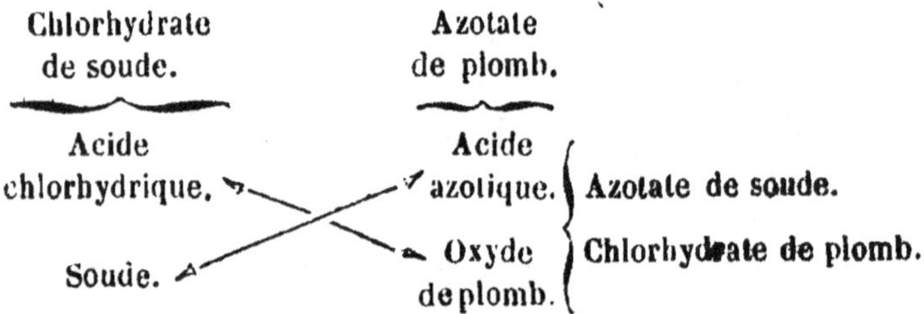

REMARQUE. — Si l'on vient à recueillir ce précipité de chlorhydrate de plomb, et qu'on le dessèche à une douce température, l'analyse constate qu'après la dessiccation il ne reste plus que du *chlorure de plomb* (Pb, Cl), les éléments de l'eau ayant disparu.

Ce résultat démontre que l'*oxygène* et l'*hydrogène* n'étaient pas combinés au *plomb* et au *chlore*, et que le précipité formé était réellement du *chlorure de plomb hydraté* ($PbCl$,HO), et non pas du *chlorhydrate de plomb.*

Quoi qu'il en soit, quand il s'agira par la suite d'expliquer les phénomènes de double décomposition des composés solubles, nous continuerons, pour plus de simplicité, à assimiler les composés binaires solubles, tels que chlorures, iodures, bromures, sulfures, etc., aux sels à acides oxacides; seulement, nous aurons soin de nous rappeler que le *sulfhydrate de cuivre* est réellement du *sulfure de cuivre hydraté;* le *chlorhydrate d'argent,* du *chlorure d'argent hydraté,* etc.

CHAPITRE IX.

COMBINAISONS BINAIRES DES MÉTALLOÏDES AVEC L'OXYGÈNE.

I. AZOTE ET OXYGÈNE.

155. Un même poids d'azote peut se combiner en cinq proportions avec l'oxygène et donner lieu aux combinaisons suivantes :

14 d'azote avec	8 d'oxygène.	Protoxyde d'azote. .	AzO
—	16 —	Bioxyde..	AzO^2
—	24 —	Acide azoteux.	AzO^3
—	32 —	Acide hypoazotique..	AzO^3
—	40 —	Acide azotique.. . . .	AzO^5

Parmi ces combinaisons, trois seulement nous intéressent, ce sont : le *bioxyde d'azote*, l'*acide hypoazotique* et l'*acide azotique*. La première est neutre, le bioxyde ; les deux autres sont acides.

BIOXYDE D'AZOTE.
$$AzO^2.$$

156. Propriétés physiques et chimiques. — Gaz incolore et permanent. $D = 1,039$. Très-peu soluble dans l'eau.

A peine en contact avec l'oxygène, il se combine avec lui et se transforme en acide hypoazotique. Ce dernier étant rougeâtre, la transformation est rendue visible immédiatement.

Pour la produire, il suffit de laisser rentrer quelques bulles d'air dans une éprouvette aux trois quarts pleine de bioxyde d'azote : nous savons, en effet, que l'oxygène est un des constituants de l'air atmosphérique.

L'odeur et la saveur d'un gaz ne pouvant être appréciées qu'au contact de l'air, on comprend qu'il soit impossible de déterminer celles qui appartiennent au bioxyde, puisque dans ces circonstances il se transforme instantanément en acide hypoazotique.

Préparation du bioxyde d'azote (fig. 49). — On fait agir

Fig. 49.

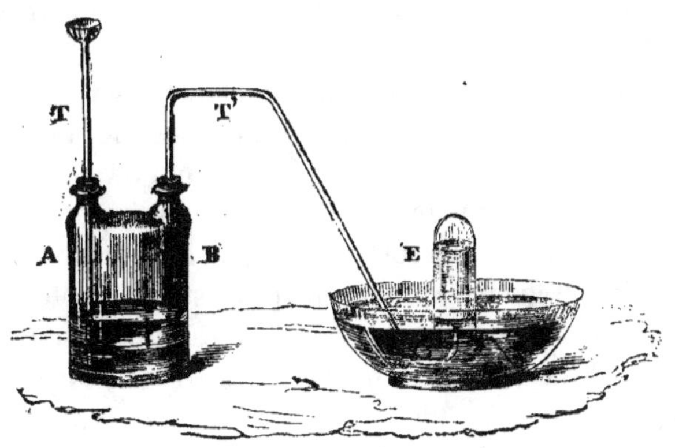

sur de la tournure de cuivre la combinaison d'azote la plus oxygénée, c'est-à-dire l'acide azotique que l'on étend d'eau. Le cuivre s'oxyde aux dépens d'une partie de l'acide employé, qu'il transforme en bioxyde d'azote, tandis que le reste de l'acide, en se combinant avec l'oxyde de cuivre formé, donne de l'*azotate de cuivre*, sel bleu qui reste en dissolution dans le flacon :

$$3\,Cu + 4\,(AzO^5,HO) = 3\,(CuO,AzO^5) + 4\,HO + AzO^2.$$

ACIDE HYPOAZOTIQUE.

$$Az O^4.$$

157. Propriétés. — Liquide jaune rougeâtre, congelable à 15 degrés.

A 22 degrés, il se vaporise complétement, mais il émet déjà beaucoup de vapeurs avant de bouillir.

Les vapeurs de cet acide sont *rouges*, aussi appelle-t-on souvent ce composé *gaz rutilant*.

Fig. 50.

Pour le conserver à l'état liquide, on est obligé de le placer dans des tubes que l'on scelle ensuite à la lampe, de façon que les vapeurs qui remplissent la partie vide du tube empêchent par leur pression le reste du liquide de se vaporiser.

Densité à l'état liquide $= 1,451$.

Cet acide rougit fortement le tournesol et tache la peau en jaune. Sa saveur est caustique, son odeur forte, piquante et nauséabonde. Il est indécomposable par la chaleur seule.

L'acide hypoazotique est le plus stable de tous les composés oxygénés de l'azote; tous les autres, sous l'influence de la chaleur, se décomposent en acide hypoazotique et azote, ou bien en acide hypoazotique et oxygène, suivant qu'ils sont plus ou moins oxygénés que l'acide hypoazotique.

Action de l'eau sur cet acide. — L'eau décompose l'acide hypoazotique en acide azotique et bioxyde d'azote.

$$3\,Az O^4 = 2\,Az O^5 + Az O^2.$$

L'acide azotique qui se produit est dissous par l'eau, et le bioxyde d'azote, gaz incolore et insoluble,

reste dans l'éprouvette qui renfermait
l'acide hypoazotique. Pour constater
cette réaction, il suffit d'abandonner sur
l'eau une éprouvette de bioxyde d'azote
dans laquelle on a laissé rentrer préalablement quelques bulles d'air. Peu à
peu les vapeurs rutilantes disparaissent, l'eau s'élève dans l'éprouvette, et
le gaz qui reste est redevenu incolore
(fig. 51).

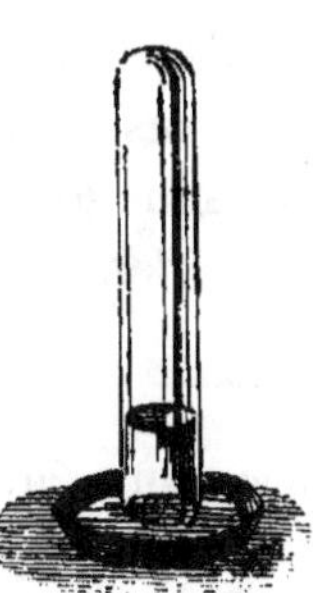

Fig. 51.

ACIDE AZOTIQUE OU NITRIQUE.

$$AzO^5.$$

158. L'acide azotique anhydre, c'est-à-dire formé
seulement d'azote et d'oxygène, a été découvert dans ces
dernières années; mais c'est un composé sans intérêt
pour nous.

ACIDE AZOTIQUE HYDRATÉ.

Cet acide est encore appelé *acide nitrique* ou *eau-forte*.

159. Propriétés physiques et chimiques. — L'a-
cide azotique le plus concentré a pour formule AzO^5,HO;
il renferme 14 pour 100 d'eau et bout à 86 degrés. La
densité de ce liquide est alors 1,522. Incolore quand il
est pur, il ne tarde pas, sous l'influence de la lumière, à
se décomposer en oxygène et acide hypoazotique. Ce
dernier produit se dissout dans l'acide azotique non décomposé et le colore en jaune.

Préparation de l'acide azotique hydraté. — Dans les
laboratoires, on prépare cet acide en faisant agir sur l'azotate de

L'acide (AzO^5,HO) porte le nom d'acide *monohydraté* ou d'acide *fumant*, parce qu'il répand d'épaisses fumées blanches en s'évaporant et condensant la vapeur d'eau contenue dans l'air.

L'acide azotique forme avec l'eau une autre combi-

---

soude, introduit dans une cornue B en verre, de l'acide sulfurique du commerce. Sous l'influence de la chaleur, cet acide, plus fixe, chasse l'acide azotique de sa combinaison ; il se produit du *sulfate*

Fig. 52.

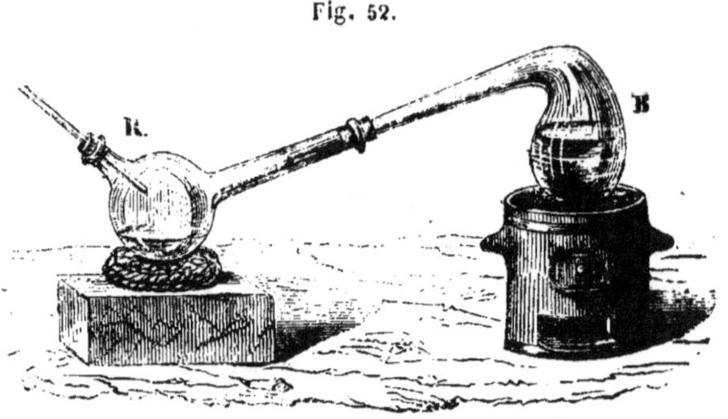

de soude, qui reste dans la cornue, tandis que *l'acide azotique* déplacé se dégage à l'état de vapeur et va se condenser dans un ballon R, refroidi constamment par un filet d'eau.

$$NaO, AzO^5, + SO\,^3HO = NaO, SO^3 + AzO^5,HO.$$

En industrie, on substitue à la cornue en verre de grands cylindres en fonte chauffés dans des fourneaux en maçonnerie, et l'on recueille les vapeurs d'acide azotique dans une série de bonbonnes ou bouteilles en grès à deux tubulures, qui communiquent entre elles et qui renferment : les premières, de l'acide azotique faible ; les autres, de l'eau.

naison bien définie qui renferme 60 pour 100 d'acide réel et 40 pour 100 d'eau; sa formule est $AzO^5,4HO$. Ce second acide a pour densité 1,42; il bout à 123 degrés.

L'acide azotique fumant ou à 14 pour 100 d'eau est éminemment instable; nous venons de voir qu'il suffisait de la lumière pour le décomposer. La chaleur produit le même résultat, et quand on fait bouillir cet acide, l'eau de l'acide décomposé s'ajoute peu à peu à l'acide qui reste, le point d'ébullition s'élève jusqu'à 123 degrés, et l'on finit par n'avoir plus dans le vase distillatoire que de l'acide à 40 pour 100 d'eau, qui bout alors sans se décomposer.

L'acide à 40 pour 100 d'eau ($AzO^5,4HO$) ne fume pas à l'air.

Si l'on ajoute de nouvelles quantités d'eau à l'acide *non fumant,* on n'obtient plus que des mélanges d'eau et d'acide, mélanges qui bouillent à une température d'autant plus voisine de 100 degrés qu'ils sont plus aqueux. Mais, par l'ébullition, le mélange se concentre, le point d'ébullition s'élève peu à peu jusqu'à 123 degrés, et alors il n'y a plus dans le vase que de l'acide à 40 pour 100 d'eau.

L'acide azotique est un poison violent et un corrosif très-énergique. Il rougit fortement la teinture de tournesol, et colore en jaune les matières animales, telles que la peau, la soie, la laine.

160. Action de l'acide azotique sur les métalloïdes et les métaux. — L'acide azotique fumant est un agent d'oxydation très-énergique. Facilement décomposé par un grand nombre de métalloïdes, tels que le *soufre,* le *carbone,* le *phosphore,* etc., il leur cède une partie de son oxygène et peut les transformer en acides *sulfureux* ou *sulfurique, carbonique* et *phosphorique*.

L'acide à 40 pour 100 d'eau exerce sur ces corps la même action, mais avec moins d'énergie.

Tous les métaux, autres que l'or et le platine, décomposent l'acide azotique, mais, à l'inverse de ce qui a lieu pour les métalloïdes, l'action est plus énergique avec l'acide étendu qu'avec l'acide fumant. La plupart des métaux, en s'oxydant aux dépens d'une partie de l'acide employé, sont transformés en azotates ; quelques-uns cependant, comme l'*étain* et l'*antimoine*, deviennent des composés oxygénés qui tendent plutôt à jouer le rôle d'acides.

Dans tous les cas, il y a production de vapeurs rutilantes provenant de la désoxygénation de l'acide azotique.

EXPÉRIENCES : 1° On met dans un verre de la tournure de cuivre et on verse dessus de l'acide azotique étendu d'eau (fig. 53) ; il se produit immédiatement des vapeurs rutilantes en grande abondance qui proviennent de la transformation du bioxyde d'azote, qui se dégage en acide hypoazotique sous l'influence de l'oxygène de l'air (voir *Préparation du bioxyde d'azote*) ;

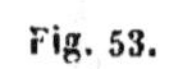
Fig. 53.

2° Si on substitue au cuivre de la grenaille d'étain, il se dégage toujours des vapeurs rutilantes, mais, au lieu d'obtenir un *azotate*, comme dans l'expérience précédente, il se forme un *oxyde d'étain*, composé d'un blanc jaunâtre, qui tend à jouer le rôle d'*acide*

vis-à-vis des bases et que l'on nomme *acide métastannique*.

161. Acide azotique du commerce. — Cet acide, appelé ordinairement *eau-forte*, marque généralement 36 degrés à l'aréomètre de Baumé; cependant les fabriques en fournissent aussi à 40 degrés.

Le degré de l'acide fumant est 51 degrés Baumé.

L'acide azotique du commerce est toujours impur; il tient en dissolution de l'acide hypoazotique, de l'acide sulfurique, du fer, quelques sels, etc.

162. Eau régale (appelée aussi *acide chloronitrique* ou *chloroazotique*). — Ce liquide, d'un rouge jaunâtre plus ou moins foncé, résulte du mélange des acides azotique et chlorhydrique du commerce, dans les proportions de 5 parties du premier pour 1 partie du deuxième. On favorise la réaction mutuelle de ces deux acides à l'aide d'une douce chaleur.

L'eau régale est un agent puissant de *chloruration* et d'*oxygénation* tout à la fois. Ce liquide doit son nom à la propriété qu'il possède de dissoudre l'*or*, appelé autrefois *le roi des métaux*. Il attaque de même le platine et tous les autres métaux, qu'il transforme en *chlorures*.

163. Usages. — Les usages de l'acide azotique sont nombreux et importants. Dans les laboratoires, on s'en sert journellement comme d'un agent d'oxydation très-énergique; il sert à préparer un grand nombre d'oxydes ou d'azotates.

En industrie, on l'emploie dans la fabrication de l'eau régale, de l'acide sulfurique, de l'acide oxalique, etc.; il sert aussi au décapage des métaux.

Les lithographes et les graveurs utilisent cet acide pour graver sur pierre ou sur cuivre, les teinturiers pour teindre en jaune les matières animales. Enfin, c'est avec cet acide concentré et le coton que l'on prépare le coton-poudre ou fulmi-coton.

L'acide nitrique s'emploie en médecine vétérinaire, le plus souvent seul, à titre de caustique ; mais on peut modérer son action avec l'eau, l'alcool, et même les corps gras. Il sert à détruire les verrues, les poireaux et autres excroissances ; il paraît être aussi très-efficace contre le piétin du mouton, à son début. Enfin, on le recommande également pour guérir les *eaux aux jambes;* dans ce dernier cas, on l'administre en lotions à la dose de 32 grammes dans 200 grammes d'eau [1].

164. Etat naturel. — L'acide azotique prend naissance dans l'air sous l'influence des décharges électriques, et les eaux pluviales le ramènent à la surface du sol (n° 50). On le rencontre dans le sol combiné à la potasse, la soude, la chaux et la magnésie. Cet acide se produit journellement au sein des terres arables, dans des conditions que nous étudierons en détail quand nous traiterons de la nitrification.

Presque toutes les eaux, mais surtout celles des puits, renferment de l'acide nitrique à l'état de nitrates alcalins ou terreux ; il en est de même de certaines plantes, telles que la betterave, le tabac, la ciguë, etc., qui sont ordinairement très-riches en *nitrate de potasse.*

165. Caractères distinctifs de l'acide azotique ou d'un azotate. — *Acide azotique libre.* — Une pincée de tournure de cuivre projetée dans de l'acide azotique étendu donne lieu immédiatement à un dégagement de vapeurs rutilantes d'*acide hypoazotique*, facilement reconnaissable à son odeur et sa couleur.

---

[1] *Nouveau traité de matière médicale de thérapeutique et de pharmacie vétérinaires*, par M. F. Tabourin.

Azotates. — (Tous les azotates sont solubles.) Dans un petit tube fermé par un bout, on met 2 ou 3 centimètres cubes de la dissolution du sel, et l'on verse ensuite un volume égal d'acide sulfurique concentré qui met l'acide azotique en liberté en s'emparant de sa base. Si on ajoute alors, comme dans le premier cas, un peu de tournure de cuivre, on obtient encore les vapeurs rutilantes. On facilite cette réaction en chauffant légèrement le tube d'essai à la lampe à alcool (fig. 54).

On obtiendrait le même dégagement de vapeurs rutilantes, si à la place de la tournure de cuivre on substituait un cristal de sulfate de protoxyde de fer, qui déterminerait en même temps dans la liqueur une coloration rose que des traces d'acide azotique suffisent pour faire apparaître.

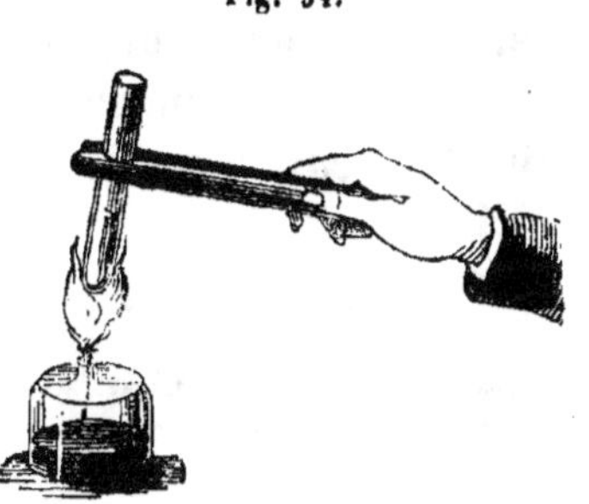

Fig. 54.

Déflagration des azotates. — Les azotates se décomposent facilement sous l'influence de la chaleur en base et en acide azotique ; ce dernier composé, subissant à son tour la décomposition, laisse dégager une partie de son oxygène. Il en résulte que, si l'on projette un azotate sur des charbons ardents, l'oxygène de l'acide mis en liberté active la combustion du carbone, et l'on dit alors que le sel fuse ou *déflagre*. Certains nitrates, comme celui de plomb, *décrépitent* en même temps qu'ils *déflagrent*.

II. SOUFRE ET OXYGÈNE.

166. Le soufre, comme l'azote, forme avec l'oxygène un grand nombre de composés; ils sont tous acides. Parmi ceux-ci, deux nous intéressent plus spécialement, ce sont : l'*acide sulfureux* et l'*acide sulfurique*.

ACIDE SULFUREUX.

$$SO^2.$$

167. Propriétés physiques et chimiques. — Gaz incolore, doué d'une odeur piquante et caractéristique qui rappelle celle des allumettes soufrées que l'on allume. Il irrite les yeux, pique la gorge et provoque la toux. $D = 2,23$.

Préparation de l'acide sulfureux. — En industrie, on

Fig. 55.

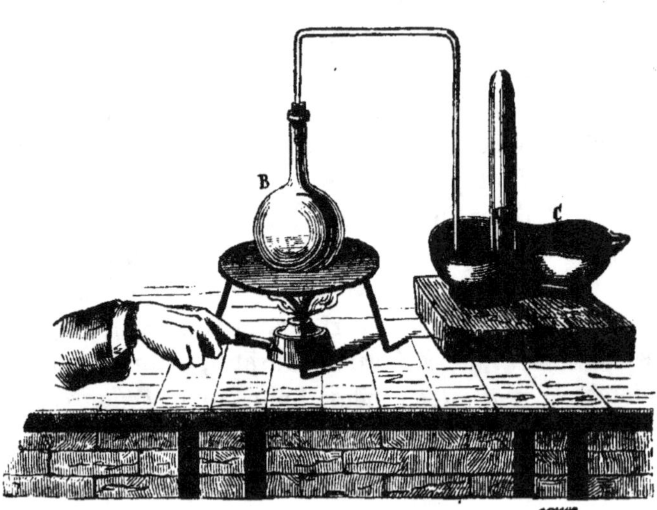

A la pression ordinaire, il suffit d'un froid de —15 degrés pour le liquéfier. On le solidifie en le soumettant à la double influence d'un grand froid et d'une forte pres-

Fig. 56.

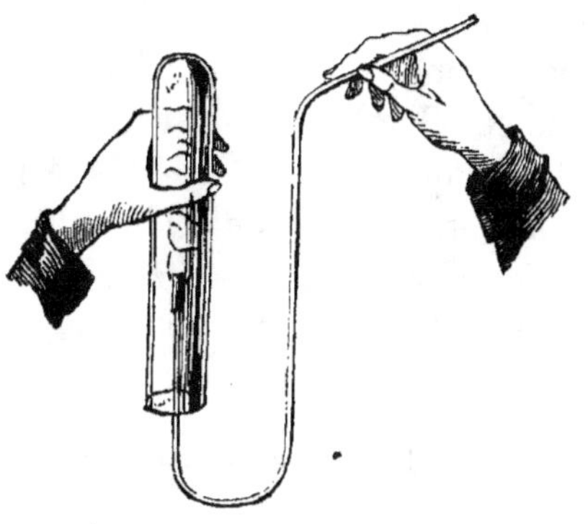

produit toujours l'acide sulfureux en brûlant du soufre à l'air (n° 54).

Dans les laboratoires, on fait réagir sur le cuivre ou le mercure l'acide sulfurique concentré, et l'on facilite la réaction à l'aide d'une douce chaleur. L'opération se fait avec le même appareil que celui indiqué pour la préparation de l'acide chlorhydrique (fig. 55).

Equation et théorie de la réaction.

$$Cu + 2(SO^3, HO) = CuO, SO^3 + 2HO + SO^2.$$

L'eau de combinaison de l'acide sulfurique ne joue aucun rôle dans la réaction. Sur les deux équivalents d'acide employé, un est décomposé par le cuivre en acide sulfureux et oxygène. Le métal passe à l'état d'oxyde, qui se combine à l'autre partie d'acide pour donner du *sulfate de cuivre*, sel bleu qui reste en dissolution dans le ballon, tandis que le gaz sulfureux qui se dégage est recueilli sur le mercure, à cause de sa grande solubilité dans l'eau.

sion. Ce gaz est indécomposable à la température la plus élevée.

L'eau en dissout environ quarante fois son volume, et la dissolution possède toutes les propriétés du gaz.

L'acide sulfureux est impropre à la combustion ; une bougie enflammée plongée dans ce gaz s'y éteint immédiatement (fig. 56).

Ce composé a **une grande** affinité pour l'oxygène ; en s'emparant de cet élément, il passe à l'état d'acide sulfurique. Cette propriété rend très-difficile la conservation des dissolutions aqueuses d'acide sulfureux. **Mis** en présence de l'acide azotique, ce gaz se **transforme** également en acide sulfurique et il y a dégagement d'acide hypoazotique.

$$AzO^5,HO + SO^2 = SO^3,HO + AzO^4.$$

L'acide sulfureux se combine aux bases **pour donner** des *sulfites*. Son affinité pour les oxydes n'étant pas très-grande, cet acide est déplacé facilement de ses combinaisons par beaucoup d'acides.

168. Pouvoir décolorant de l'acide sulfureux. — L'acide sulfureux jouit, comme le chlore, de la propriété de décolorer les matières colorantes, mais le mode d'action de ces deux corps est différent ; car le chlore détruit à tout jamais la matière, tandis que l'acide sulfureux paraît seulement la modifier.

Expérience : Si l'on plonge un bouquet de violettes dans une éprouvette pleine de gaz acide sulfureux, la matière colorante des pétales blanchit au bout de peu de temps. Immergées ensuite dans une liqueur faiblement alcaline, ces violettes deviennent **vertes**, ce qui prouve que la matière colorante n'avait pas été détruite,

puisque le caractère des alcalis est de verdir les couleurs
végétales. Enfin, si l'on place ce même bouquet dans
un bain faiblement acidulé qui neutralise les effets de
l'alcali, on voit les violettes revenir à leur couleur primitive.

Dans son action sur les matières colorantes, l'acide
sulfureux agit le plus souvent comme un corps désoxy-
génant, mais quelquefois aussi il s'unit en totalité avec
le principe colorant lui-même et le transforme en un
composé incolore.

169. Etat naturel. — L'acide sulfureux se produit
en abondance au milieu des volcans éteints nommés
solfatares, les cratères des volcans en activité en dégagent
aussi d'une manière permanente ; mais ce gaz une fois
répandu dans l'air ne tarde pas à absorber de l'oxygène,
il se transforme alors en acide sulfurique et plus tard en
sulfate.

170. Usages. — Les applications de l'acide sulfureux sont nombreuses, et fondées sur l'affinité de ce gaz
pour l'oxygène.

On utilise sa propriété décolorante pour blanchir la
soie, la laine, la gélatine et la paille des céréales dont
on fait des chapeaux. Il est préférable pour cet usage au
chlore qui altère et jaunit les matières organiques.

Il est employé pour prévenir la fermentation de certains liquides et l'acétification de certains autres ; on
brûle, à cet effet, des mèches soufrées dans les tonneaux
destinés à recevoir ces liquides. Les vins blancs, la bière
se conservent beaucoup plus longtemps sans altération
par ce moyen (n° 59).

Dans la fabrication de la fécule de pommes de terre
ou de l'amidon de blé, l'emploi de cet acide rend le dé-

pôt plus facile, et l'on obtient un produit beaucoup plus blanc. Les taches de fruit ou de vin sur le linge disparaissent sous l'action de ce gaz.

En raison de son affinité pour l'oxygène, cet acide est employé avec succès pour éteindre les feux de cheminée ; il sert aussi pour la fabrication de l'acide sulfurique : nous allons le faire voir un peu plus loin.

Au point de vue médical, l'acide sulfureux rend de grands services : c'est un remède efficace contre la gale et diverses autres affections de la peau.

ACIDE SULFURIQUE.

$$SO^3.$$

171. L'acide sulfurique, comme l'acide azotique, peut être obtenu à l'état anhydre ; il est alors formé uniquement de soufre et d'oxygène, mais à cet état il est sans intérêt pour nous.

ACIDE SULFURIQUE HYDRATÉ.

172. L'acide sulfurique anhydre peut se combiner à l'eau en diverses proportions et donner lieu à des acides hydratés, qui ont tous un point d'ébullition différent et qui jouissent de quelques propriétés spéciales à chacun d'eux ; mais nous ne parlerons ici que de l'acide habituellement répandu dans le commerce.

ACIDE SULFURIQUE CONCENTRÉ DU COMMERCE
OU HUILE DE VITRIOL.

$$SO^3, HO.$$

173. Propriétés physiques et chimiques. — Liquide blanc, inodore, d'une consistance oléagineuse qui lui a fait donner le nom d'*huile de vitriol*, parce qu'on le retirait autrefois du sulfate de fer, sel appelé vulgairement *vitriol vert*.

Cet acide est un poison et un corrosif très-violent. $D = 1,842$. Il bout à 325 degrés et n'est point fumant ; à —34 degrés il se congèle. Il doit marquer 66 degrés à l'aréomètre de Baumé.

L'acide sulfurique est décomposable par la chaleur en eau, acide sulfureux et oxygène.

174. Affinité de l'acide sulfurique pour l'eau. — L'acide sulfurique concentré a une grande affinité pour l'eau ; aussi, quand on le mélange avec ce liquide, on constate une élévation de température qui dépasse quelquefois 100 degrés. Il faut donc faire ces mélanges avec précaution, et toujours ajouter peu à peu dans l'eau l'acide qu'on y fait tomber en petit filet. Il résulte de cette affinité que l'acide sulfurique charbonne et détruit la plupart des substances organiques en s'appropriant l'oxygène et l'hydrogène qu'elles renferment, dans une proportion qui représente un certain poids d'eau. Le carbone de la matière devenant prédominant, celle-ci noircit.

Préparation industrielle de l'acide sulfurique. — Cette préparation repose sur les trois réactions suivantes, précédemment indiquées :

1° L'acide sulfureux, au contact de l'acide azotique, se transforme en *acide sulfurique*, et il y a production d'acide hypoazotique par suite de la désoxygénation de l'acide azotique.

$$SO^2 + AzO^5,HO = SO^3,HO + AzO^4.$$

2° L'acide hypoazotique, en présence de l'eau, se transforme en acide azotique et bioxyde d'azote.

$$3AzO^4 = 2AzO^5 + AzO^2.$$

On peut employer l'acide sulfurique comme liquide desséchant, car il absorbe peu à peu la vapeur d'eau atmosphérique.

175. Action des métalloïdes et des métaux. — Le soufre, le phosphore, le charbon décomposent cet acide à l'ébullition en s'emparant d'une partie de son oxygène. Les métaux autres que l'or et le platine sont attaqués par cet acide. Les uns, comme le zinc, le fer, mis en présence de l'acide sulfurique très-étendu, décomposent l'eau et donnent à la fois un sulfate et de l'hydrogène (voir p. 37); d'autres, comme le plomb, l'argent, le cuivre, le mercure décomposent, non pas l'eau, mais l'acide anhydre, et il y a production d'un sulfate, accompagnée d'un dégagement d'acide sulfureux (voir p. 136).

176. Action sur les sels. — Acide énergique et doué d'un point d'ébullition très-élevé (325 degrés); l'acide sulfurique concentré peut chasser la plupart des acides de leurs

---

3º Le bioxyde d'azote, en présence de l'oxygène de l'air, devient rapidement acide hypoazotique.

$$Az O^2 + O^2 = Az O^4.$$

Dans les fabriques, on fait arriver dans de vastes chambres doublées en plomb du gaz sulfureux, qui se trouve en présence de l'acide azotique et de la vapeur d'eau. Les trois réactions indiquées ci-dessus se produisent successivement : il y a production d'*acide sulfurique*, régénération d'acide azotique, et retransformation du bioxyde d'azote en acide hypoazotique, etc. L'acide azotique régénéré devient propre à donner de nouveau de l'acide sulfurique en se trouvant en contact avec de nouvel acide sulfureux. L'acide sulfurique retiré des chambres marque de 40 à 50 degrés de l'aréomètre de Baumé. On commence par le concentrer dans des chaudières en plomb jusqu'à 60 degrés, et on achève ensuite sa concentration dans des vases en verre et mieux en platine, jusqu'à ce qu'il marque 66 degrés; on le livre alors au commerce.

combinaisons, mais il est chassé à son tour, sous l'influence de la chaleur, par les acides phosphorique et silicique anhydres.

177. Acide commercial ordinaire. — Cet acide est
rarement pur et ordinairement coloré en brun. Sa couleur
provient des poussières organiques tenues en suspension
dans l'air, qui, tombant dans ce liquide au moment où
on le transvase, s'y charbonnent. Les composés étrangers
qui rendent cet acide impur sont quelques matières salines et des composés nitreux.

178. État naturel. — Cet acide est très-répandu dans
la nature, mais ordinairement à l'état de combinaison
avec les bases, telles que la chaux (sulfate de chaux), la
baryte, la potasse, la soude, l'alumine, l'oxyde de fer, etc.
Des naturalistes prétendent qu'il existe libre dans les
eaux de quelques grottes avoisinant les volcans.

179. Usages. — Les usages de l'acide sulfurique sont
immenses, on peut en juger par l'énumération suivante:
fabrication de presque tous les acides, du chlore, de
l'oxygène, de l'hydrogène, du phosphore, des sulfates,
de l'éther, etc. ;

Décapage des métaux, affinage de l'or ; dissolution de
l'indigo, de la garancine ; préparation des peaux, épuration des huiles, carbonisation des pieux à ficher en terre,
extraction du suif ; fabrication des bougies stéariques, du
sucre glucose, etc.

En médecine vétérinaire, les préparations caustiques
dans lesquelles entre l'acide sulfurique sont assez nombreuses ; les plus employées sont les suivantes [1] :

1° Acide sulfurique, 150 à 250 grammes ; eau ordinaire,

---

[1] Tabourin, ouvrage déjà cité.

1 litre. On emploie cette liqueur contre le crapaud du cheval, les eaux aux jambes, le piétin du mouton, etc.

2° *Eau de Rabel*. Acide sulfurique, 1 partie; alcool ordinaire, 3 parties.

C'est un excellent caustique astringent contre les plaies blafardes, les caries, les fistules.

3° Acide sulfurique, 1 partie; essence de térében-thine, 4 parties; liqueur préconisée par son auteur Mercier contre la fourchette pourrie, le crapaud, le pié-tin, les eaux aux jambes, les vieilles crevasses, etc.

180. Caractères distinctifs de l'acide sulfurique libre ou d'un sulfate soluble. — On verse dans la liqueur renfermant l'acide ou le sel dissous quelques gouttes d'une dissolution de nitrate ou chlorhydrate de baryte, qui donne lieu à un précipité blanc de *sulfate de baryte*, insoluble même dans un excès d'acide chlorhydrique.

$$BaO, AzO^5 + SO^3, HO = BaO, SO^3 + AzO^5, HO.$$
$$BaO, ClH + NaO, SO^3 = BaO, SO^3 + NaO, AzO^5.$$

Ces réactions sont fondées sur les deux lois suivantes, dues à Berthollet :

1° Quand on verse un acide A dans une dissolution d'un sel dont la base B peut former avec l'acide A un sel insoluble, l'acide A déplace toujours l'acide A' du sel pour se combiner à la base B.

2° Quand deux sels solubles sont en présence, il y a toujours double décomposition, si, par l'échange des aci-des, il peut se former un sel insoluble ou notamment moins soluble que les deux sels donnés.

La seconde loi avait déjà été indiquée quand nous avons présenté des généralités (n° 154) sur les chlorures, bromures, iodures, etc.

181. Acide sulfurique de Nordhausen ou de Saxe.
— On trouve encore dans le commerce un autre acide
sulfurique, dit *de Nordhausen* ou *de Saxe*, qui peut être
considéré comme formé d'un équivalent d'acide sulfurique anhydre dissous dans un équivalent d'acide sulfurique monohydraté ($SO^3 + SO^3,HO$). Ce liquide, primiti-
vement incolore, est rendu bientôt plus ou moins brunâtre,
par suite de la carbonisation des poussières organiques.

Encore plus avide d'eau que le précédent, il fume à
l'air.

Cet acide dissout très-bien l'indigo, et forme avec lui
un composé appelé vulgairement *sulfate d'indigo*, qui est
employé pour la teinture en bleu.

Préparation de l'acide sulfurique de Nordhausen
(fig. 57). — On introduit du sulfate de *protoxyde de fer* ou *vitriol*

Fig. 57.

vert dans une cornue de grès B, et l'on chauffe au rouge blanc.
L'acide se sépare de son oxyde et vient se condenser dans le ballon R, constamment refroidi. Il reste dans la cornue du *peroxyde
de fer anhydre* (Fe^2O^3), composé *brun rouge*, appelé *colcothar*.

9

CHAPITRE X.

SUITE DES COMBINAISONS BINAIRES DES MÉTALLOIDES
AVEC L'OXYGÈNE.

III. COMBINAISONS DU CHLORE AVEC L'OXYGÈNE.

182. Le chlore forme avec l'oxygène plusieurs combinaisons parmi lesquelles deux seulement nous offrent
quelque intérêt ; ce sont l'*acide hypochloreux* et l'*acide
chlorique*.

ACIDE HYPOCHLOREUX.

ClO.

183. Propriétés physiques et chimiques. — Gaz
jaune orangé, d'une odeur vive et pénétrante qui rappelle à la fois l'odeur du chlore et celle de l'iode. Cet
acide est extrêmement soluble dans l'eau qui en dissout
environ 200 fois son volume. La dissolution aqueuse
possède une belle couleur jaune.

Le gaz, comme la dissolution, exerce des actions oxy-

Préparation de l'acide hypochloreux dissous (fig. 58).

Fig. 58.

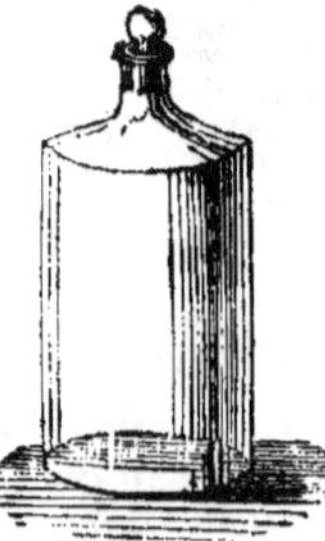

— Dans un flacon rempli de chlore gazeux,
on introduit de l'oxyde rouge de mercure
broyé et délayé dans de l'eau, on bouche
le flacon et l'on agite. Le chlore est bientôt
absorbé, il se forme un oxychlorure (combinaison d'oxyde et de chlorure) de mercure
insoluble et de l'*acide hypochloreux*, qui se
dissout dans l'eau. La liqueur filtrée contient l'acide hypochloreux en dissolution.

dantes et décolorantes très-énergiques. Le pouvoir décolorant de l'acide hypochloreux est double de celui du
chlore, parce que ce composé agit à la fois par l'oxygène et le chlore qu'il renferme.

184. Usages. — Dans les arts, cet acide est employé
à l'état de combinaison avec les bases, telles que la potasse, la soude ou la chaux. Nous étudierons plus tard
ces sels, appelés en industrie *hypochlorites décolorants et
désinfectants.*

ACIDE CHLORIQUE.

ClO^5.

185. Propriétés, etc. — Liquide incolore, inodore,
fortement acide et soluble en toutes proportions dans
l'eau.

Facilement décomposable, cet acide est un oxydant
très-énergique. Il n'est employé dans les arts qu'à l'état
de chlorate de potasse, et ce dernier sel possède la propriété oxydante aussi développée que l'acide libre. Nous
avons vu (p. 35) qu'il suffisait de chauffer le chlorate
de potasse à une douce chaleur pour lui faire dégager
tout son oxygène.

186. Caractères distinctifs du chlorate de potasse.
— Ce sel projeté sur un charbon ardent se décompose
et son oxygène, mis en liberté, active vivement la combustion du carbone, ce que l'on exprime en disant que
ce sel *fuse* ou *déflagre.* Ce caractère appartenant aussi
aux nitrates, on distingue ces deux genres de sels à l'aide
de l'expérience suivante : dans un verre, on met une pincée de sel, et l'on ajoute ensuite deux ou trois gouttes
d'acide sulfurique. Si le sel se colore en rouge et qu'il se
dégage un gaz jaune dont l'odeur rappelle celle du chlore,

on en conclut que le composé examiné est bien du chlorate de potasse.

IV. COMBINAISONS DU PHOSPHORE AVEC L'OXYGÈNE.

187. La combinaison la plus importante du phosphore avec l'oxygène est l'acide phosphorique, que nous allons étudier.

ACIDE PHOSPHORIQUE ANHYDRE.

$$PhO^5.$$

188. Propriétés. — Solide, blanc et très-avide d'eau. Abandonné à l'air, il ne tarde pas à se dissoudre dans la vapeur d'eau atmosphérique.

Indécomposable par la chaleur seule, cet acide ne se volatilise qu'à une température de 1200 à 1300 degrés. Cette fixité lui donne le pouvoir de déplacer l'acide sulfurique de ses combinaisons.

L'acide phosphorique anhydre peut, en se combinant avec l'eau, donner lieu à plusieurs acides hydratés qui offrent des propriétés essentiellement différentes suivant la proportion d'eau combinée à un équivalent d'acide phosphorique anhydre. Nous ne parlerons que de l'acide *phosphorique ordinaire ou à trois équivalents d'eau.*

ACIDE PHOSPHORIQUE ORDINAIRE.

$$PhO^3, 3HO.$$

189. Propriétés. — Composé solide, inodore, fusible au rouge et prenant l'aspect vitreux par refroidissement; très-soluble et très-acide; il rougit fortement le tournesol.

Préparation de l'acide phosphorique anhydre. —On fait brûler, sous une cloche en verre dont l'air a été préalablement

L'acide phosphorique chauffé avec le charbon se décompose et laisse dégager du phosphore.

Cet acide a beaucoup d'affinité pour les bases, avec lesquelles il donne des phosphates.

100. État naturel. — L'acide phosphorique ne se retrouve pas à l'état libre dans la nature, mais il est très-répandu en combinaison avec le fer, le plomb, le cuivre, la potasse, l'alumine et surtout la chaux.

---

desséché avec de la chaux vive, un petit morceau de phosphore qui, en se combinant avec l'oxygène, donne de l'acide phosphorique.

La cloche reposant sur une plaque de verre, les vapeurs d'acide

Fig. 59.

phosphorique, au lieu de se dissoudre dans l'eau, comme dans le cas de la préparation de l'azote (fig. 23), se déposent contre les parois, sous forme de flocons blancs, que l'on peut recueillir ensuite dans un flacon bouchant à l'émeri.

Préparation de l'acide phosphorique ordinaire. — 1° On ajoute de l'eau goutte à goutte sur l'acide anhydre; 2° on chauffe du phosphore avec de l'acide azotique étendu et l'on évapore convenablement la liqueur obtenue.

On rencontre dans certains pays des gisements abondants de phosphate de chaux : ceux de l'Estramadure en Espagne sont connus depuis longtemps, mais récemment de nouveaux dépôts viennent d'être découverts en France et ils commencent à être utilisés comme amendements en agriculture.

La charpente osseuse des animaux est presque exclusivement formée de phosphate de chaux ; nous savons du reste que ce sont les os qui, convenablement traités, fournissent le phosphore (n° 81).

Les parties molles du corps humain renferment également des phosphates, et M. E. de Beaumont évalue à près de 1 kilogramme et demi le poids d'acide phosphorique renfermé dans le corps d'un homme de stature moyenne. 100 parties de chair de bœuf donnent par l'incinération environ 1 et demi de sels dans lesquels l'acide phosphorique entre presque pour la moitié.

Toutes les plantes contiennent aussi cet acide que leurs racines vont puiser dans le sol, et c'est par leur intermédiaire que les animaux trouvent dans leurs aliments le phosphate de chaux indispensable au développement et à l'accroissement de leur squelette.

Les graines des céréales sont surtout riches en acide phosphorique ; les cendres de froment en contiennent près de 50 pour 100 ; celles de graines de maïs, presque autant ; celles de fèves, 34 pour 100, de pois et de sarrasin, 30 pour 100 ; enfin, celles des haricots, 27 pour 100, etc.

Il résulte des travaux de MM. Boussingault, Isidore Pierre, etc., que la quantité d'acide phosphorique enlevée sur un hectare par une récolte est en moyenne pour le blé (paille et grain) de 19 kilogrammes ; pour les fèves, de 22 kilogrammes ; les haricots, 15 kilogrammes ; le sarrasin, 11 kilogrammes, etc. Comme nous l'avons déjà dit, les chimistes agronomes ont constaté qu'il existait une relation remarquable entre les matières azotées (albuminoïdes) et l'acide phosphorique renfermés dans les graines. Quand cet acide augmente, la proportion de matières albuminoïdes augmente également, ce qui permet de conclure que la formation de ces substances azotées est liée intimement à l'existence des phosphates.

La science agricole admettant aujourd'hui que l'*acide phosphorique* est, comme l'*azote,* un des éléments les plus puissants de fertilité pour un sol, dans l'analyse d'un engrais, on tient compte surtout de la proportion de ces deux éléments qui y est renfermée et on la prend pour base de sa valeur vénale.

A l'état libre, l'acide phosphorique n'a pas d'usage qui puisse nous intéresser.

191. Caractères distinctifs d'un phosphate soluble. — Quand nous traiterons de l'analyse des engrais, nous indiquerons les moyens de reconnaître et de doser le *phosphate de chaux* qu'ils peuvent renfermer ; pour le moment nous ne nous occuperons que des phosphates solubles, tels que ceux de potasse, de soude ou d'ammoniaque.

Quand on verse dans une dissolution de l'un de ces phosphates du sulfate de magnésie additionné de chlorhydrate d'ammoniaque et ensuite de quelques gouttes d'ammoniaque, on obtient un précipité blanc, grenu, cristallin, de *phosphate ammoniaco-magnésien* jouissant de la propriété écrivante (voir *Caractères des sels de magnésie*).

V. COMBINAISONS DE L'ARSENIC AVEC L'OXYGÈNE.

192. L'arsenic, en se combinant avec l'oxygène, donne lieu à deux composés acides : l'*acide arsenieux* et l'*acide arsénique*.

ACIDE ARSENIEUX.
AsO^3.

193. Propriétés. —Ce composé, appelé vulgairement *arsenic* ou *mort aux rats,* se rencontre dans le commerce sous forme de poudre blanche ou de masses blanches compactes. Récemment préparé, il est translucide, mais au bout de peu de temps il prend l'aspect et l'opacité de la porcelaine.

Cet acide est inodore, a une saveur âcre et nauséabonde et est peu soluble dans l'eau. Il est volatil et indécomposable par la chaleur seule; mis en contact avec les tissus organiques, il les ulcère rapidement, et une fois absorbé, l'acide arsenieux agit alors comme un poison des plus violents. Les antidotes de cet acide sont l'*hydrate de peroxyde de fer* ou la *magnésie* délayés dans l'eau, qui forment avec l'acide arsenieux des composés insolubles.

L'acide arsenieux se combine aux bases et donne des *arsénites*.

Usages. — A l'état pulvérulent, il sert à détruire les rats, à conserver les oiseaux empaillés, les collections d'insectes, les peaux des animaux, etc.

Mélangé avec la chaux dans la proportion de 1/10, on l'emploie pour préserver les grains de semence non-seulement de la carie, mais encore des attaques des insectes et des animaux rongeurs, tels que souris, campagnols, etc.

Combiné avec l'oxyde de cuivre, il fournit le vert de

Schele (arsénite de cuivre) d'un grand usage en peinture.

Enfin, l'acide arsenieux est employé fréquemment en médecine vétérinaire. Cet acide entre dans un grand nombre de préparations destinées à l'usage externe et qui jouissent d'une très-grande activité. Toutes les affections graves, anciennes, invétérées de la peau sont combattues efficacement à l'aide des préparations arsenicales. Le bain Tessier constitue un remède infaillible pour faire disparaître la gale si rebelle du mouton. Sa composition est la suivante : acide arsenieux en poudre, 1 kilogramme; sulfate de fer, 100 kilogrammes; eau de rivière, 100 litres. On fait bouillir jusqu'à réduction des deux tiers et l'on ramène le volume à 100 litres environ. Une ou deux immersions, quand la gale est ancienne, ou simplement quelques lotions, quand elle est récente, suffisent habituellement pour la guérison.

194. Acide arsénique (AsO^5). — Composé solide, blanc, très-soluble dans l'eau, déliquescent[1], encore plus vénéneux que l'acide arsenieux.

Il se combine aux bases et donne des *arséniates*.

195. Caractères distinctifs des composés arsenicaux. — Les composés arsenicaux projetés sur des charbons ardents dégagent une odeur d'ail caractéristique.

Les arsénites solubles précipitent en *jaune* la dissolution neutre d'*azotate d'argent*, les arséniates solubles la précipitent en *rouge brique*.

Il se produit avec le sel d'argent une double décomposition qui donne naissance à de l'arsénite ou de l'arséniate d'argent.

---

[1] Un corps est *déliquescent* quand, abandonné à l'air, il ne tarde pas à se dissoudre dans la vapeur d'eau atmosphérique dont il s'empare peu à peu.

VI. COMBINAISON DU BORE AVEC L'OXYGÈNE.

ACIDE BORIQUE.

$$BoO^3.$$

196. Propriétés physiques et chimiques. — Acide solide, inodore, se présentant sous forme d'écailles blanches et nacrées. Il est très-peu soluble dans l'eau, a une saveur faiblement acide et colore le tournesol en rouge vineux.

L'acide borique chauffé commence par se boursoufler, en perdant son eau de cristallisation ; il entre ensuite en fusion, et donne un verre d'abord parfaitement limpide, mais qui perd peu à peu sa transparence au contact de l'air.

C'est un des acides les plus fixes; par *voie ignée* (c'est-à-dire par l'intermédiaire d'une température suffisamment élevée) il peut chasser l'acide sulfurique de ses combinaisons ; par *voie humide*, au contraire, il est déplacé par les acides les plus faibles. L'acide borique émet des vapeurs sensibles à la chaleur blanche.

Ce composé donne, avec les oxydes métalliques, des sels vitreux diversement colorés suivant la nature de la base.

197. Etat naturel. — Cet acide existe à l'état de liberté dans les eaux de plusieurs petits lacs ou *lagoni* de la Toscane.

Uni à la soude, il constitue le *borate de soude* ou *borax* qui se trouve en abondance dans plusieurs lacs de l'Inde.

198. Usages. — L'acide borique entre dans la composition des émaux, du strass ou faux diamant, il sert à l'imitation des pierres précieuses, à la fabrication du borax, à vernir certaines poteries.

199. Caractères distinctifs de l'acide borique et du borax. — L'acide borique, réduit en poudre et mis en digestion avec l'alcool, colore en *vert* la flamme de ce liquide.

Le borax humecté de quelques gouttes d'acide sulfurique, et traité ensuite par l'alcool, fournit la même réaction.

VII. COMBINAISON DU SILICIUM AVEC L'OXYGÈNE.

ACIDE SILICIQUE OU SILICE.

$$SiO^3.$$

200. Propriétés physiques et chimiques. — L'espèce minérale appelée *quartz hyalin* ou *cristal de roche* (fig. 60) peut être considérée comme de la *silice pure.*

Fig. 60.

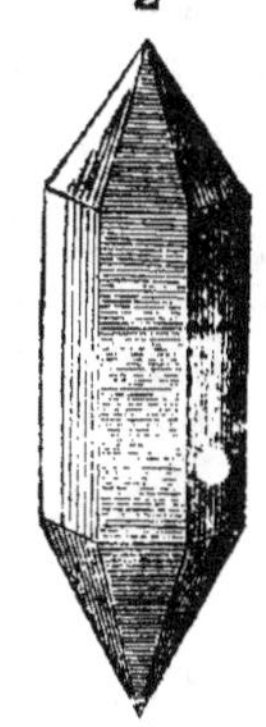

Solide, inodore, insipide, très-dure, infusible et fixe aux températures les plus élevées de nos fourneaux, fusible et même volatile à la flamme d'un mélange d'hydrogène et d'oxygène (n° 47).

Insoluble dans l'eau, la silice ne rougit pas le tournesol ; elle est indécomposable par la chaleur même en présence du charbon.

La fixité dont jouit la silice permet à cet acide de déplacer par *voie ignée* les acides les plus énergiques, tels que l'acide sulfurique et même l'acide phosphorique.

Nous avons vu (n° 146) que l'acide fluorhydrique attaquait énergiquement le verre, ce qui résulte de l'action que cet hydracide exerce sur *l'acide silicique*, un des éléments constitutifs de tous les verres.

A une haute température, l'acide silicique se combine avec presque tous les oxydes métalliques capables de jouer le rôle de *bases*, et fournit ainsi des *silicates*.

201. Silice gélatineuse ou soluble. — On peut obtenir une variété particulière de silice, appelée *silice gélatineuse*, et qui jouit de certaines propriétés remarquables.

Expérience : On place dans un creuset un mélange formé de 1 partie de silice anhydre (quartz pulvérisé) et de 5 ou 6 parties de carbonate de soude sec, et l'on maintient le tout à la chaleur rouge pendant une demi-heure environ. L'acide silicique chasse l'acide carbonique du carbonate, et l'on obtient un *silicate de soude* très-soluble dans l'eau.

La masse ayant été reprise par un peu d'eau chaude et filtrée, si l'on ajoute à la dissolution (non étendue) quelques gouttes d'acide sulfurique ou chlorhydrique, l'acide silicique est déplacé à son tour sous forme d'une *gelée transparente*; de là son nom de *silice gélatineuse*.

$$NaO, SiO^3 + HO \quad + \quad HCl \quad = \quad NaO, HCl \quad + \quad SiO^3, HO.$$

Silicate de soude.	Eau.	Acide chlorhydrique.	Chlorhydrate de soude.	Silice gélatineuse.

Sous cette forme, la silice est soluble dans l'eau, et plus soluble encore dans les solutions acides ou alcalines, même étendues.

Si l'on chauffe la silice gélatineuse, elle perd peu à peu son eau d'hydratation, et se transforme en une poudre blanche, âpre au toucher, qui n'est plus soluble dans l'eau, et à peu près insoluble dans les dissolutions acides ou alcalines étendues.

202. Remarque. — Il résulte de l'expérience précédente que si, par *voie ignée*, la silice peut déplacer les acides les plus forts, par *voie aqueuse*, au contraire (c'est-à-dire en présence de l'eau), il y a *renversement des affinités*, puisque l'acide chlorhydrique décompose le silicate de soude et précipite l'acide silicique. L'acide borique présente le même phénomène.

203. Etat naturel. — L'acide silicique est abondamment répandu dans la nature. Le cristal de roche incolore est de la silice pure ; colorée par divers oxydes métalliques, elle constitue l'améthyste, les agates, les jaspes, les silex ou pierres à fusil, les meulières, les grès, les sables, etc. Les roches anciennes (granits, porphyres, etc.) renferment toutes une plus ou moins grande proportion de ce composé. C'est aussi un élément constitutif de presque toutes les terres arables.

La silice gélatineuse, qui prend naissance dans le sein de la terre par suite de la décomposition incessante que subissent les roches siliceuses sous l'influence des agents atmosphériques, et principalement de l'acide carbonique, se trouve dans toutes les eaux qui coulent à la surface du globe. Certaines sources thermales, telles que celles des Geysers, en Islande, en renferment jusqu'à 50 pour 100.

204. Usages. — L'acide silicique sert à préparer un grand nombre de silicates, parmi lesquels nous citerons le verre ordinaire et le cristal. En métallurgie, on l'emploie comme *fondant*, pour débarrasser les minerais de leurs gangues. Cet acide concourt également à la formation des ciments et des mortiers; il entre dans la composition des pâtes céramiques. Les grès sont employés pour le pavage; les meulières, pour les pierres de construction. Le silex a servi longtemps comme pierre à fusil ou pierre à briquet.

205. Caractère distinctif de la silice. — L'acide silicique pur, chauffé avec du carbonate de soude, chasse l'acide carbonique qui se dégage avec effervescence, et après le refroidissement, on obtient un verre incolore de *silicate de soude*.

206. Divers états sous lesquels on retrouve la silice dans les sols. — La silice se trouve dans les sols sous plusieurs états très-différents :

1° A l'état de sable, à grains d'un diamètre très-variable, tantôt assez gros, tantôt d'une ténuité extrême. Ce sable siliceux jouit de la propriété de la silice anhydre.

2° Combinée à des bases telles que l'alumine, la soude, la chaux, etc., et formant avec elle des *silicates*.

3° A l'état de *silice hydratée soluble;* c'est la silice prise au moment où elle est séparée d'une roche silicatée, sur laquelle les agents atmosphériques viennent d'agir. Par la dessiccation, cette silice soluble se transforme en une poudre blanche, très-fine et insoluble dans l'eau.

MM. Verdeil et Risler, en analysant un grand nombre de sols appartenant à l'ancien domaine de l'Institut de Versailles, ont constaté que toutes ces terres traitées par l'eau abandonnaient à ce liquide une proportion de silice qui variait entre 5 et 26 pour 100 du poids des matières minérales dissoutes.

207. Action de la silice sur les sols et les végétaux. — La silice à l'état de sable agit mécaniquement sur les sols en modifiant leurs propriétés physiques. Le sable à gros grains est un puissant diviseur ; il rend les terres moins tenaces, mais en même temps il facilite singulièrement la déperdition des engrais dans le sous-sol.

Le sable à gros grains est très-peu hygroscopique, le sable fin l'est davantage.

Les débris de silicates exercent d'abord une action mécanique analogue dans les terres ; mais ils agissent ensuite chimiquement à mesure qu'ils se décomposent. La silice soluble qui provient de la décomposition lente des silicates du sol, ou de ceux qui peuvent être contenus dans les résidus des récoltes précédentes, remplit un rôle fort important dans le développement de certaines plantes, en leur fournissant l'élément solide de leurs tissus.

Les chaumes des graminées donnent des cendres très-siliceuses ; c'est ainsi que la silice entre pour 43 pour 100 dans celles de la tige de froment, 63 pour 100 dans celles du seigle, 69 pour 100 dans celles de l'orge, etc.

On trouve jusqu'à 90 pour 100 de ce principe dans les cendres du bambou, et M. Boussingault cite un arbre de l'Amérique méridionale (le chapparal) dont les feuilles sont tellement riches en silice qu'elles servent à polir les métaux.

D'après ce qui précède, on comprend que si des céréales sont appelées à se développer sur des sols trop pauvres en silice soluble, les tiges pourront rester molles et *verser* au moment de la fructification.

CHAPITRE XI.

VIII. COMBINAISONS DU CARBONE AVEC L'OXYGÈNE.

208. La combustion directe du carbone par l'oxygène peut donner lieu à deux combinaisons, suivant que l'un des éléments prédomine par rapport à l'autre. Ces combinaisons sont :

L'oxyde de carbone, CO ;
L'acide carbonique, CO^2.

OXYDE DE CARBONE.
CO.

209. Propriétés physiques et chimiques. — Ce composé, qui prend naissance toutes les fois que l'on brûle

---

Préparation de l'oxyde de carbone (fig. 61). — Dans un petit ballon B en verre, on introduit 20 grammes d'acide oxalique et 80 à 100 grammes d'acide sulfurique du commerce. Le flacon A renferme une dissolution étendue de potasse. Sous l'influence d'une douce chaleur, l'acide oxalique se décompose en acide carbonique et oxyde de carbone, qui tous deux se dégagent à l'état gazeux.

L'acide carbonique est retenu par la potasse du flacon A, avec laquelle il forme du carbonate de potasse, et l'oxyde de carbone est recueilli sur l'eau.

du charbon en présence d'une quantité d'air ou d'oxygène insuffisante, jouit des propriétés suivantes :

C'est un gaz incolore, inodore, insipide.

D $=0,967$. Poids du litre $=1^{gr},25$. Il est permanent, à peu près insoluble dans l'eau, complétement neutre et indécomposable par la chaleur. L'oxyde de carbone est impropre à la combustion, mais combustible ; ce gaz·

Théorie et équation de la réaction. — L'acide oxalique est un acide organique qui a pour formule : C^2O^3,HO ; on peut donc le considérer comme renfermant :

$$CO + CO^2 + HO = C^2O^3.$$

Fig. 61.

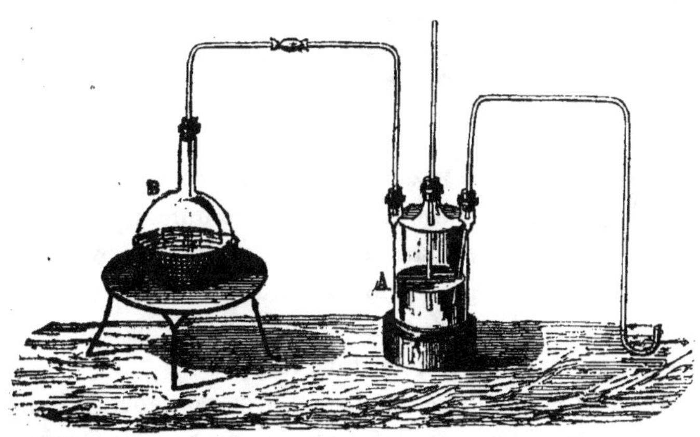

L'acide sulfurique que l'on verse sur l'acide oxalique s'empare de l'équivalent d'eau de ce dernier, l'acide organique se décompose alors comme il suit :

$$C^2O^3HO \ + \ SO^3HO \ = \ SO^3,2HO \ + \ CO^2 \ + \ CO.$$

Acide oxalique.	Acide sulfurique.	Acide sulfurique.	Acide carbonique.	Oxyde de carbone.

brûle avec une belle flamme bleue (fig. 62), en donnant de l'acide carbonique comme produit de combustion.

Fig. 62.

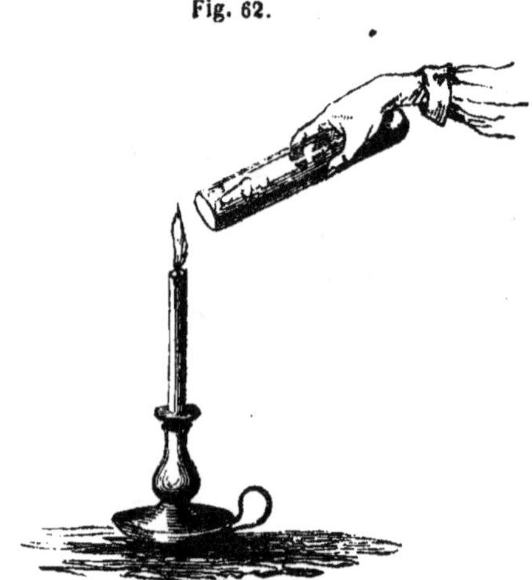

210. Action délétère de l'oxyde de carbone. — L'oxyde de carbone est un gaz délétère qui empoisonne. Respiré en certaine quantité, il agit principalement sur le système nerveux, provoque des maux de tête, le vertige, des douleurs aiguës dans les membres, fait perdre connaissance, et enfin il détermine la mort.

Il suffit de quelques centièmes de ce gaz répandu dans un air confiné pour qu'il devienne dangereux de respirer dans cette atmosphère.

Les asphyxies par le charbon sont causées par ce gaz bien plus que par l'acide carbonique.

On voit, d'après ce qui précède, qu'il faut éviter le plus possible la production de l'oxyde de carbone dans les lieux habités, et par conséquent s'abstenir de toute combustion de charbon qui n'est pas accompagnée d'un tirage énergique.

211. Etat naturel et usages.—Ce gaz ne se rencontre qu'accidentellement dans la nature, par exemple dans le voisinage des hauts fourneaux, d'où il s'échappe, mélangé avec d'autres gaz.

L'oxyde de carbone ayant beaucoup d'affinité pour l'oxygène est un *réducteur* puissant, il joue un rôle important dans le traitement des minerais de fer.

ACIDE CARBONIQUE.

CO^2.

212. Propriétés physiques et chimiques. — Gaz

Fig. 63.

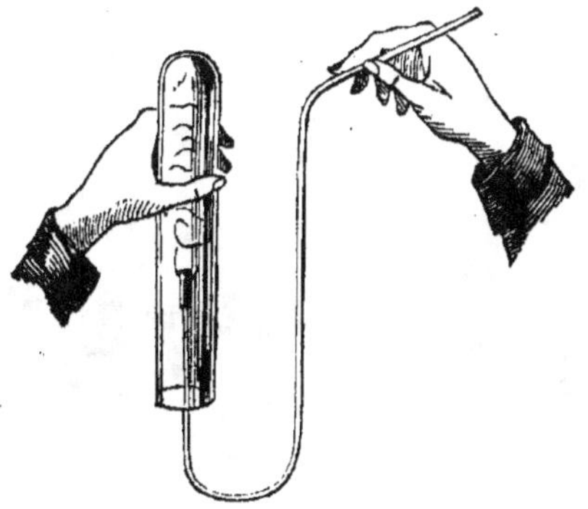

incolore, d'une odeur et d'une saveur piquantes et aigrelettes.

Il est incombustible et de plus impropre à la combustion (fig. 63), ainsi qu'à la respiration.

Préparation de l'acide carbonique. — 1º Combustion du charbon dans un excès d'air ou d'oxygène (nº 94).

2º Calcination à une température élevée d'une pierre calcaire,

$D = 1,529.$ Poids du litre $= 1^{gr},977.$

On voit qu'il est beaucoup plus dense que l'air, ce qui permet de transvaser ce gaz comme on ferait d'un liquide.

EXPÉRIENCE : Sur une éprouvette A, pleine d'air, on renverse une autre éprouvette B, pleine d'acide carbonique, et au bout de quelques instants, si l'on vient à introduire dans l'éprouvette A une bougie allumée, on la voit s'éteindre ; ce qui prouve que le gaz carbonique, en

---

qui n'est autre chose que du carbonate de chaux. Sous l'influence de la chaleur, l'acide carbonique se dégage et il reste de la *chaux vive*.

3° Décomposition du carbonate de chaux par l'acide chlorhy-

Fig. 64.

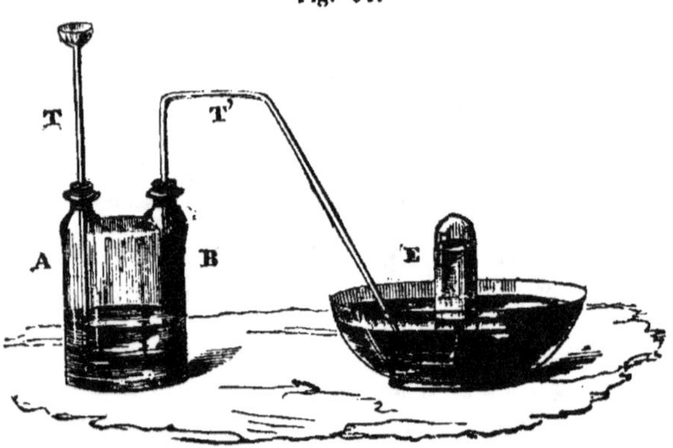

drique, qui chasse l'acide carbonique et se combine à la chaux (fig. 64).

$$CaO,CO^2 + HCl = CaO, HCl + CO^2$$

| Carbonate de chaux. | Acide chlorhydrique. | Chlorhydrate de chaux. | Acide carbonique. |

Dans le flacon AB on met du marbre concassé et de l'eau, et l'on introduit peu à peu l'acide chlorhydrique par le tube T. L'acide carbonique qui se dégage à l'état gazeux est recueilli sur l'eau.

tombant dans l'éprouvette inférieure, a déplacé l'air et l'a fait passer dans l'éprouvette supérieure (fig. 65).

L'acide carbonique rougit la teinture de tournesol en lui communiquant la teinte vineuse, c'est donc un acide faible.

L'eau dissout environ son volume d'acide carbonique, mais la solubilité de ce gaz croît avec la pression. Non permanent, ce composé a pu être liquéfié et même solidifié. L'acide carbonique solide forme avec l'éther un mélange réfrigérant dont la température atteint 100 degrés au-dessous de

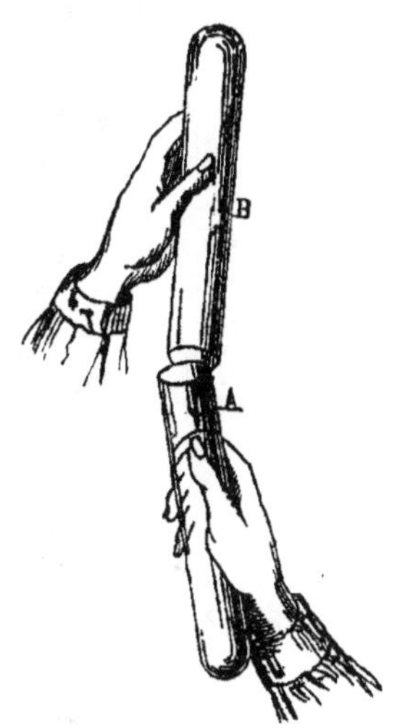
Fig. 65.

zéro, et qui a été utilisé pour liquéfier et solidifier beaucoup d'autres gaz.

L'acide carbonique est indécomposable par la chaleur seule, mais en présence du carbone incandescent, il se transforme en *oxyde de carbone*.

$$CO^2 + C = 2CO.$$

213. Caractère distinctif de ce gaz. — Une dissolution limpide d'eau de chaux se trouble et blanchit quand on l'agite en présence du gaz carbonique ; il se forme du *carbonate de chaux insoluble*.

214. Préparation de l'eau de chaux (fig. 66). — On éteint un peu de chaux dans une grande quantité d'eau, on agite le mélange à plusieurs reprises avec une baguette de verre, on laisse reposer et l'on décante la liqueur sur un filtre. L'eau-de chaux qui passe, alors limpide, est recueillie dans un flacon que l'on bouche ensuite parfaitement.

Fig. 66.

215. Etat naturel. — L'acide carbonique est un des éléments constitutifs de l'air que nous avons dit (n° 111) en renfermer en moyenne $\dfrac{4}{10000}$ en volume.

EXPÉRIENCE : Pour constater sa présence dans l'air, il suffit d'abandonner à elle-même, dans un vase large et peu profond, une dissolution d'eau de chaux. Le liquide ne tarde pas à se recouvrir d'une *croûte blanchâtre* qui augmente peu à peu d'épaisseur (carbonate de chaux) et qui donne lieu à une effervescence assez vive quand on ajoute sur elle quelques gouttes d'acide chlorhydrique.

216. Origine de l'acide carbonique à la surface du globe. — 1° Combustion de toutes les matières carbonées qui servent à alimenter les foyers, les hauts fourneaux, etc., ou qui sont employées pour l'éclairage (bois, houille, coke, suif, huiles, etc.).

2° Respiration des animaux qui absorbent sans cesse l'oxygène de l'air et le rejettent uni au carbone du sang, à l'état d'acide carbonique. En vingt-quatre heures, un homme adulte, de taille et de force moyennes, perd ainsi près de 300 grammes de carbone ; une vache laitière de moyenne taille, 1,700 grammes, un cheval, 1,800 grammes ; un porc, environ 600 grammes. Il résulte de ces chiffres qu'un homme produit en vingt-quatre heures plus de 500 litres d'acide carbonique ; un cheval, une vache en dégagent dans le même temps cinq ou six fois plus, un porc deux fois autant que l'homme.

L'air qui sort de nos poumons renferme environ 4 pour 100 d'acide carbonique ; on peut démontrer la présence de ce gaz dans l'air expiré de la manière suivante :

EXPÉRIENCE : On verse de l'eau de chaux dans un verre et l'on y fait arriver un courant d'air à l'aide d'un tube qui plonge dans le liquide. On voit bientôt l'eau de

Fig. 67.

chaux se troubler et devenir laiteuse (fig. 67).

3° Combustion lente des végétaux, émission continue de ce gaz par les volcans, fermentation des liquides sucrés, fabrication de la chaux.

217. Combustion vive et combustion lente. — Une substance organique ternaire, c'est-à-dire composée de carbone, d'hydrogène et d'oxygène, par exemple, en présence de l'air et sous l'action directe de la *chaleur*, peut brûler en produisant chaleur et lumière et se transformer en *acide carbonique* et en *eau*. On dit alors qu'elle éprouve une *combustion vive*.

D'autres fois cette matière organique subit la même transformation à la *température ordinaire*, sans dégager de chaleur sensible ni de lumière; on dit alors qu'elle éprouve une *combustion lente*.

Nous reviendrons sur ce sujet quand nous ferons une étude spéciale de la combustion.

218. Causes de l'invariabilité dans la composition de l'air. — Nous avons dit (n° 109) que la composition de l'air est sensiblement uniforme à toute époque, dans tout pays, etc., et que la proportion de gaz carbonique renfermée dans l'atmosphère variait entre trois et six dix-millièmes seulement. Au premier abord on peut s'étonner de ce résultat, quand on songe aux masses d'acide carbonique déversées incessamment dans l'air, et il est important d'indiquer ici les causes principales de cette constance dans la composition de notre atmosphère.

1° Les végétaux ont pour fonction d'absorber l'acide carbonique à mesure qu'il est répandu dans l'air. Ils décomposent ce gaz dans leurs parties vertes sous l'influence de la radiation solaire, s'en assimilent le carbone et laissent dégager l'oxygène qui se trouve ainsi restitué à l'atmosphère.

Expérience (fig. 68) : Sous une cloche pleine d'eau et exposée aux rayons solaires, on enferme un rameau bien garni de feuilles vertes. Bientôt on voit un grand nombre de bulles gazeuses apparaître à la surface de ces feuilles, s'en détacher et monter au sommet de la cloche. En transvasant le gaz obtenu dans de petites éprouvettes, on pourra s'assurer facilement que c'est de l'oxygène presque pur (n° 39).

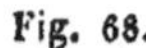

Fig. 68.

2° Toutes les eaux répandues à la surface du globe dissolvent sans cesse les constituants de l'atmosphère et par conséquent font disparaître journellement de grandes masses d'acide carbonique (n° 121).

219. Acide carbonique souterrain. — Toute combustion lente de matière organique donne lieu à une production d'acide carbonique, c'est pour cette raison que l'air confiné dans les terres arables riches en *humus* ou *terreau* renferme souvent 200 fois plus de ce gaz que l'atmosphère dans laquelle nous vivons. Le sol est donc aussi un vaste réservoir où les végétaux puisent abondamment le carbone indispensable à leur développement.

Dans certains pays on rencontre des grottes remplies, quelquefois en totalité, par de l'acide carbonique. Telle est la grotte du Chien, à Pouzzoles en Italie, où les hommes peuvent pénétrer, tandis que les chiens y tombent asphyxiés, parce que ce gaz, en vertu de sa grande densité, occupe toujours les parties les plus basses.

Certaines eaux minérales, dites *eaux gazeuses*, renferment souvent des proportions considérables d'acide carbonique en dissolution ; telles sont celles de Spa, de Seltz, etc.

L'acide carbonique est encore très-abondamment répandu dans la terre combiné aux bases, telles que la potasse, la soude, la chaux, la baryte, le fer, le zinc, le cuivre, le plomb; des montagnes entières sont constituées par du calcaire ou carbonate de chaux. C'est à la faveur de l'acide carbonique souterrain que les carbonates, phosphates, silicates insolubles, renfermés dans les terres arables, deviennent solubles dans l'eau et peuvent pénétrer dans les tissus des plantes.

Fig. 69.

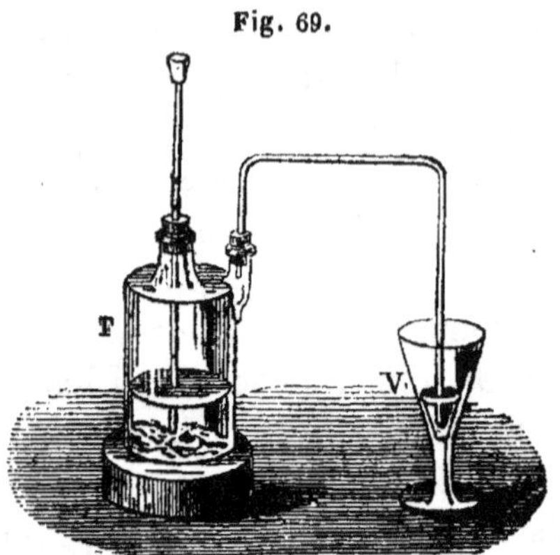

Expériences. (A) *Solubilité du carbonate de chaux*

dans une eau chargée d'acide carbonique (fig. 69). — On dirige un courant d'acide carbonique dans une eau de chaux très-étendue, renfermée dans le verre V. Le liquide commence par se troubler, il prend l'aspect laiteux par suite du carbonate de chaux qui se produit. Mais si l'on continue à faire arriver du gaz dans cette liqueur, on voit celle-ci s'éclaircir de plus en plus, par suite de la dissolution du carbonate de chaux sous l'influence d'un excès d'acide carbonique.

(B) *Solubilité du phosphate de chaux gélatineux dans la même eau gazeuse.* — Dans un tube d'essai, on traite par l'acide chlorhydrique un peu de cendre d'os (n° 81) qui se dissout. La liqueur étant versée dans un grand verre à pied, on y ajoute de l'eau et ensuite goutte à goutte de *l'alcali volatil du commerce,* jusqu'à ce que du papier de tournesol rouge trempé dans le liquide commence à bleuir. Il s'est produit alors un précipité blanc qui est du *phosphate de chaux gélatineux.* Par le repos, ce précipité se dépose et l'on décante le liquide clair que l'on remplace par de l'eau pure; on agite et on laisse encore reposer. En répétant cette opération un certain nombre de fois, il arrive un moment où le liquide clair qui surmonte le précipité n'a plus de réaction alcaline sensible. On prend alors avec un agitateur un peu de précipité gélatineux, on l'introduit dans le verre V de la figure 69, et on ajoute de l'eau : sous l'influence d'un dégagement d'acide carbonique suffisamment prolongé, le *phosphate de chaux* se dissout d'une manière notable. On vérifie le fait en filtrant le liquide et en le portant ensuite à l'ébullition dans un tube d'essai ; sous l'influence de la chaleur, le gaz carbonique se dégage et le phosphate de chaux dissous se précipite en

rendant la liqueur trouble. Le phosphate de chaux naturel est beaucoup moins soluble dans une eau chargée
d'acide carbonique que celui qui a été amené à l'état gélatineux, mais cependant il l'est encore assez pour que nous
puissions admettre désormais que c'est surtout l'acide
carbonique souterrain qui facilite la dissolution du phosphate de chaux du sol et sa pénétration dans les plantes.

220. Propriété asphyxiante de l'acide carbonique.
— L'acide carbonique est un gaz asphyxiant, mais il
n'est pas délétère comme l'oxyde de carbone. Il faut que
l'air renferme environ 30 pour 100 d'acide carbonique
pour qu'il devienne irrespirable, mais le plus souvent
les atmosphères viciées par la combustion du charbon
et dans lesquelles les hommes périssent asphyxiés, sont
bien loin de renfermer une proportion aussi forte de ce
gaz. L'asphyxie provient surtout de ce que, dans la combustion du charbon, il se produit toujours de l'oxyde de
carbone en quantité d'autant plus forte, que la ventilation est plus imparfaite. Quand on soupçonne qu'une
cavité souterraine quelconque (puits, cave, marnière
abandonnée, etc.) renferme une atmosphère rendue irrespirable par un excès de gaz carbonique, on doit commencer par y faire descendre un corps enflammé, tel
qu'une torche ou une chandelle, et si la flamme pâlit
ou s'éteint, il faut purifier l'air avant de s'aventurer au
milieu de cette atmosphère.

Cette purification s'obtient par la ventilation, quand il
est possible de l'effectuer, ou bien en injectant dans l'ex-
cavation de la braise pulvérisée, de l'ammoniaque ou
de l'eau de chaux qui absorbent le gaz irrespirable.
Toutes les fois qu'il s'agit de réunir un grand nombre
d'individus dans une enceinte, il est indispensable d'y

entretenir une ventilation puissante, surtout si le lieu est chauffé et éclairé par de nombreuses lumières. Dans ce dernier cas, on admet qu'il faut fournir à chaque individu 10 à 12 mètres cubes d'air par heure.

Dans les étables, les écuries, il est très-nécessaire aussi que la ventilation s'effectue dans de bonnes conditions. Il résulte d'expériences faites dans les écuries militaires du gouvernement, que tout cheval placé dans une écurie fermée doit avoir 18 à 20 mètres cubes d'air par heure ; si l'écurie n'est pas fermée, on peut diminuer la dose. Les vétérinaires les plus distingués admettent que le développement de la *morve* chez les chevaux est dû à leur séjour dans des écuries étroites, humides, et dans lesquelles l'air extérieur arrive difficilement.

221. Caractères distinctifs de l'acide carbonique et des carbonates. — *Acide carbonique gazeux ou dissous dans l'eau.* — Le gaz ou la dissolution agitée avec un peu d'eau de chaux donne lieu à un précipité blanc de carbonate de chaux, qui rend la liqueur laiteuse (n° 213).

Ce gaz éteint les corps en combustion et de plus possède une odeur et une saveur aigrelettes.

Carbonates. — Un carbonate traité par un peu d'acide chlorhydrique étendu abandonne son acide carbonique qui se dégage avec effervescence. Pour certains carbonates, il est nécessaire de faire intervenir la chaleur (fig. 70).

Fig. 70.

COMBINAISONS BINAIRES NON ACIDES DES MÉTALLOIDES, L'OXYGÈNE N'ÉTANT PAS UN DES ÉLÉMENTS.

222. Parmi ces combinaisons, les plus importantes à étudier ici sont :

1° Les *sulfures d'arsenic* ; 2° le *sulfure de carbone* ; 3° l'*azoture de carbone ou cyanogène* ; 4° l'*azoture d'hydrogène* ou *ammoniaque* ; 5° les *phosphures d'hydrogène* ; 6° l'*arseniure d'hydrogène* ; 7° les *carbures d'hydrogène*.

1° SULFURES D'ARSENIC.

223. On trouve dans la nature deux sulfures d'arsenic que l'on peut reproduire artificiellement dans les laboratoires en chauffant à doses convenables les deux éléments *soufre* et *arsenic*.

Le premier a pour composition AsS^2 et est appelé *réalgar* par les minéralogistes. Il est solide, rougeâtre, fusible et sublimable.

Le second a pour composition AsS^3 et est appelé souvent *orpiment* ou *orpin jaune* ; il est solide et jaunâtre.

Ces deux sulfures sont employés pour la peinture, la teinture et l'impression sur tissus ; la médecine vétérinaire les utilise également.

2° SULFURE DE CARBONE.

$$CS^2.$$

224. Nous avons dit (n° 94) que l'on obtenait ce composé en faisant passer du soufre en vapeur sur du charbon porté au rouge.

Propriétés physiques et chimiques. — Liquide incolore, très-mobile, doué d'une odeur très-désagréable qui rappelle celle des choux pourris. Il est à peu près insoluble dans l'eau.

$D = 1,27$. Il bout à 48 degrés et brûle dans l'air avec une flamme bleue, en donnant de l'acide carbonique et de l'acide sulfureux.

Le sulfure de carbone dissout le soufre et le phosphore en assez grande proportion, il se comporte de même avec le caoutchouc.

225. Usages. — Depuis quelques années, on fait une grande consommation de sulfure de carbone pour dissoudre le caoutchouc que l'on applique ensuite, en couches aussi minces que l'on veut, sur les étoffes, afin de les rendre imperméables. C'est en employant ce même liquide que l'on est arrivé à conserver au caoutchouc la souplesse en toutes saisons, et celui-ci, ainsi préparé, porte dans le commerce le nom de *caoutchouc vulcanisé*.

Récemment, M. Doyère a proposé d'appliquer le sulfure de carbone à la conservation des blés dans les greniers, des quantités très-faibles de ce liquide étant suffisantes pour chasser les charançons et même les asphyxier.

3° AZOTURE DE CARBONE OU CYANOGÈNE.

C^2Az ou Cy.

226. Le cyanogène est un composé remarquable, en ce qu'il joue dans un grand nombre de cas le rôle de corps simple, bien qu'il renferme deux éléments : de l'*azote* et du *carbone*.

Par l'ensemble de ses propriétés générales, le cyanogène peut être placé à côté du chlore, du brome et de l'iode.

Préparation du cyanogène (fig. 71). — On met dans une petite cornue du *cyanure de mercure* (Hg, C^2Az), que l'on chauffe

227. Propriétés physiques et chimiques.— Gaz incolore, vénéneux, d'une odeur vive et pénétrante qui

Fig. 72.

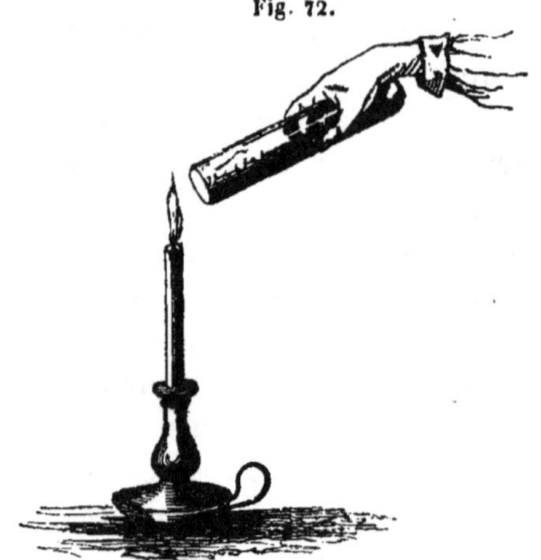

rappelle celle du kirsch.

---

doucement à la lampe à alcool. Le cyanure se décompose en *mercure*, qui vient se condenser dans la partie supérieure de la cornue,
et en *cyanogène*, que l'on recueille sur le mercure.

Fig. 71.

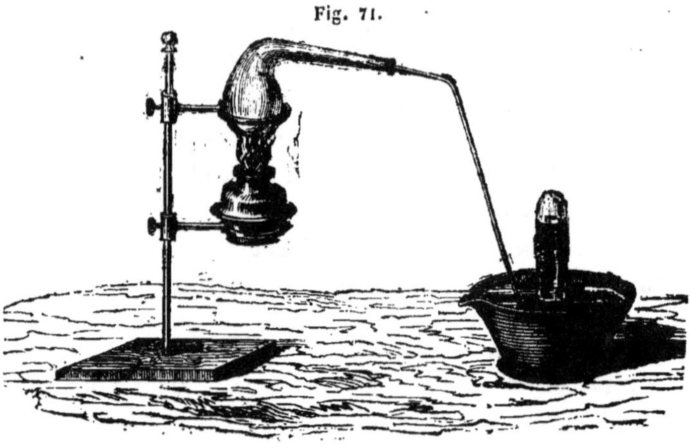

Combustible, il brûle avec une flamme pourpre caractéristique (fig. 72) en donnant de l'acide carbonique, et l'azote devient libre. D = 1,81. L'eau en dissout quatre à cinq fois son volume.

228. Combinaisons avec les autres corps. — Le cyanogène donne des *cyanures* avec un grand nombre de métaux.

Avec l'oxygène, il fournit plusieurs acides parmi lesquels nous citerons l'*acide cyanique* (CyO), composé très-instable. En chimie organique, nous retrouverons cet acide combiné à l'ammoniaque et constituant une substance fort remarquable, l'*urée*.

Le cyanogène se combine encore à l'*hydrogène* et donne l'*acide cyanhydrique* (appelé vulgairement *acide prussique*) qui jouit de toutes les propriétés communes aux hydracides.

Cet acide est un liquide incolore que l'on peut ranger parmi les poisons les plus énergiques; quelques gouttes suffisent pour donner instantanément la mort.

Sa dissolution exhale une légère odeur d'amandes amères.

229. Usages du cyanogène. — Le cyanogène entre dans la composition de plusieurs produits très-employés dans les arts, tels que le bleu de Prusse et les prussiates de potasse jaune et rouge.

CHAPITRE XII.

FIN DES COMBINAISONS BINAIRES NON ACIDES
DES MÉTALLOIDES,
L'OXYGÈNE N'ÉTANT PAS UN DES ÉLÉMENTS.

———

4° AZOTURE D'HYDROGÈNE OU AMMONIAQUE.

AzH^3.

Ce composé est encore appelé *alcali volatil*.

230. Propriétés physiques et chimiques. — Gaz in-colore, doué d'une odeur extrêmement piquante et irri-tante. $D = 0,596$. Il a pu être liquéfié et solidifié.

Seul, parmi tous les gaz, il jouit de la propriété de verdir le sirop de violette, ce qui lui a fait don-ner le nom d'*alcali*

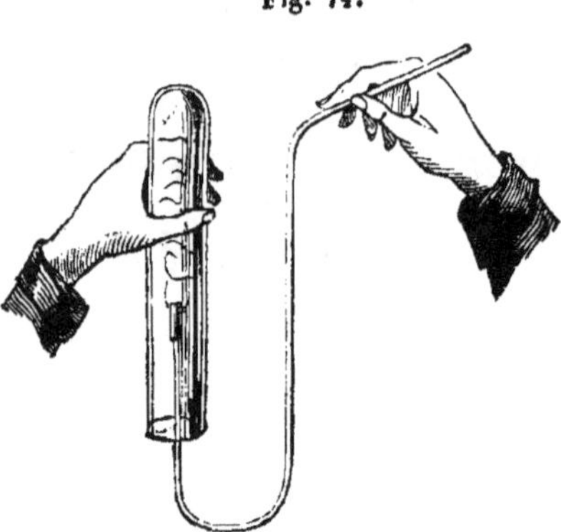

Fig. 74.

———

Préparation du gaz ammoniac (fig. 73).—Dans le ballon B on introduit un mélange de *sel ammoniac* (chlorhydrate d'ammo-

volatil. Il ramène également au bleu la teinture de tournesol rougie.

L'ammoniaque est impropre à la combustion et incombustible à l'air (fig. 74), mais dans une atmosphère d'oxygène, un jet de ce gaz brûle avec une flamme pâle, en donnant de l'eau et de l'azote.

---

niaque) pulvérisé et de chaux vive en poudre, jusqu'à moitié du récipient environ ; on achève ensuite de le remplir avec des morceaux de chaux. Entre le ballon et le tube de dégagement qui se

Fig. 73.

rend dans la cuve à mercure, on interpose un autre tube plus gros renfermant aussi des morceaux de chaux vive.

Théorie et équation de la réaction. — Sous l'influence d'une chaleur ménagée, la chaux, *base fixe*, déplace l'ammoniaque, *base volatile*. Ce gaz se dessèche en traversant les morceaux de

Le charbon de bois absorbe l'ammoniaque gazeuse

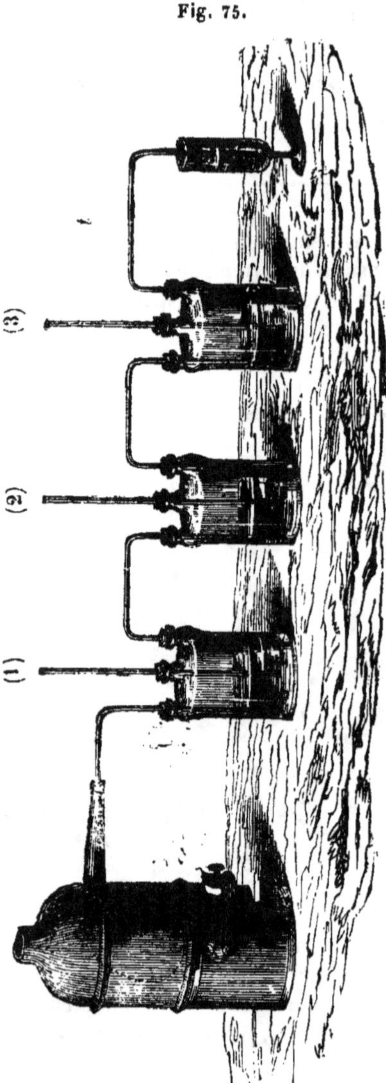

Fig. 75.

chaux renfermés dans le ballon et le gros tube, et on le recueille sur le mercure, parce qu'il est très-soluble dans l'eau.

$$AzH^3, HCl + CaO, HO$$
$$= CaCl + 2HO + AzH^3.$$

Il se forme d'abord du chlorhydrate de chaux, mais si la chaleur est suffisante, l'eau se dégage et il reste du *chlorure de calcium* (*CaCl*) dans le ballon.

Ammoniaque liquide. — Pour préparer l'ammoniaque liquide ou en dissolution, on peut disposer un appareil semblable à celui de la figure 75; les flacons à trois tubulures qui communiquent à la cornue renferment de l'eau dans laquelle l'ammoniaque gazeuse vient se dissoudre.

On prépare en grand aujourd'hui l'ammoniaque liquide avec les eaux ammoniacales provenant de la fabrication du gaz de l'éclairage. Ces eaux sont chauffées avec de la chaux éteinte, qui chasse l'ammoniaque et retient les acides carbonique et sulfurique qui sont toujours combinés en plus ou moins grande proportion avec l'al-

avec une grande énergie (n° 101); une mesure de ce corps peut en condenser dans ses pores quatre-vingt-dix fois son volume (fig. 76).

Fig. 76.

281. Ammoniaque liquide. — L'ammoniaque est encore plus soluble dans l'eau que l'acide chlorhydrique, un litre de ce liquide en dissout près de 700 litres; malgré cette avidité pour l'eau, l'ammoniaque ne fume pas à l'air.

Dans le commerce, on ne trouve l'ammoniaque qu'à l'état liquide, c'est-à-dire en dissolution plus ou moins concentrée.

Elle marque ordinairement 20 à 22 degrés à l'aréomètre de Baumé, ce qui correspond à une densité de 0,930 à 0,910. — L'ammoniaque liquide est un poison violent.

282. Combinaison de l'ammoniaque avec les acides.—L'ammoniaque se combine avec les hydracides pour donner des sels ammoniacaux, tels que le chlor-

---

cali. Le gaz expulsé se rend dans des bonbonnes en grès pleines d'eau et s'y dissout.

hydrate, le sulfhydrate d'ammoniaque, etc., et qui sont représentés par les formules AzH^3,HCl, AzH^3,HS, etc.

Avec les oxacides, ce composé ne peut former des sels qu'en fixant en même temps un équivalent d'eau, de telle sorte que les sels ammoniacaux de cette série présentent la composition suivante :

Sulfate d'ammoniaque. . . . AzH^3,HO,SO^3.
Carbonate. . . . . AzH^3,HO,CO^2, etc.

233. Pour établir une analogie complète entre les sels ammoniacaux et les autres composés salins, quelques chimistes admettent l'existence d'un radical métallique appelé *ammonium* et dont la formule serait AzH^4.

Dans cette hypothèse, les sels ammoniacaux à acides hydracides, tels que le chlorhydrate ou le sulfhydrate d'ammoniaque, seraient représentés par les formules AzH^4,Cl, AzH^4S et seraient du chlorure ou du sulfure d'ammonium, comme les composés KCl, KS sont, l'un du chlorure, l'autre du sulfure de potassium. D'autre part, les sels ammoniacaux à acides oxacides, tels que le sulfate ou le carbonate d'ammoniaque, seraient représentés par les formules AzH^4O,SO^3, AzH^4O,CO^2, et seraient, le premier, du sulfate, le second, du carbonate d'oxyde d'ammonium.

La plus grave objection que l'on puisse faire à cette théorie, c'est que le radical AzH^4 n'ayant point été isolé, son existence est tout à fait hypothétique, et pour ce motif, nous représenterons dans la suite les divers sels ammoniacaux par les formules indépendantes de toute hypothèse relative à l'existence de l'ammonium.

234. Etat naturel. — On ne peut obtenir la combinaison directe de l'azote et de l'hydrogène, mais quand l'hydrogène ou les deux gaz ensemble se trouvent à l'*état naissant*, leur combinaison peut avoir lieu et il y a formation d'*ammoniaque*.

Cet alcali volatil peut donc prendre naissance toutes les fois que des *matières organiques azotées* se décompósent, soit à l'air libre, soit sous l'influence de la chaleur. Ordinairement, l'ammoniaque se combine à l'eau et à l'acide carbonique qui se produisent simultanément et il y a formation de *carbonate d'ammoniaque*. Dans certains cas, les matières organiques renfermant du soufre, il se dégage en même temps du sulfhydrate d'ammoniaque.

La décomposition des engrais enfouis dans les sols est une source continuelle d'ammoniaque. Une partie se condense dans l'argile, les pierres calcaires et généralement toutes les substances poreuses renfermées dans les terres, comme elle le ferait en présence du charbon, et bientôt, sous l'influence de l'oxygène naissant (c'est-à-dire devenu libre par la décomposition des matières organiques), cette ammoniaque se transforme à son tour en acide nitrique et en eau :

$$AzH^3 + O^8 = AzO^5 + 3HO.$$

L'acide nitrique qui se produit ainsi en présence des bases renfermées dans les sols ne tarde pas à se transformer en *nitrate* (voir *Nitrification*).

Une autre portion de l'ammoniaque formée dans les sols se dissout et pénètre dans les plantes ; enfin, une dernière partie échappe à la nitrification et à l'assimilation, et se répand dans l'air à l'état d'ammoniaque ou de carbonate d'ammoniaque.

Ce dernier fait nous explique la présence de l'ammoniaque dans l'atmosphère et dans les eaux pluviales qui ramènent ainsi ce principe à la surface des terres. Nous reviendrons sur ce sujet quand nous étudierons d'une manière spéciale les eaux terrestres et météoriques.

On retrouve encore l'ammoniaque combinée à l'acide

chlorhydrique dans la fiente des chameaux, et à l'état de carbonate, phosphate, chlorhydrate, dans l'urine de l'homme et de beaucoup d'animaux.

235. Action de l'ammoniaque sur la végétation.— L'ammoniaque libre ou combinée à l'acide carbonique est un des éléments qui concourent le plus efficacement à la nutrition des plantes. Cet alcali, pénétrant dans le tissu végétal, y subit une décomposition qui a pour effet de mettre en liberté l'azote qu'il contient. Ce dernier gaz contribue alors à la formation des substances organiques dites *albuminoïdes,* qui jouent un rôle si important dans la nutrition des animaux.

236. Usages de l'ammoniaque liquide. — L'ammoniaque liquide a de nombreux usages : en chimie, elle est constamment employée dans les laboratoires ; en industrie, elle sert à aviver certaines couleurs appliquées en teinture (orseille, carthame); on l'emploie aussi dans la fabrication des perles fausses. L'ammoniaque est encore utilisée en médecine humaine ou vétérinaire; on applique des compresses de ce liquide sur les piqûres des cousins, des guêpes, les morsures des serpents venimeux, les brûlures, quand l'épiderme n'a pas été enlevé.

Une petite cuillerée d'ammoniaque dans un verre d'eau paraît combattre efficacement l'ivresse, surtout celle produite par l'eau-de-vie. On administre également ce liquide pour combattre la maladie appelée *empansement* ou *météorisation* dont sont atteints assez souvent les animaux qui ont mangé une trop grande quantité de fourrages verts et humides, tels que luzerne, trèfle, etc. La panse de ces animaux se remplit alors de gaz (carbonique ou sulfhydrique) dont l'ammoniaque opère la neutralisation et la condensation. Pour un bœuf ou un cheval, on peut mettre deux cuillerées d'ammoniaque liquide dans un litre d'eau ; pour un mouton, une cuillerée suffit.

237. Caractères distinctifs de l'ammoniaque. — L'ammoniaque gazeuse ou liquide est facilement reconnaissable : 1° à son odeur, 2° aux fumées blanches qu'elle dégage en présence d'un agitateur imprégné d'acide chlorhydrique liquide (fig. 77); 3° l'ammoniaque est le seul gaz qui verdisse le sirop de violette.

Fig. 77.

238. 5° Phosphures d'hydrogène ou hydrogènes phosphorés. — Le phosphore en se combinant à l'hydrogène donne lieu à plusieurs composés appelés ordinairement *hydrogènes phosphorés*. Quand on chauffe doucement une pâte de phosphore et de chaux mouillée, il se dégage un mélange gazeux de ces phosphures qui jouit de la propriété remarquable de s'enflammer spontanément à l'air. Chaque bulle qui s'échappe de la cuve à eau produit une couronne qui va en grandissant à mesure qu'elle s'élève dans l'atmosphère. Ces composés (sans usages) prennent naissance dans la putréfaction des matières organiques renfermant du phosphore et constituent ces feux visibles surtout dans les cimetières et désignés habituellement sous le nom de *feux follets*.

239. 6° Arseniure d'hydrogène ou hydrogène arsenié.—Quand on introduit dans le flacon qui renferme les éléments

Fig. 78.

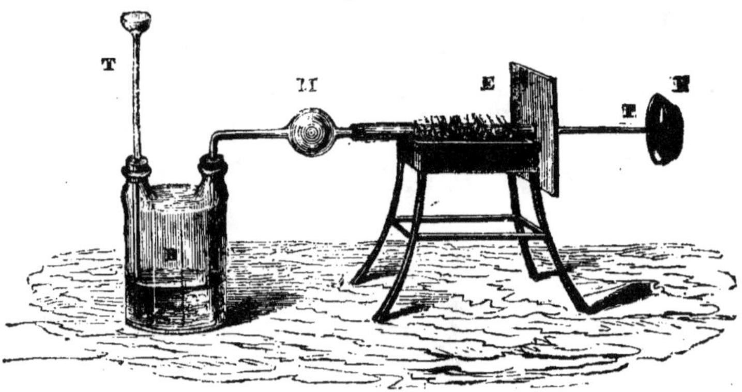

nécessaires à la production de l'hydrogène un composé arsenical (tel que l'acide arsenieux, par exemple), il se dégage alors un mélange d'hydrogène et d'arseniure d'hydrogène (AsH^3). Ce dernier composé est un gaz incolore, d'odeur alliacée, *extrêmement vénéneux*, et qui brûle avec une flamme blafarde.

Une faible chaleur suffit pour le décomposer, et l'interposition d'un corps froid, tel qu'une soucoupe, dans la flamme produite par ce gaz, donne lieu alors à un dépôt noir et brillant d'arseniç.

Dans les recherches médico-légales qui ont pour but de constater l'empoisonnement par l'arsenic, les chimistes-experts mettent à profit cette dernière réaction et emploient l'appareil représenté (fig. 78).

VII. CARBURES D'HYDROGÈNE.

240. Bien que le carbone ne puisse se combiner directement avec l'hydrogène, ces deux corps donnent lieu néanmoins à un grand nombre de combinaisons qui sont toutes des produits de la décomposition des substances organiques et que l'on désigne sous le nom de *carbures d'hydrogène*. Parmi ces divers carbures, deux seulement nous occuperont ici, ce sont le *protocarbure* et le *bicarbure d'hydrogène*.

Préparation de l'hydrogène protocarboné (C^2H^4). — Dans le ballon de l'appareil ci-contre (fig. 79), on introduit un

Fig. 79.

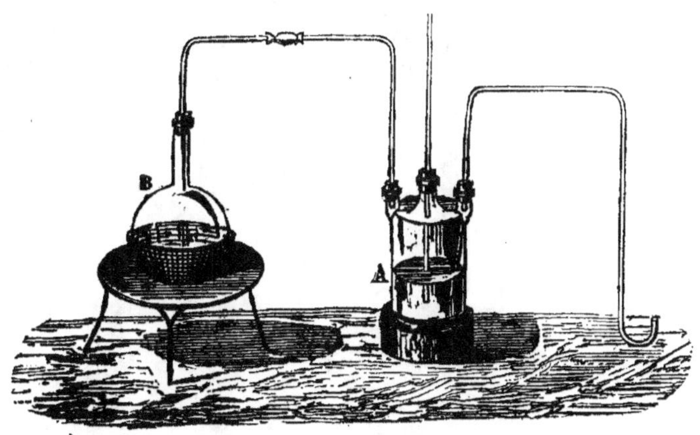

mélange de *potasse caustique* et *d'acétate de soude*. En chauffant légèrement, il se dégage un gaz que l'on peut recueillir sur l'eau.

Equation et théorie de la réaction. — L'acide acétique est un acide de nature organique qui, lorsqu'il est hydraté, a pour formule ($C^4H^4O^4$), et on peut le considérer à cet état comme formé de deux équivalents *d'acide carbonique* et d'un équivalent *d'hydrogène protocarboné :*

$$2(CO^2) = C^2O^4$$
$$1(C^2H^4) = C^2H^4$$

somme.... $C^4H^4O^4$ acide acétique.

Or, sous l'influence de la chaleur et en présence de la potasse

PROTOCARBURE D'HYDROGÈNE OU HYDROGÈNE PROTOCARBONÉ APPELÉ VULGAIREMENT GAZ DES MARAIS.

$$C^2H^4.$$

241. Propriétés physiques et chimiques.—Gaz incolore, inodore, sans saveur, presque insoluble dans l'eau et

Fig. 80.

l'acétate de soude se décompose en un équivalent de *protocarbure d'hydrogène* qui se dégage et en deux équivalents d'acide carbonique, dont l'un reste combiné à la soude et l'autre s'unit à la potasse.

$$NaO,C^4H^3O^3 + HO + KO = NaO, CO^2 + KO, CO^2 + C^2H^4$$

Acétate de soude.	Eau.	Potasse.	Carbonate de soude.	Carbonate de potasse.	Hydrogène protocarboné.

NOTA. On peut rendre la préparation plus commode en mettant dans le ballon un mélange de 20 grammes de potasse caustique, 30 grammes de chaux vive et 20 grammes d'acétate de soude ; il se forme alors du carbonate de chaux et du carbonate de potasse en même temps que du carbonate de soude.

permanent. D = 0,556. Poids du litre, $0^{gr},72$. Ce gaz est combustible et brûle avec une flamme bleuâtre en donnant de l'acide carbonique et de l'eau (fig. 80).

$$C^2H^4 + O^8 = 2CO^2 + 4HO.$$

Avec un volume double d'oxygène, il constitue un mélange explosif qui détone avec violence à l'approche d'un corps enflammé. Ce mélange se produit naturellement dans certains cas, comme nous allons le voir.

242. Etat naturel. Usages. — L'hydrogène protocarboné prend naissance dans la décomposition spontanée d'un grand nombre de matières organiques ou dans leur décomposition par la chaleur. On le nomme *gaz des marais* parce qu'il se dégage en abondance de la vase des eaux stagnantes. On retrouve encore ce gaz dans les galeries des mines de houille, et il est désigné par les ouvriers sous le nom de *grisou*. Ce gaz, renfermé dans la houille elle-même, s'en échappe avec une grande force quand le pic du mineur vient à déterminer des fissures dans la masse, et en se mêlant à l'air des galeries il donne lieu alors à un mélange explosif. Il est indispensable d'entretenir une ventilation puissante dans ces galeries, autrement la lanterne des ouvriers met le feu au mélange et il en résulte une explosion terrible et capable de causer la mort d'un grand nombre d'ouvriers. Le sel gemme, comme la houille, renferme de l'hydrogène protocarboné; enfin il s'en dégage de certains volcans des quantités si considérables, qu'on peut alors utiliser ce gaz comme source continuelle de chaleur et de lumière. Le gaz de l'éclairage renferme une grande proportion de protocarbure d'hydrogène.

BICARBURE D'HYDROGÈNE OU HYDROGÈNE BICARBONÉ APPELÉ AUSSI GAZ OLÉFIANT.

$$C^4H^4.$$

243. Propriétés physiques et chimiques. — Gaz incolore, insipide, d'une odeur faiblement éthérée. $D = 0,985$. Presque insoluble dans l'eau, plus soluble dans l'al-

Fig. 81.

cool et l'éther, très-soluble dans l'alcool concentré. Il a pu être liquéfié.

Combustible, il brûle avec une flamme blanche et très-brillante en donnant de l'eau et de l'acide carbonique (fig. 81).

$$C^4H^4 + O^{12} = 4CO^2 + 4HO.$$

Avec un volume triple d'oxygène, il constitue un mélange explosif qui détone avec une violence encore plus grande que dans le cas de l'hydrogène protocarboné.

Si l'on abandonne sur l'eau (fig. 82) un mélange à volumes égaux de chlore et d'hydrogène bicarboné, on voit bientô l'eau monter dans le vase qui renferme ces deux gaz, et il se forme à la surface du liquide une huile appelée *huile des Hollandais*, parce que la découverte de sa production est due à des chimistes de Hollande. C'est à cette propriété que l'hydrogène bicarboné doit le nom de *gaz oléfiant*.

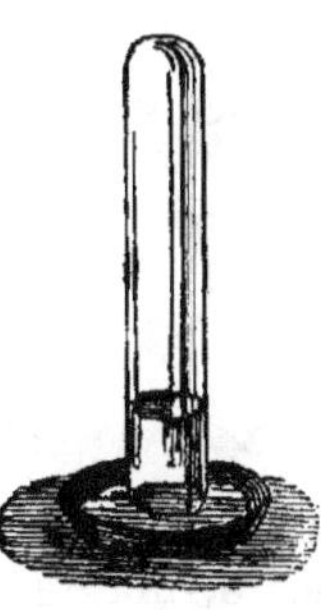
Fig. 82.

Préparation du bicarbure d'hydrogène (C^4H^4).—Dans une terrine ou une capsule en porcelaine on mélange par petites portions successives 1 partie d'alcool du commerce (à 85 degrés) avec 5 ou 6 parties d'acide sulfurique. Quand le mélange est refroidi, on l'introduit dans une cornue d'une capacité trois ou quatre fois plus grande que le volume liquide, et on monte l'appareil de la figure 79 en ayant soin de substituer au ballon la cornue susdite.

Le flacon **A** renferme une dissolution de potasse destinée à retenir deux gaz acides, l'*acide sulfureux* et l'*acide carbonique*, qui se dégagent toujours pendant l'opération, en même temps que l'*hydrogène bicarboné*. Il suffit de chauffer légèrement pour faire dégager ce dernier gaz, que l'on recueille sur l'eau, et quand le boursouflement du mélange devient trop considérable, on arrête l'opération.

Equation et théorie de la réaction. — L'alcool est un composé organique ayant pour formule ($C^4H^6O^2$) et que l'on peu regarder comme formé d'*hydrogène bicarboné* et d'*eau*.

$$C^4H^6O^2 = C^4H^4 + 2HO.$$

L'acide sulfurique détermine par sa présence la séparation des deux composés, s'empare de l'eau et l'hydrogène bicarboné se dégage :

$$C^4H^6O^2 + SO^3HO = SO^3,3HO + C^4H^4.$$

244. Etat naturel. Usages.— Ce gaz n'existe pas tout formé dans la nature, mais, comme le gaz des marais, il prend naissance dans la distillation de la houille et est un des éléments du gaz de l'éclairage.

GAZ DE L'ÉCLAIRAGE.

245. Fabrication du gaz de l'éclairage. — Le gaz de l'éclairage se fabrique en distillant les houilles grasses à longue flamme dans de grandes cornues cylindriques en fonte ou plus souvent en argile réfractaire.

Le mélange gazeux qui se dégage dans cette distillation est très-complexe et renferme les éléments suivants:

Hydrogène protocarboné.	
Hydrogène bicarboné.	
Hydrogène.	Gaz de l'éclairage après l'épuration.
Oxyde de carbone.	
Azote.	
Acide carbonique.	Acides retenus par un lait de chaux.
Acide sulfhydrique.	
Ammoniaque.	
Sels ammoniacaux.	Produits condensés par refroidissement.
Carbures d'hydrogène volatils.	
Goudron.	

L'*ammoniaque*, les *sels ammoniacaux*, les *carbures d'hydrogène volatils* et les *goudrons* sont condensés par refroidissement. Le gaz passe ensuite dans des cuves appelées *épurateurs*, qui renferment un lait de chaux destiné à fixer les acides carbonique et sulfhydrique.

Après l'épuration, le gaz se rend dans une immense cloche en tôle renversée sur l'eau et que l'on nomme *gazomètre*. A ce moment il renferme donc de l'***hydrogène***, *protocarboné* principalement, mais mélangé avec de l'*hydrogène bicarboné*, de l'*hydrogène*, de l'*oxyde de carbone* et de l'*azote*.

246. Propriétés du gaz de l'éclairage. — C'est un gaz incolore doué d'une légère odeur due à des carbures d'hydrogène volatils et à un peu d'acide sulfhydrique qui échappent toujours à la condensation.

D $= 0,6$. Poids de 1 litre $= 0^{gr},78$.

Combustible, il donne en brûlant de l'eau, de l'acide carbonique et un peu d'azote, quand il est pur.

Il forme avec l'oxygène, ou l'air atmosphérique, un mélange détonant qui produit des explosions souvent si funestes et dues aux fuites de gaz dans les lieux fermés.

247. EXPÉRIENCE : On introduit dans la cornue de l'appareil ci-contre (fig. 83) 100 grammes de houille concassée ; dans les flacons (1) et (2) on met de l'eau jusqu'à moitié, et dans le flacon (3) un lait de chaux. Enfin on remplace le dernier tube *t* par un autre recourbé qui permettra de recueillir les gaz sur une cuve à eau. Ajoutons que les flacons (1) et (2) doivent être placés dans des terrines pleines d'eau froide, afin que la condensation des produits condensables s'effectue plus facilement.

Sous l'influence de la chaleur, la houille, combustible *azoté*, se décompose en fournissant les produits indiqués.

L'ammoniaque, les sels ammoniacaux, certains carbures d'hydrogène, le goudron, se condensent et s'arrêtent dans les flacons (1) et (2).

Les acides carbonique et sulfhydrique sont retenus par la chaux renfermée dans le flacon (3).

Le gaz de l'éclairage presque pur peut alors être recueilli dans des éprouvettes à l'extrémité du tube re-

Fig. 83.

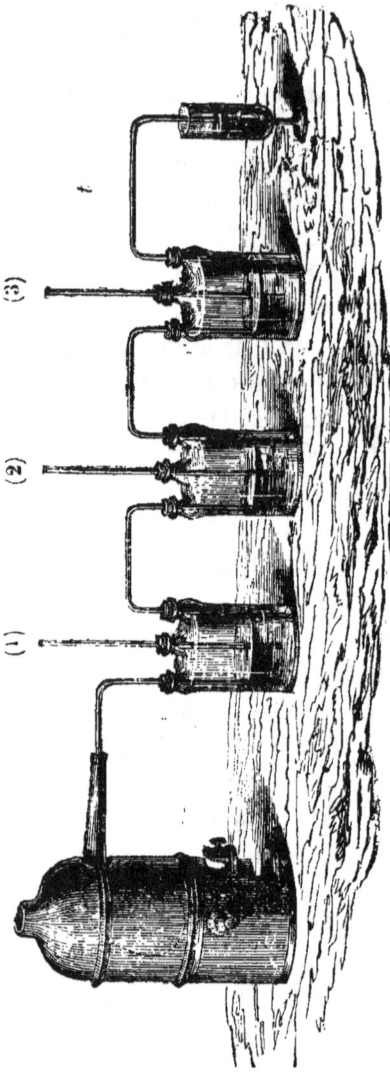

courbé, et l'on pourra en déterminer la combustion à la flamme d'une bougie.

L'appareil étant démonté, on filtrera le liquide renfermé dans les flacons (1) et (2), et si l'on a eu soin de mouiller préalablement le filtre, le liquide se débarrassera d'une grande partie de son goudron. On pourra alors constater la présence de l'ammoniaque libre ou carbonatée dans cette liqueur : 1° à l'odeur ; 2° en employant un papier de tournesol rouge qui passera au bleu ; 3° en chauffant légèrement le liquide avec de la chaux qui chassera alors l'ammoniaque de sa dissolution. Cette seconde partie de l'expérience démontre que les matières organiques azotées dégagent de l'ammoniaque lorsqu'elles se décomposent sous l'influence de la chaleur.

CHAPITRE XIII.

DE LA COMBUSTION.
COMBUSTION DES MATIÈRES ORGANIQUES :
1º EN VASE CLOS ; — 2º A L'AIR LIBRE.

---

248. De la combustion. — Dans le langage ordinaire, le mot *combustion* signifie combinaison d'un corps avec l'oxygène, cette oxydation étant accompagnée d'un dégagement considérable de chaleur et de lumière.

Nous avons dit (n° 40) que l'oxygène pouvait se combiner directement avec presque tous les autres corps, surtout quand on faisait intervenir la chaleur, et nous avons fait voir que le *charbon*, le *soufre*, le *phosphore* allumés, le *fer* préalablement porté au rouge, brûlaient en produisant chaleur et lumière, quand on les introduisait dans un flacon plein d'oxygène.

Ces phénomènes ont fait admettre que l'oxygène était le *véritable agent de la combustion*, aussi l'a-t-on appelé *gaz comburant*, et les corps qu'il sert à brûler, des *combustibles*.

Aujourd'hui l'on sait que d'autres actions chimiques, dans lesquelles l'oxygène ne joue aucun rôle, peuvent donner lieu aux mêmes phénomènes de combustion. Exemples : l'*arsenic*, l'*antimoine*, projetés en poudre dans un flacon plein de chlore (n° 62), se combinent à ce métalloïde à la température ordinaire, en produisant chaleur et lumière.

Néanmoins, nous continuerons à accorder au mot *combustion* le sens qu'on lui attribue dans le langage ordinaire, et même en le généralisant davantage, comme nous allons l'indiquer.

249. Combustion vive. — Quand des corps chauffés ou allumés préalablement seront plongés dans l'oxygène pur ou atmosphérique, et que leur combinaison avec ce gaz sera accompagnée de chaleur et de lumière, nous dirons que ces corps éprouvent la *combustion vive*.

250. Combustion lente. — Si, au contraire, l'action oxydante a lieu lentement, que la chaleur dégagée se perde au fur et à mesure de sa production sans qu'il y ait *élévation de température sensible*, nous dirons que le corps éprouve une *combustion lente*.

251. Composition des matières organiques. — Nous avons dit précédemment que quatre corps simples : l'*oxygène*, l'*hydrogène*, le *carbone* et l'*azote*, entraient plus spécialement dans la composition des matières organiques ; à ces corps se trouvent associés quelquefois le *soufre* et le *phosphore*, comme dans les substances albuminoïdes, mais toujours en très-faible proportion.

En réunissant les compositions d'un grand nombre de plantes, on a trouvé que, dans leur ensemble, les 95 centièmes de leur substance solide sont exclusivement composés des quatre premiers corps simples cités, et que 5 centièmes seulement consistent en sels minéraux qui renferment encore une forte proportion d'oxygène. Ces préliminaires posés, nous pouvons passer à l'étude de la décomposition des matières organiques.

I. DÉCOMPOSITION DES MATIÈRES ORGANIQUES
PAR LE FEU.

252. **1° Décomposition des substances organiques non azotées en vase clos.** — Sous l'influence de la chaleur, les éléments de la substance se trouvent dissociés et peuvent alors, en se combinant entre eux différemment, donner lieu aux produits que nous allons indiquer. Il se dégage d'abord de l'*eau*, dont une portion était toute formée, l'autre prend naissance par la réaction d'une partie de l'*oxygène* sur l'*hydrogène* de la matière. L'oxygène, réagissant ensuite sur le carbone de la substance, donne de l'*acide carbonique*.

L'*hydrogène*, qui se trouve alors libre, entre en une nouvelle combinaison avec certaines portions d'oxygène et de carbone, et fournit un acide particulier appelé *acide acétique* ou *pyroligneux*. Cet acide, qui a pour composition $C^4H^4O^4$, n'est autre chose que le *vinaigre;* il est volatil et sa vapeur est combustible; nous en ferons une étude spéciale en chimie organique.

Trois produits très-oxygénés s'étant donc formés, on comprend que l'oxygène n'existe plus alors qu'en petite quantité relativement au carbone; aussi le produit subséquent est-il de l'*oxyde de carbone*.

A cet instant, il n'y a plus ou presque plus d'oxygène, et les nouveaux produits qui apparaissent ne peuvent être que *très-hydrogénés* ou *très-carbonés*, c'est alors qu'il se dégage une huile plus ou moins épaisse et colorée, dite *huile empyreumatique*, et du *goudron*.

La température s'élevant de plus en plus, il se forme dans le récipient des combinaisons gazeuses de *carbone* et d'*hydrogène*, c'est-à-dire des *carbures d'hydrogène* qui se dégagent à leur tour.

Enfin il reste dans le vase du *charbon* en quantité d'autant plus grande que la température a été plus ménagée au commencement de l'opération. Ce charbon retient dans ses pores les parties minérales fixes qui étaient associées à la substance organique, parties qui dans les combustions à l'air libre constituent les *cendres*. Les produits de la décomposition en vases clos des substances organiques non azotées sont donc :

1° De l'*eau*, 2°. de l'*acide carbonique*, 3° de l'*acide acétique*, 4° de l'*oxyde de carbone*, 5° de l'*huile empyreumatique* et du *goudron*, 6° des *carbures d'hydrogène*, 7° du *carbone* (imprégné de matières minérales).

REMARQUE. — Les produits précédents, au lieu d'apparaître dans l'ordre que nous venons d'indiquer, se produisent simultanément, parce que toutes les parties de la matière organique ne se trouvent pas exposées en même temps à la même température.

253. EXPÉRIENCE (fig. 84). **Décomposition du bois par le feu.** — C, cornue en grès renfermant du bois coupé en petits morceaux ;

F, flacon à moitié rempli d'eau et placé dans une terrine qui contient également de l'eau froide destinée à faciliter la condensation des produits volatils et condensables ;

t, tube par lequel s'échappe le mélange des *carbures d'hydrogène* gazeux (gaz de l'éclairage). On devra les recueillir sur l'eau et en constater la combustibilité.

Après l'opération, le liquide du flacon F, abandonné quelques instants au repos, se séparera en deux parties distinctes, l'une plus foncée et plus légère, mélange

d'*huile empyreumatique* et de *goudron*; l'autre, plus claire
et plus lourde, qui est la dissolution d'acide acétique ou
vinaigre de bois. En jetant ce liquide sur un filtre préa-

Fig. 84.

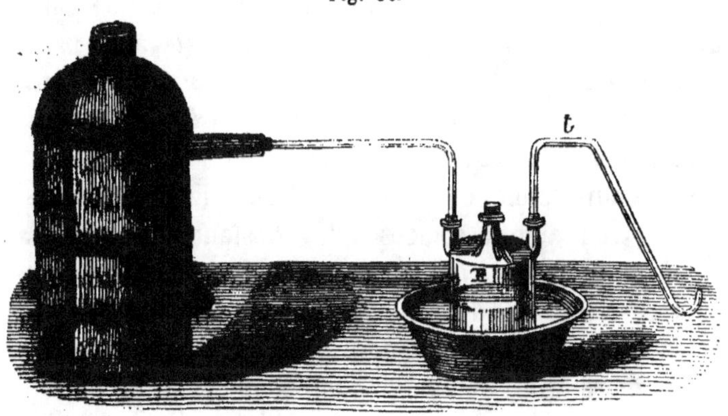

lablement mouillé, on en séparera la plus grande partie
du goudron, et il sera facile de constater que la liqueur
filtrée rougit le papier de tournesol bleu et a une odeur
de vinaigre.

**254. 2° Décomposition à l'air libre des substances
organiques non azotées.** — Si la matière organique
est peu divisée, que l'air ait accès de toutes parts et que
la température soit suffisamment élevée, tous ceux des
produits obtenus en vase clos qui sont susceptibles
d'éprouver une combustion plus parfaite disparaissent
dans la décomposition à l'air libre pour être remplacés
par deux autres seulement : l'*eau* et l'*acide carbonique*.

On comprend, en effet, que des composés, tels que
l'*acide acétique*, l'*oxyde de carbone*, les *carbures d'hydrogène*, l'*huile empyreumatique*, le *goudron*, qui prenaient
naissance dans le cas précédent, parce que l'air faisait

défaut, cessent de se former à l'air libre ou soient brûlés par un excès d'oxygène, au fur et à mesure de leur production. Or, comme les éléments constitutifs de ces composés sont du carbone et de l'hydrogène seulement, nous pouvons poser en principe que, *dans la combustion parfaite d'une substance organique non azotée, les seuls produits de décomposition que l'on peut obtenir sont de l'eau et de l'acide carbonique qui se dégagent, et des cendres qui restent comme résidu.*

Les cendres sont constituées par les matières minérales qui se trouvaient associées à la substance organique. Ce n'est guère que dans la combustion des huiles ou graisses employées à l'éclairage que la matière organique se trouve brûlée complétement, parce que l'on s'arrange de manière que l'élément combustible soit réduit en couche mince dans les conduits capillaires d'une mèche, et que l'accès de l'air soit facilité le plus possible. Mais le plus souvent, dans la combustion à l'air libre, des produits semblables à ceux formés dans la calcination en vases clos prennent naissance en quantité d'autant plus considérable que la matière est moins divisée, l'accès de l'air moins facile, la température plus basse.

Nous allons étudier plus en détail les circonstances de la combustion des matières organiques ternaires, c'est-à-dire formées de carbone, d'hydrogène et d'oxygène.

255. Incandescence. — L'incandescence est l'état d'un corps chauffé à une température suffisamment élevée pour qu'il présente à sa surface une couleur blanche très-éclatante.

256. Flamme. — La flamme est toujours le résultat de la combustion d'un gaz ou d'un corps qui se volatilise par la chaleur. *Tous les corps qui brûlent avec flamme*

produisent des gaz combustibles quand on les chauffe for-
tement. Exemples : 1° le soufre, le phosphore, etc.,
brûlent avec flamme dans l'oxygène, parce qu'ils se
transforment en *vapeurs combustibles* à une certaine température.

2° La houille calcinée en vase clos fournit le gaz d'éclairage, mélange de carbures d'hydrogène combustibles
(n° 247). Le bois, les huiles, la cire, chauffés dans les
mêmes conditions, donnent des résultats semblables.

3° Si l'on souffle brusquement la flamme d'une chandelle, la combustion cesse, mais la mèche, encore très-
chaude, laisse échapper une petite colonne de fumée,
que l'on pourra rallumer en approchant d'elle une allumette enflammée. Cette expérience prouve donc que le
suif, en se décomposant sous l'influence d'une température élevée, laisse dégager des gaz combustibles.

4° Un ressort d'acier qui brûle dans l'oxygène pur devient seulement *incandescent,* mais ne produit pas de
flamme, parce que le fer ou son oxyde sont *fixes.*

257. De la fumée. — La fumée résulte de la condensation dans l'air d'un certain nombre de produits volatils
que laisse dégager une matière organique qui se consume.
Ces produits sont d'abord la *vapeur d'eau,* mélangée d'un
peu d'*acide acétique* ou *pyroligneux.* L'huile empyreumatique, le goudron, en se condensant, contribuent à
augmenter l'intensité de ce nuage. Enfin des portions
de *carbone* très-divisées viennent s'y mêler. La fumée,
plus légère que l'air, s'élève dans l'atmosphère, en en-
traînant toujours mécaniquement un peu de cendres.

Suie. — Quand la fumée rencontre un corps solide
froid, les divers produits qu'elle renferme se déposent
à sa surface, et ce dépôt constitue la *suie.*

258. Eclat des flammes. — L'éclat d'une flamme varie avec la température et la nature des gaz en combustion. Si ces gaz, en brûlant, se transforment en d'autres produits *uniquement gazeux*, la flamme donne une lueur faible ; c'est ce qui arrive dans la combustion de l'*hydrogène*, du *soufre*, etc., le premier produisant seulement de la *vapeur d'eau*, le second, de l'*acide sulfureux*, qui est gazeux (n°s 43 et 54).

Au contraire, si parmi les produits de la combustion se trouvent des matières solides et fixes, alors la flamme prend un grand éclat, par suite de l'incandescence de ces corps.

EXPÉRIENCE (fig. 85) : On suspend dans la flamme *a* de l'hydrogène une petite spirale de platine, qui devient

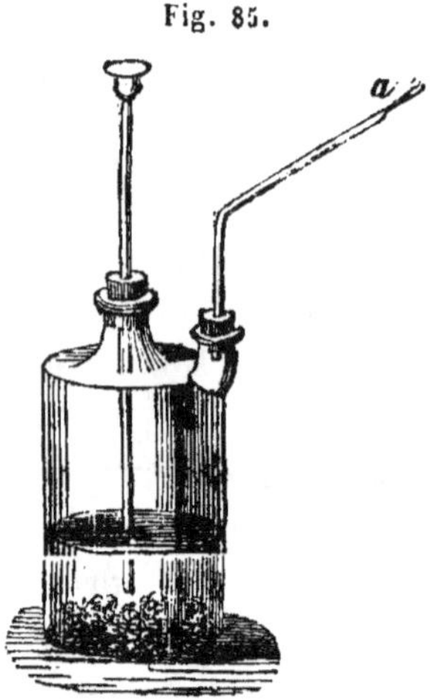

Fig. 85.

incandescente et rend la lumière plus éclatante. Nous avons vu (n° 3, 2°) que le zinc brûlait à l'air en produisant une vive lumière, ce qui provient de ce que la vapeur de zinc se transforme en *oxyde de zinc*, composé fixe dont la température s'élève jusqu'à l'incandescence.

Pour la même raison, la combustion du phosphore dans l'oxygène répand une lumière éblouissante (n° 80), l'acide phosphorique qui prend naissance dans cette expérience étant un composé fixe.

Enfin, si les *carbures d'hydrogène* développent en brûlant plus de lumière que l'hydrogène pur, c'est que, la combustion des premiers n'étant jamais complète, une partie du carbone reste intacte et en suspension dans la flamme. Or, le charbon, étant un corps fixe, peut s'échauffer jusqu'à l'incandescence et rendre la flamme plus ou moins brillante.

EXPÉRIENCE : Il est facile de s'assurer que la flamme d'une lampe à huile ou d'une bougie renferme du carbone en suspension ; car, si l'on interpose dans cette flamme un corps froid, tel qu'une lame métallique, on obtient immédiatement un dépôt de noir de fumée.

259. Combustion complète et incomplète dans l'air. — Pour que la combustion d'un corps puisse avoir lieu d'une manière complète dans l'air, il faut :

1° *Que le corps soit porté et maintenu à une température suffisamment élevée ;*

2° *Que l'oxygène arrive à ce corps en quantité convenable.*

On sait que, pour qu'un corps brûle dans l'air, il faut généralement commencer par *l'allumer*, c'est-à-dire porter un de ses points à une haute température. La combinaison avec l'oxygène une fois commencée en ce point, la chaleur dégagée se communique de proche en proche, et la combustion peut se continuer d'elle-même, à la condition que la température se maintienne à un degré convenable, et que l'air ait un libre accès.

Le charbon de terre et le coke s'éteignent plus facilement que le bois, parce que la combustion des premiers exige une température plus élevée. Si l'on interpose dans la flamme d'une chandelle (fig. 86) un corps bon conducteur, comme une toile métallique à tissu très-serré, la température des gaz qui traversent ce réseau s'abaisse bientôt au-dessous de celle nécessaire à leur combustion, au lieu d'une flamme il ne passe plus que de la fumée. Mais, si l'on approche de cette colonne fumeuse une allumette enflammée, on pourra rallumer ces gaz, ce qui

Fig. 86.

prouve que c'était bien le refroidissement qui les empêchait de continuer à brûler.

Enfin, si l'on éteint la flamme d'une chandelle ou d'une bougie en soufflant dessus, cela vient du refroidissement subit causé par l'arrivée d'un excès d'air froid.

Quand la quantité d'air qui arrive à un combustible est trop faible, la combustion est incomplète et se rapproche de celle exécutée en vase clos; elle peut même cesser tout à fait.

Dans une meule de paille ou de foin, formée de bottes serrées et entassées, lorsqu'un incendie éclate, il y a véritablement distillation des parties intérieures. Les combustibles, tels que la houille, le coke, etc., employés dans les fourneaux s'éteignent rapidement, si l'on n'a pas le soin de débarrasser les grilles des cendres qui, accumulées entre les barreaux, interceptent l'arrivée de l'air.

Si l'on vient à boucher l'orifice d'arrivée de l'air dans une lampe à huile munie d'un verre et donnant une bonne lumière, on voit bientôt la flamme devenir *fuligi-*

neuse, par suite de la grande quantité de charbon qui échappe à la combustion.

Si la flamme devient *fuligineuse,* c'est que, *dans la combustion incomplète d'un corps composé, ce sont toujours les éléments les plus combustibles qui brûlent les premiers.*

Ainsi, dans un mélange de carbures d'hydrogène gazeux, où l'air ne peut entrer qu'incomplétement, c'est l'*hydrogène,* corps plus facilement combustible que le *carbone,* qui brûlera le premier, et le carbone mis en liberté donnera lieu à un dépôt plus ou moins abondant de noir de fumée.

A l'aide des considérations que nous venons de présenter sur la combustion complète et incomplète des corps, il sera facile de nous rendre compte de la composition d'une flamme.

260. Flamme d'une lampe à alcool. — La chaleur dégagée par la combustion de la mèche transforme l'alcool qui l'imbibe en une vapeur qui prend feu et donne lieu à une *flamme.*

Cette flamme (fig. 87) se compose de deux parties : l'une intérieure *a,* qui est *obscure;* l'autre extérieure *b,* qui enveloppe la première de toute part, et qui est *plus brillante.* La différence d'éclat de ces deux parties provient de ce que la combustion n'a lieu qu'*à l'extérieur,* l'air ne pouvant pénétrer jusqu'au centre de la flamme, qui ne renferme, par conséquent, que de la *vapeur chaude d'alcool.*

Fig. 87.

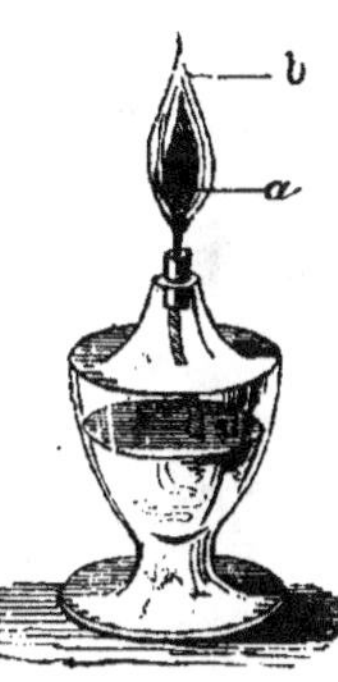

On comprend qu'en raison de cette combustion incomplète, la température de la flamme doit être beaucoup moins élevée à l'intérieur qu'à l'extérieur, ce que l'on constate facilement, du reste, en plaçant dans cette flamme un petit fil de fer très-délié, qui rougit en *b* et reste obscur en *a*.

264. Flamme d'une bougie, d'une chandelle, d'une lampe à huile. — Sous l'influence de la chaleur dégagée par la combustion de la mèche, la matière combustible dont elle est imprégnée (cire ou suif fondu, huile) éprouve une véritable décomposition en vase clos; il se dégage alors des *carbures d'hydrogène* gazeux, dont la combustion détermine la production d'une flamme.

Dans celle-ci, on peut distinguer facilement trois parties (fig. 88) :

1° La partie centrale *a*, tout à fait obscure et composée de *carbures d'hydrogène*, qui ne brûlent pas parce que l'air ne peut parvenir jusqu'à eux : dans cette zone la température est donc très-basse.

Fig. 88.

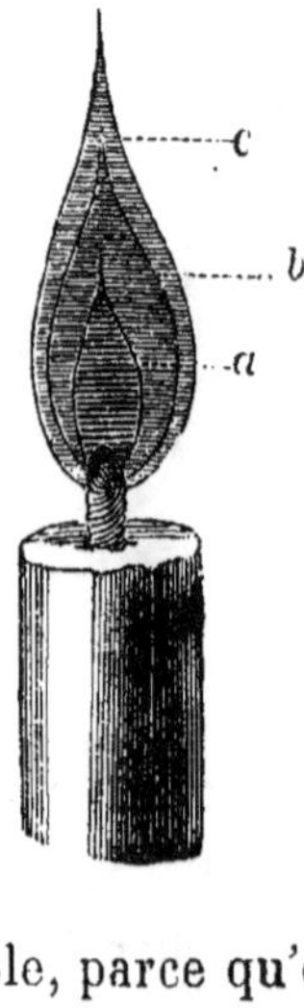

2° La partie moyenne *b*, la plus brillante, dans laquelle l'air, n'arrivant qu'en quantité *insuffisante*, ne peut brûler (comme nous l'avons dit plus haut) que l'élément le plus combustible, c'est-à-dire l'*hydrogène*. La chaleur dégagée par la combustion de ce gaz a pour effet de porter jusqu'à l'*incandescence* le carbone mis à nu, et, par suite, cette partie de la flamme est rendue très-éclairante.

3° La partie extérieure *c*, à peine visible, parce qu'en contact immédiat avec l'air elle est le siége d'une combustion complète. C'est dans cette zone que le carbone, mis en liberté dans la zone précédente, vient se brûler, et que la température est le plus élevée.

Expérience qui démontre la différence de température des trois zones.—En traversant la flamme par un fil de fer d'un petit diamètre, on voit qu'il rougit *fortement* dans la partie externe, *beaucoup moins* dans la zone moyenne, et qu'au contraire il se couvre de *noir de fumée* dans le noyau obscur.

262. Propriétés chimiques des trois zones. —*Dans la zone extérieure* c, l'abondance de l'*oxygène* rend la flamme *oxydante*, c'est-à-dire qu'un globule de métal, tel que du *plomb*, qui s'y trouve plongé, s'oxyde rapidement.

Dans la zone moyenne b, la prédominance du *carbone* rend la flamme *désoxydante*, c'est-à-dire qu'un peu d'*oxyde de plomb*, par exemple, que l'on soumet à l'action de cette partie de la flamme, sera bientôt désoxygéné par le carbone tenu en suspension et ramené à l'état métallique. L'hydrogène n'étant pas non plus brûlé en totalité dans cette zone mitoyenne, ce gaz concourt aussi à l'action désoxydante ou réductrice.

La zone la plus inférieure laisse simplement déposer du noir de fumée sur les corps que l'on y plonge. Des propriétés chimiques différentes dont jouissent les deux zones *b* et *c* on tire un parti précieux, que nous indiquerons au chapitre suivant, en traitant du *chalumeau* et de son emploi.

CHAPITRE XIV.

263. 3° Décomposition par le feu et en vase clos des substances organiques azotées. — Dans le cas où l'on calcine des substances organiques *azotées*, on obtient des produits un peu différents de ceux fournis par la distillation des substances non azotées.

Les composés qui ne se forment plus ou presque plus sont : l'*oxyde de carbone* et l'*acide acétique*. Les composés nouveaux qui apparaissent sont : le *cyanogène* et l'*ammoniaque*.

En effet, l'*azote* à l'état naissant réagit sur le *carbone* porté au rouge et donne du *cyanogène* (C^2Az), d'autre part, l'*hydrogène* et l'*azote*, se trouvant aussi en présence à l'état naissant, se combinent et fournissent une assez grande quantité d'*ammoniaque* qui elle-même passe à l'état de *carbonate d'ammoniaque*, en s'unissant à l'acide carbonique formé en grande abondance dans cette décomposition de la matière organique.

Quand la substance azotée renferme du *soufre* et du *phosphore*, ce qui est le cas des matières animales, il peut y avoir aussi production de *sulfure* et de *phosphure d'hydrogène* en même temps que de *carbure d'hydrogène*. De plus, l'*huile empyreumatique* est généralement *azotée*.

Enfin, il reste dans la cornue un charbon très-divisé,

très-poreux, contenant interposées les substances minérales qui existaient associées à la matière organique.

En résumé, les produits de la distillation des matières
organiques azotées sont donc :

1° De l'*eau*, 2° de l'*acide carbonique*, 3° du *cyanogène*,
4° un peu d'*oxyde de carbone*, 5° du *carbonate d'ammoniaque*, 6° de l'*huile empyreumatique nitrogénée* et
du *goudron*, 7° des *carbures d'hydrogène*, 8° du *sulfure*
et du *phosphure d'hydrogène* (ce dernier plus rarement),
9° de l'*azote*, 10° du *carbone imprégné de matières minérales*.

264. Applications. — 1° *Distillation de la houille en
vase clos* (n° 247). — Par cette distillation on obtient :
1° du gaz de l'éclairage, 2° des composés ammoniacaux
utilisés en agriculture, 3° du coke employé comme combustible.

2° *Distillation des matières animales et particulièrement
des os.* — Cette distillation fournit : 1° des composés ammoniacaux, 2° du noir animal ou noir d'os (n° 103).

**265. 4° Décomposition par le feu et à l'air libre
des substances organiques azotées.** — La décomposition des matières azotées à l'air libre fournit des produits
beaucoup moins complexes que la distillation en vase
clos, parce que, comme nous l'avons dit déjà pour les
substances non azotées, tous les composés qui prennent
naissance faute d'oxygène ne se forment pas, ou sont
brûlés au fur et à mesure de leur production, quand
l'accès de l'air est suffisant. Les produits que nous ne
retrouverons pas ici sont donc tous ceux qu'un excès
d'oxygène peut brûler, savoir :

Le *cyanogène*, dont la combustion fournit de l'*acide carbonique* et de l'*azote* (n° 227).

12.

L'*oxyde de carbone*, qui est remplacé par de l'*acide car-bonique*.

Les *huiles empyreumatiques* et le *goudron* (composés hydrogénés et carbonés), que la combustion transformera en *eau* et *acide carbonique*.

Les *carbures d'hydrogène*, qui formeront les mêmes produits.

Les *sulfures* et *phosphures d'hydrogène*, qui seront remplacés par de l'*eau* avec un peu d'*acide sulfureux* et d'*acide phosphorique*.

Du *charbon*, dont il disparaîtra une quantité d'autant plus grande que l'accès de l'air sera plus parfait. En résumé, la décomposition par le feu à l'air libre donne les produits suivants :

De l'*eau*, qui provient : 1° de la substance elle-même, 2° de la combinaison d'une partie de l'oxygène et de l'hydrogène de la substance, 3° de la combustion de l'hydrogène renfermé dans l'huile empyreumatique, le goudron, les carbures, sulfures et phosphures.

De l'*acide carbonique*, qui provient : 1° du carbone de la substance brûlé directement par l'oxygène de l'air, 2° de la combustion du carbone renfermé dans le cyanogène, l'oxyde de carbone, l'huile empyreumatique, le goudron, les carbures d'hydrogène.

Du *carbonate d'ammoniaque*, mais en moins grande quantité que dans la distillation, parce qu'il y a toujours plus d'hydrogène brûlé et, par conséquent, moins d'ammoniaque formée.

De l'*azote* provenant : 1° de la substance elle-même, cet azote ne s'étant pas combiné à l'hydrogène pour donner de l'ammoniaque, 2° de l'huile empyreumatique et du cyanogène qui, par la combustion, abandonnent ce gaz.

Des *cendres* imprégnées d'une quantité plus ou moins forte de *charbon.*

Si chaque molécule de substance azotée était en contact avec un *courant d'oxygène* suffisamment actif, l'*ammoniaque* elle-même pourrait brûler au fur et à mesure de sa production (n° 230), et alors les seuls produits fournis par la combustion de la matière seraient : de l'*eau,* de l'*acide carbonique,* de l'*azote* et des *cendres.*

Mais il ne peut jamais en être ainsi ; dans l'air, l'ammoniaque est *incombustible* et de plus, suivant l'état de division de la matière azotée, une plus ou moins grande partie éprouve une véritable distillation ; les produits dégagés sont donc bien loin d'être aussi simples.

Nous résumerons, sous forme de tableau, les résultats que nous avons obtenus en étudiant la décomposition des matières organiques par le feu.

266. Décomposition des matières organiques par le feu.

MATIÈRES NON AZOTÉES.		MATIÈRES AZOTÉES.	
EN VASE CLOS.	A L'AIR LIBRE.	EN VASE CLOS.	A L'AIR LIBRE.
Eau. Acide carbonique. Acide acétique. Oxyde de carbone. Huile empyreumatique. Goudron. Carbures d'hydrogène. Charbon (imprégné de matières minérales).	*Résultat théorique.* Eau. Acide carbonique. Cendres. *Résultat pratique.* Les produits se rapprochent d'autant plus de ceux inscrits dans la colonne précédente, que l'accès de l'air est rendu moins parfait.	Eau. Acide carbonique. Cyanogène. Oxyde de carbone. Carbonate d'ammoniaque. Huile empyreumatique azotée. Goudron. Carbures d'hydrogène. Sulfure — Phosphure — Azote. Charbon (imprégné de matières minérales).	*Dans les meilleures conditions :* Eau. Acide carbonique. Carbonate d'ammoniaque. Azote. Charbon et cendres. En général, les produits se rapprochent d'autant plus de ceux inscrits dans la colonne précédente, que l'accès de l'air est rendu moins parfait.

267. II. Décomposition spontanée des matières organiques à l'air libre et à la température ordinaire. — Nous venons de nous occuper de la décomposition éprouvée par les matières organiques, quand on les soumet, en vase clos ou à l'air libre, à l'action directe de la chaleur : il nous reste à dire quelques mots d'un autre genre d'altération que ces mêmes substances subissent *à la température ordinaire* quand, suffisamment humides, elles se trouvent abandonnées à l'air.

Nous ne ferons ici qu'effleurer la question, nous réservant d'en faire une étude plus approfondie quand nous traiterons de la chimie organique. Ce que nous en disons pour le présent est uniquement destiné à rendre plus intelligibles certains faits signalés dans le cours de cet ouvrage.

Exposées à l'air humide, les matières organiques chez lesquelles la *force vitale* a cessé d'agir sont encore le siége d'une transformation que nous avons appelée *combustion lente* (n° 250) (parce qu'elle n'est pas accompagnée de chaleur sensible) et en vertu de laquelle leurs éléments, dissociés d'abord et groupés ensuite d'une manière différente, tendent à revenir aux modes de combinaisons du règne inorganique.

L'oxygène renfermé dans l'air est toujours le principe qui détermine la décomposition de ces matières ; c'est toujours ce gaz qui produit la combustion de leurs éléments en les transformant en d'autres produits, variables suivant que la substance est ou n'est pas azotée.

268. 1° Matière organique non azotée. — Si la matière organique qui subit la combustion lente ne renferme pas d'*azote*, si l'air a un libre accès sur elle, les éléments ultimes de sa décomposition sont de l'*eau* et de l'*acide carbonique*. Avant de se résumer en ces deux produits, la substance passe par une série de transformations d'où résultent des composés particuliers, tels que l'*humus* ou *terreau*, que nous étudierons plus tard ; mais, nous le répétons, on obtient toujours en dernier ressort, d'une part, de l'*eau* et de l'*acide carbonique* qui se dégagent ; de l'autre, des *cendres* qui restent comme résidu fixe.

269. 2° **Matière organique azotée.** — Une matière organique azotée et humide, abandonnée à l'air à la température ordinaire, entre d'autant plus vite en décomposition qu'elle est plus riche en *azote*. On désigne ordinairement le genre d'altération qu'elle subit sous le nom de *putréfaction*.

Dans la combustion lente d'une semblable matière, on obtient, comme dans le cas précédent, de l'*eau* et de l'*acide carbonique ;* mais de plus l'*hydrogène* et l'*azote* de la substance, se trouvant à l'état naissant, s'unissent et produisent de l'*ammoniaque*. Cet alcali en présence de l'*acide carbonique* se transforme en *carbonate d'ammoniaque*, composé qui se dégage accompagné d'une certaine quantité d'hydrogène non combiné.

Le corps est-il *sulfuré* et *phosphoré*, on obtient inévitablement un mélange d'*hydrogène sulfuré*, de *sulfhydrate d'ammoniaque* et d'*hydrogène phosphoré*, composés qui concourent avec l'ammoniaque à donner à ces matières en putréfaction une odeur infecte et repoussante. Les substances azotées qui se décomposent ainsi se transforment en même temps en une substance brune analogue au *terreau*, mais qui par suite d'une altération plus complète finit par disparaître à son tour en ne laissant comme résidu que des *cendres*.

Nous résumerons encore ici, sous forme de tableau, les produits que l'on obtient dans le cas de la décomposition des matières organiques à l'air libre et à la température ordinaire.

270. Décomposition spontanée des matières organiques à l'air libre.

Substance non azotée.	*Substance azotée.*	
Eau.	Eau.	
Acide carbonique.	Acide carbonique.	
	Carbonate d'ammoniaque.	
	Hydrogène.	
	Hydrogène sulfuré,	Si la matière
	Hydrogène phosphoré.	est sulfurée
	Sulfhydrate d'ammoniaque.	et phosphorée.
Cendres,	Cendres.	

271. Conclusions. — On comprend, d'après ce que nous venons de dire au sujet de la décomposition des matières organiques à l'air libre :

1° Pourquoi l'air confiné dans les terres arables est toujours si riche en *acide carbonique* (n° 219);

2° Pourquoi les engrais confiés aux sols fournissent, en se décomposant, de l'*ammoniaque*, et par suite du *carbonate d'ammoniaque*, qui concourt si efficacement à la nutrition des plantes (n°s 234 et 235).

Mais comme la *combustion lente* de ces matières ne saurait avoir lieu si l'oxygène de l'air ne trouvait pas un libre accès jusqu'à elles, on voit aussi combien l'ameublissement d'une terre, son aération par les diverses façons culturales, sont des opérations importantes et liées en quelque sorte avec son degré de fécondité.

Il est une autre transformation dont il nous reste encore à parler, celle de l'*ammoniaque* en *acide nitrique* sous l'influence de l'oxygène ; mais nous préférons faire de cette question l'objet d'un chapitre spécial.

DU CHALUMEAU ET DE SES USAGES.

272. Nous avons dit (n° 262) que l'on tirait un parti précieux des propriétés chimiques dont jouissaient les différentes parties d'une flamme; pour compléter cette indication, nous allons traiter ici du *chalumeau* et de ses usages.

Le chalumeau est un instrument simple et très-commode pour reconnaître rapidement un certain nombre de composés utilisés en agriculture ou dans l'art vétérinaire.

Le plus employé aujourd'hui se compose (fig. 89) d'un tube conique T en laiton, long de 20 à 25 centimètres et muni d'une embouchure en ivoire O. Ce tube s'adapte à un réservoir R en laiton qui sert à condenser la

Fig. 89.

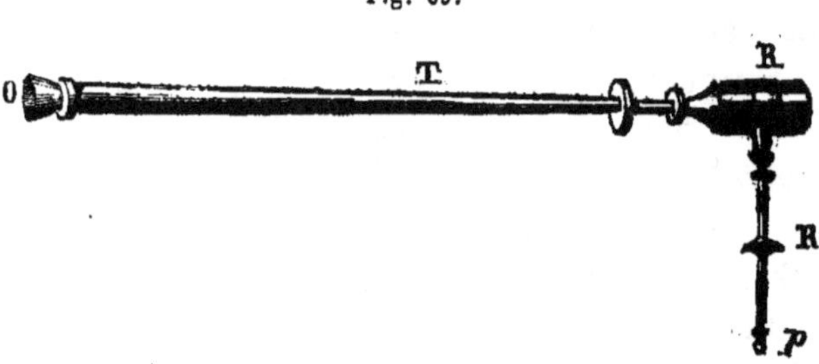

vapeur d'eau renfermée dans l'air lancé par les poumons. Ce réservoir est muni lui-même d'un petit tube K terminé par un petit bec en platine *p* et percé d'un trou excessivement fin.

Nota. Pour les essais que nous indiquerons par la

suite, on peut remplacer ce chalumeau perfectionné par
un autre beaucoup plus simple, com-
posé d'un tube conique en laiton recourbé à angle droit et terminé par un
orifice très-étroit.

Ce chalumeau (fig. 90) coûte 1 fr.
50 c.

**273. Manière de se servir du cha-
lumeau.** — On doit commencer par
s'habituer à souffler dans cet instrument, d'une manière régulière et continue, en aspirant l'air par le nez et
en l'expulsant dans le tube par l'action seule des muscles des joues.

Cette habitude prise, on dirige le
bec du chalumeau dans une direction
inclinée de haut en bas (fig. 91) devant
la flamme d'une lampe à huile ou à
alcool (mais sans la toucher), et l'on
souffle.

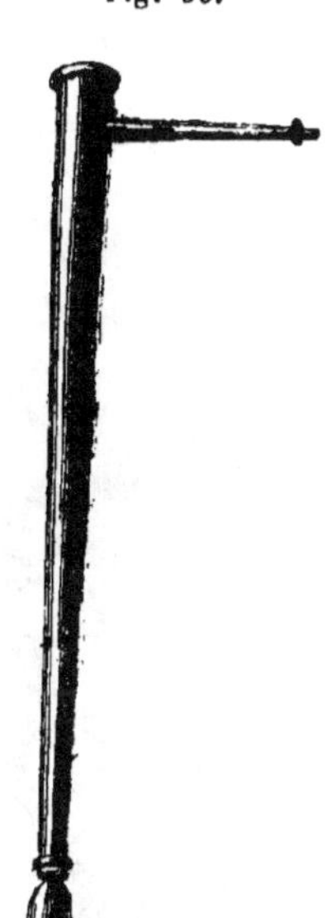

Fig. 90.

Le jet d'air recourbe la flamme du combustible et lui
donne la forme d'un *dard* long et effilé (fig. 92), à l'action
duquel on expose la substance dont on veut reconnaître
la nature.

274. Nature du dard et de ses effets. — D'après ce
que nous avons dit (n° 262), la composition chimique
du dard n'est pas homogène, sa température n'est pas
uniforme dans toutes ses parties; voici quelle est sa
composition :

1° A l'intérieur, une flamme bleue, conique, formée
par les divers gaz dégagés de la matière combustible
et qui ne peuvent brûler, faute d'oxygène.

2° Une flamme brillante et étroite renfermant un excès

Fig. 91.

Fig. 92.

de carbone et d'hydrogène qui lui permet de *réduire* les

corps oxydés et de les ramener à l'état métallique. On la nomme *flamme réductrice* ou *désoxydante*.

3° Extérieurement, une flamme pâle, s'étendant bien au delà de la partie brillante et visible, très-chaude, et qui, ne renfermant pas de corps réducteurs, détermine une oxydation rapide des corps que l'on y plonge. Elle est appelée pour cette raison *flamme oxydante*.

On voit donc que l'on peut à volonté, à l'aide du dard du chalumeau, *oxyder* ou *désoxyder* un corps ou le soumettre à une haute température.

275. Instruments et réactifs pour effectuer les essais au chalumeau. — 1° Un morceau de charbon de bois à grain fin sans fissures ni écorce ; on y fait un trou et l'on y place le corps que l'on veut essayer. Ce charbon sert à la fois de support et de corps réducteur.

2° Un petit mortier en agate et son pilon (fig. 93).

Fig. 93.

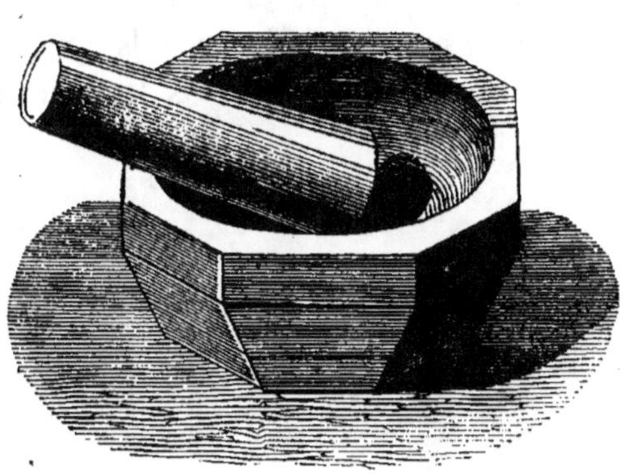

C'est dans ce mortier que l'on pulvérise la matière à essayer ou que l'on effectue son mélange avec d'autres substances.

3° Une petite enclume en acier *e* et son marteau *m* (fig. 94), pour vérifier si les globules ou culots métalliques fournis par les essais sont cassants ou malléables.

Fig. 94.

4° Du *carbonate de soude* pur, bien sec et réduit en poudre.

5° Du *cyanure de potassium* sec et pulvérisé. Ce dernier composé est un réducteur puissant; mélangé avec le carbonate de soude, il facilite singulièrement les essais et permet d'isoler certains métaux, tels que l'*étain* et l'*antimoine*, de combinaisons vis-à-vis desquelles la *soude* seule est impuissante.

CHAPITRE XV.

MÉTAUX ET ALLIAGES.

DES MÉTAUX.

276. Les métaux sont des corps simples tous solides à la température ordinaire, sauf le mercure, doués d'un éclat particulier, bons conducteurs de la chaleur et de l'électricité, et pouvant s'unir à l'oxygène pour donner des bases.

Propriétés physiques.

277. Opacité. — Tous les métaux sont opaques en masse, mais quelques-uns, comme l'or, le cuivre, peuvent être réduits en feuilles assez minces pour être traversées par la lumière, qui paraît alors *verte* par transmission.

278. Couleur, éclat. — Presque tous les métaux sont d'un blanc grisâtre plus ou moins foncé ; cependant, le cuivre est rouge, l'or est jaune orangé. Ils possèdent également un éclat spécial qu'ils perdent quand ils sont réduits en poussière.

279. Saveur, odeur. — Certains métaux, tels que l'étain, le cuivre, le fer, le plomb, dégagent une odeur sensible quand on les frotte ; d'autres, comme le fer et l'étain, ont une saveur sensible.

280. Densité. — Les métaux présentent de très-grandes différences sous le rapport de la densité, deux seulement sont plus légers que l'eau : le potassium et le sodium.

Platine	21,5	Étain	7,3
Or	19,3	Zinc	7,0
Mercure	13,6	Antimoine	6,8
Plomb	11,4	Aluminium	2,6
Argent	10,5	Sodium	0,97
Bismuth	9,9	Potassium	0,86
Cuivre	8,9		
Fer	7,8		

La densité d'un métal est généralement accrue par les actions mécaniques qu'on lui fait subir ; les chiffres du tableau ci-dessus se rapportent à des métaux n'ayant pas subi ces actions.

281. Dureté. — Sous le rapport de la dureté, les métaux peuvent être classés de la manière suivante :

Manganèse, | plus dur que l'acier trempé.

Fer,
Zinc, } rayés par le verre.
Antimoine,

Platine,
Cuivre,
Bismuth,
Or, } rayés par le marbre.
Argent,
Étain,

Plomb, | rayé par l'ongle.

Potassium, } mous comme la cire.
Sodium,

Mercure, | liquide.

282. Ténacité. — Propriété des métaux de résister

plus ou moins aux efforts de traction qui tendent à les rompre, quand ils sont étirés en fil.

Métaux.	Nombre de kilogrammes nécessaire pour rompre un fil de 2 millimètres de diamètre.
Fer.	250 kilogr.
Cuivre.	137
Platine.	125
Argent.	85
Or.	68
Zinc.	50
Etain.	16
Plomb.	12

Malléabilité et ductilité.

883. La malléabilité est la propriété que possèdent les métaux de s'aplatir en lames minces par la pression du laminoir [1] ou le choc du marteau.

La ductilité est la propriété que possèdent les métaux de se laisser étirer en fils plus ou moins fins en passant à la filière [2].

[1] Un laminoir se compose de deux cylindres à révolution, en acier ou en fonte, horizontaux, lisses, parfaitement parallèles et que l'on peut écarter ou rapprocher l'un de l'autre à l'aide de vis de pression. Ces deux cylindres reçoivent le mouvement de roues d'engrenage et tournent toujours en sens inverse. Quand on veut réduire en lame ou feuille plus ou moins mince une masse de métal d'une épaisseur un peu plus considérable que la distance des deux cylindres, on engage le bout de cette masse entre ces cylindres et, par l'effet du frottement, la masse tout entière est entraînée et augmente de longueur en s'amincissant.

[2] Une filière à étirer les métaux se compose d'une plaque de fer trempé, solidement fixée et percée de trous coniques ou pyra-

Malléabilité.	Ductilité.
Or.	Or.
Argent.	Argent.
Aluminium.	Aluminium.
Cuivre.	Platine.
Etain.	Fer.
Platine.	Cuivre.
Plomb.	Zinc.
Zinc.	Etain.
Fer.	Plomb.

On voit que l'ordre de malléabilité n'est pas le même que celui de ductilité.

Les autres métaux, tels que l'antimoine, le bismuth, qui ne sont ni ductiles ni malléables, sont dits *cassants*. Les métaux qui ont subi plusieurs fois l'action mécanique du laminoir ou de la filière perdent ordinairement de leur malléabilité ou ductilité, on.dit alors qu'ils sont *écrouis*, et ce n'est que par le *recuit* (en les réchauffant) qu'ón peut leur rendre leurs propriétés primitives.

284. Ordre de conductibilité pour la chaleur. — Or, platine, argent, cuivre, fer, zinc, étain, plomb.

285. Ordre de conductibilité pour l'électricité. — Argent, aluminium, or, cuivre, platine, fer, mercure.

Fusibilité et volatilité.

286. Fusibilité. — Le point de fusion des métaux

midaux, dont les diamètres augmentent par degré insensible. On engage le fil à étirer dans le plus gros trou, on le saisit avec une pince et on le tire à soi. On répète cette opération en le faisant passer successivement dans chacun des trous, jusqu'à ce que le fil ait atteint la longueur et le diamètre voulus.

est très-différent, comme l'indique le tableau suivant :

Mercure, liquide jusqu'à.	— 40 degrés.
Potassium, fond à.	+ 55
Sodium.	90
Etain.	230
Bismuth.	247
Plomb.	330
Zinc.	500
Antimoine.	459
Aluminium.	800 à 900
Argent.	1000
Cuivre.	1100
Or.	1250
Fer et manganèse	1500 à 1600
Platine.	2000

Volatilité. — Le mercure bout vers 350 degrés, le potassium et le sodium entrent en ébullition au rouge vif (400), le zinc bout à la chaleur blanche (1300). Ces quatre métaux peuvent être distillés.

Le plomb, l'argent, émettent des vapeurs à la chaleur blanche, mais ne peuvent être distillés à cette température.

Les autres métaux sont fixes ou sensiblement fixes aux températures les plus élevées des forges.

Propriétés chimiques.

287. Des alliages (n° 35). — Les alliages sont des combinaisons plus ou moins définies des métaux entre eux, on les obtient ordinairement par voie de fusion. Dans le cas où le mercure est un des éléments constituants du composé, on lui donne le nom d'*amalgame*.

13.

La fabrication des alliages a pour but de créer artificiellement de nouveaux métaux, réunissant un certain nombre de propriétés, dont chacune est ordinairement spéciale à l'un des métaux employés. Exemple : l'or et l'argent sont très-malléables, mais très-mous; le cuivre est moins malléable, mais plus résistant ; en alliant en proportion convenable ce dernier métal à l'un des métaux précieux, on peut fabriquer des monnaies assez dures pour résister longtemps au frottement, et qui conservent néanmoins l'inaltérabilité inhérente aux métaux précieux et une valeur intrinsèque suffisamment élevée.

288. TABLEAU DES PRINCIPAUX ALLIAGES.

Alliages sans cuivre ni mercure.

Soudure ordinaire des plombiers. . . .	Etain. . . .	67
	Plomb. . .	33
Soudure ordinaire des ferblantiers. . .	Etain. . . .	50
	Plomb. . .	50
Alliage des mesures pour les liquides. .	Etain. . . .	82
	Plomb. . .	18
Poterie d'étain.	Etain. . . . 88 à 92	
	Antimoine . 12 à 8	
Métal d'Alger ou métal argentin. . . .	Etain. . . .	69,5
	Plomb. . . ·	26
	Antimoine .	4,5
Caractères d'imprimerie.	Plomb. . .	80
	Antimoine .	20

Le fer-blanc, le fer galvanisé, la tôle plombée, sont des alliages simplement superficiels et formés de fer avec l'étain, le zinc ou le plomb.

Alliages de cuivre.

Laiton ordinaire.	{ Cuivre .	65		
	Zinc. .	35		
Maillechort..	{ Cuivre .	50		
	Zinc. .	31		
	Nickel..	19		
Chrysocale ou similor.. . . .	{ Cuivre .	90		
	Zinc. .	10		
Bronze (ou airain) des cloches,	{ Cuivre .	78 à 84		
cymbales, tam-tams, etc. .	Etain..	22 à 16		
Bronze des canons.	{ Cuivre .	90 à 92		
	Etain..	10 à 8		
— des médailles.	{ Cuivre .	91 à 94		
	Etain..	9 à 6		
Monnaie actuelle de cuivre, en	{ Cuivre .	95		
France.	Etain..	4		
	Zinc. .	1		
Argent de monnaie (France)..	{ Argent.	90 } Titre. .	$\frac{900}{1000}$	
	Cuivre .	10 }		
— de vaisselle (médailles).	{ Argent.	95 } Titre. .	$\frac{950}{1000}$	
	Cuivre .	5 }		
— de bijoux ordinaires. .	{ Argent.	80 } Titre. .	$\frac{800}{1000}$	
	Cuivre .	20 }		
Or de monnaie..	{ Or. . .	90 } Titre. .	$\frac{900}{1000}$	
	Cuivre .	10 }		
Or de vaisselle et de bijouterie.	{ Or. . . 75 à 92 } Titres.	1° $\frac{750}{1000}$		
	Cuivre . 25 à 8 }	2° $\frac{920}{1000}$		

Le *tain* des glaces est un amalgame présentant la composition suivante : mercure, 20 ; étain, 80.

Le *titre* des alliages d'or ou d'argent est la proportion

pour 1000 de métal précieux qu'ils renferment. Les alliages de bijouterie ou d'orfévrerie, comme les monnaies, ont un titre fixé par la loi (nous l'avons indiqué dans le tableau précédent), mais avec une légère tolérance en plus ou en moins qui est :

$$\text{Pour les monnaies et médailles d'argent.} \quad \frac{3}{1000}$$

$$- \qquad - \qquad \text{d'or.} \ldots \quad \frac{2}{1000}$$

$$\text{Pour les ouvrages d'argent du commerce.} \quad \frac{5}{1000}$$

$$- \qquad \text{d'or} \qquad - \quad \frac{3}{1000}$$

CLASSIFICATION DES MÉTAUX.

289. Avant d'étudier l'action des principaux métalloïdes sur les métaux, nous donnerons ici le tableau de leur classification. M. Thénard a classé les métaux en six sections d'après leur affinité plus ou moins grande pour l'oxygène.

Première section.

Potassium
Sodium
Barium
Strontium
Calcium

1º Ces métaux absorbent l'oxygène aux températures les plus basses comme aux plus élevées, leurs oxydes sont irréductibles par la chaleur seule;
2º Ils décomposent l'eau à la température ordinaire en fournissant un dégagement abondant d'hydrogène.

Deuxième section.

Magnésium
Manganèse

1º Même affinité pour l'oxygène, même fixité de la part des oxydes en présence de la chaleur seule;
2º Ils ne décomposent l'eau qu'au-dessus de 50 degrés.

Troisième section.

Fer
Nickel
Cobalt
Chrome
Zinc
Aluminium

1° Ils n'absorbent l'oxygène qu'à la chaleur rouge et leurs oxydes sont irréductibles par la chaleur seule;

2° Ils décomposent l'eau au rouge ou à froid, en présence des acides énergiques.

Quatrième section.

Étain
Antimoine

1° Même affinité pour l'oxygène, même fixité de la part des oxydes en présence de la chaleur seule ;

2° Ils décomposent l'eau au rouge, mais non à froid, en présence des acides énergiques.

Cinquième section.

Cuivre
Plomb
Bismuth

1° Même affinité pour l'oxygène, etc.;

2° Ils ne décomposent l'eau qu'à la chaleur blanche et faiblement ; ils ne la décomposent pas en présence des acides énergiques.

Sixième section.

Mercure
Argent
Or
Platine

1° Oxydes réductibles par la chaleur seule et à une basse température ;

2° Ils ne décomposent l'eau à aucune température et dans aucune circonstance.

290. On établit quelquefois parmi les métaux les groupes suivants :

1° *Métaux alcalins.* — *Potassium* et *sodium*, métaux dont les oxydes portent depuis longtemps le nom d'*alcalis*.

2° *Métaux alcalino-terreux.* — *Barium*, *strontium*, *calcium*, *magnésium*, métaux dont les oxydes participent à la fois des propriétés des alcalis et des terres.

3° *Métaux terreux,* métaux dont les oxydes portent depuis longtemps le nom de *terres ;* le seul qui nous intéresse est l'*aluminium.*

4° *Métaux proprement dits.* — Tous les autres métaux inscrits dans le tableau. Parmi ces derniers on distingue encore les métaux *nobles*, qui sont : le *mercure*, l'*argent*, l'*or* et le *platine*.

REMARQUE. — L'*aluminium* a été rangé longtemps dans la seconde section à côté du magnésium et du manganèse, mais il résulte de travaux récents que, lorsque ce métal est pur, il ne décompose l'eau qu'à la chaleur blanche et très-faiblement. A ce point de vue, il devrait donc être placé dans la cinquième section, mais, d'un autre côté, comme il se rapproche du *fer*, du *chrome*, etc., par d'autres caractères, nous l'avons rangé dans la troisième section.

CHAPITRE XVI.

**SUITE DES PROPRIÉTÉS CHIMIQUES DES MÉTAUX.
ACTION DE L'OXYGÈNE, DU SOUFRE ET DU CHLORE.
OXYDES, SULFURES, CHLORURES MÉTALLIQUES.
QUELQUES GÉNÉRALITÉS SUR LES SELS.**

**291. Action de l'oxygène sur les métaux. Oxydes
métalliques.** — L'oxygène *pur et sec* est sans action sur
tous les métaux à la température ordinaire, tandis que
ce gaz les attaque presque tous à une température suffisamment élevée.

EXEMPLE : *Oxydation du fer dans l'oxygène* (fig. 95).
Voir (n° 40) les détails de l'expérience.

Fig. 95.

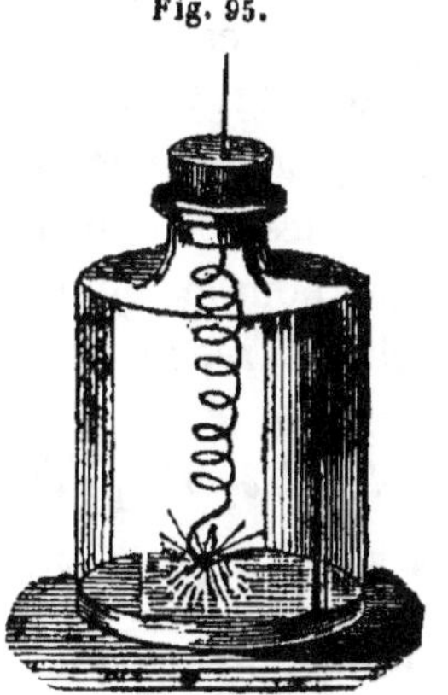

Les seuls métaux inoxydables par l'action directe de
l'oxygène sont : l'*or*, le *platine* et l'*argent* ; quant au *mer-*

cure, il s'oxyde quand on le maintient pendant un certain temps à une température voisine de son point d'ébullition (350 degrés), mais il se désoxyde bientôt, si l'on dépasse tant soit peu cette température.

292. Oxydation dans l'air humide. — La plupart des métaux s'oxydent dans l'*air humide*, et cette oxydation spontanée est due tout à la fois à l'*eau*, l'*oxygène* et l'*acide carbonique* renfermés dans l'atmosphère.

Ce genre d'altération est presque nul pour les métaux de la sixième section, il est faible pour l'*étain* et l'*antimoine*, le *bismuth* et l'*aluminium*.

Pour certains métaux, tels que le *zinc*, le *plomb*, cette oxydation, d'abord rapide à la surface, ne tarde pas à s'arrêter, tandis que pour d'autres, comme le *fer*, l'oxydation se continue indéfiniment. Cette différence provient de ce que, dans le premier cas, la couché d'oxyde formée est assez homogène pour soustraire les couches sous-jacentes du métal à l'action des agents extérieurs, ce qui n'a pas lieu dans le second cas.

293. Oxydation sous l'influence des acides oxacides. — Les métaux peuvent encore s'oxyder indirectement sous l'influence des acides oxacides, avec ou sans l'intervention de l'eau; pour le démontrer, il nous suffira de rappeler ici quelques réactions indiquées dans les chapitres précédents :

1° *Préparation de l'hydrogène* (p. 36).

$$Zn + SO^3HO = ZnO, SO^3 + H.$$

Dans cette préparation, on voit que l'eau de combinaison de l'acide intervient pour oxyder le métal.

2° *Préparation du bioxyde d'azote* (p. 127).

$$3Cu + 4AzO^5, HO = 3(CuO, AzO^5) + 4HO + AzO^2.$$

3° *Préparation de l'acide sulfureux* (p. 136).

$$Cu + 2(SO^3,HO) = CuO, SO^3 + 2HO + SO^2.$$

Dans ces deux dernières réactions, l'eau combinée aux acides azotique ou sulfurique n'intervient pas et le métal s'oxyde en empruntant de l'oxygène aux acides supposés *anhydres*.

L'*or*, le *platine*, l'*aluminium* ne peuvent être oxydés que par l'*eau régale*.

En résumé, tous les métaux se combinent avec l'oxygène d'une manière directe ou indirecte.

DES OXYDES MÉTALLIQUES.

294. Nous avons dit (n° 27) que les oxydes pouvaient être partagés en deux classes principales ; nous pouvons maintenant donner plus d'extension à cette division et partager les oxydes en quatre groupes :

1° *Oxydes basiques*, 2° *oxydes singuliers*, 3° *oxydes acides*, 4° *oxydes salins*.

1° *Oxydes basiques*. — Ces oxydes, qui jouissent de la propriété de se combiner aux acides pour donner des sels, ont des formules qui présentent les trois types suivants :

M^2O, MO, M^2O^3 (M indique un métal quelconque).

Au premier type (M^2O), correspondent certains *protoxydes*, tels que ceux de *cuivre* (Cu^2O), de *mercure* (Hg^2O).

Au second (MO), correspondent les bases les plus énergiques et les plus puissantes, telles que la *potasse* (KO), la *soude* (NaO), le *protoxyde de fer* (FeO).

Au troisième (M^2O^3), correspondent des composés qui tantôt jouent le rôle de bases vis-à-vis des acides et tantôt celui d'acides vis-à-vis des basès ; on les nomme *oxydes indifférents*.

Tels sont l'*alumine* (Al^2O^3), le *peroxyde de fer* (Fe^2O^3).

2° *Oxydes singuliers*. — Ces oxydes ne sont point basiques ; mis en présence des acides, ils perdent une partie de leur oxygène, et donnent lieu à un oxyde moins oxygéné, qui peut alors former un sel avec l'acide employé.

EXEMPLE :

$$\underbrace{MnO^2}_{\substack{\text{Bioxyde} \\ \text{de manganèse.}}} + SO^3HO = \underbrace{MnO, SO^3}_{\substack{\text{Sulfate de protoxyde} \\ \text{de manganèse.}}} + HO + O.$$

Cette réaction fournit un nouveau moyen de préparer le gaz oxygène.

3° *Oxydes acides*. — Ce groupe comprend les oxydes des métaux très-oxygénés ; ces composés jouissent des propriétés acides, et sont appelés souvent *acides métalliques*.

Tels sont l'*acide manganique* (MnO^3), l'*acide permanganique* (Mn^2O^7).

4° *Oxydes salins*. — Ces oxydes sont considérés comme de véritables sels résultant de la combinaison d'un oxyde acide avec un oxyde basique du même métal.

EXEMPLE :

$$\underbrace{Mn^3O^4}_{\substack{\text{Oxyde} \\ \text{de manganèse.}}} = \underbrace{MnO, Mn^2O^3}_{\substack{\text{Combinaison de protoxyde} \\ \text{et de sesquioxyde.}}}$$

$$\underbrace{Fe^3O^4}_{\text{Oxyde de fer.}} = \underbrace{FeO, Fe^2O^3}_{\text{Même combinaison.}}$$

Ce dernier oxyde est le composé qui prend naissance :
1° par la combustion du fer dans l'oxygène (n° 40) ;
2° quand on fait passer de la vapeur d'eau sur du fer porté au rouge.

295. Propriétés générales des oxydes. — Les oxydes sont tous solides, plus denses que l'eau, diversement colorés ; ils n'ont point l'éclat métallique.

La *potasse* et la *soude* sont très-solubles ; la *chaux*, la *baryte*, la *strontiane*, le sont très-peu ; les autres bases sont insolubles.

Les oxydes des métaux de la dernière section sont *seuls* décomposables par la chaleur (n° 289).

EXPÉRIENCE : On introduit dans un petit tube d'essai en verre infusible de l'*oxyde rouge de mercure*, et on soumet ce composé à la chaleur d'une bonne lampe. L'oxyde se décompose en *mercure* volatil, qui vient se déposer à la partie supérieure du tube, et en oxygène, dont on reconnaît la présence en présentant à l'orifice de l'éprouvette une allumette en ignition : on voit cette dernière se rallumer.

Soumis à l'action de la chaleur, les oxydes des métaux des cinq premières sections peuvent, les uns se suroxyder ; les autres, très-oxygénés, peuvent, au contraire, redescendre à un degré d'oxydation inférieur.

296. Préparation des oxydes. — On peut préparer les oxydes en employant l'un des procédés suivants :

1° *En chauffant certains métaux au rouge en présence de l'oxygène ou de l'air.*

EXEMPLES : (A) Production de l'oxyde de zinc (n° 3), en chauffant le métal dans un creuset ouvert (fig. 96).

(B) En chauffant un globule de plomb sur un charbon

à la flamme oxydante du chalumeau (fig. 97), on le

Fig. 96.

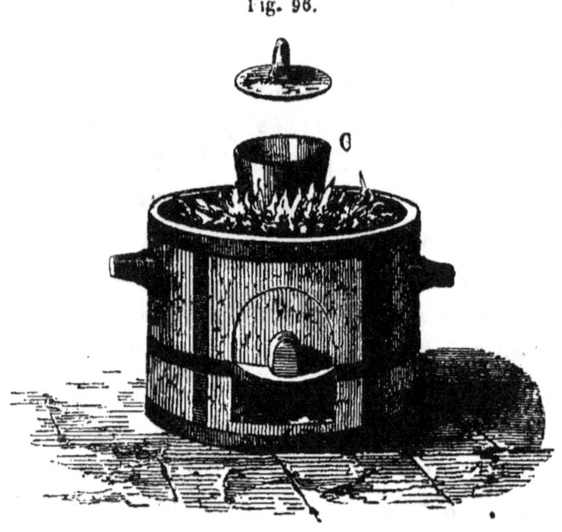

transforme en un composé rouge qui est de l'*oxyde de plomb*.

2° *En attaquant les métaux par des corps oxydants.*

EXEMPLE : Action de l'acide nitrique sur l'étain, l'antimoine, le cuivre, etc. (n° 160).

3° *En décomposant par la chaleur des sels renfermant les oxydes que l'on veut obtenir.*

EXEMPLE : Décomposition du carbonate de chaux par la chaleur, production de chaux anhydre (CaO) et dégagement d'acide carbonique (p. 163).

4° *En précipitant l'oxyde d'un sel par une autre base.*

Ce dernier mode de préparation repose sur la loi suivante, due à Berthollet :

Quand on verse une base soluble dans la dissolution d'un sel, la base du sel sera expulsée : 1° si celle-ci est in-

soluble ; 2° si la base expulsante peut donner un sel soluble avec l'acide du sel.

Dans ce mode de préparation, dit *par voie humide*, on

Fig. 97.

emploie ordinairement les dissolutions de *potasse de soude ou d'ammoniaque* pour précipiter les autres oxydes engagés dans les combinaisons salines, et l'on obtient alors ces derniers *à l'état hydraté*, c'est-à-dire combinés avec une certaine quantité d'eau.

EXPÉRIENCE (fig. 98) : On prend deux verres à pied, et l'on fait dissoudre dans le premier A quelques cristaux de *sulfate de cuivre* (vitriol bleu du commerce), dans le second B, quelques morceaux de potasse. On verse ensuite la dissolution **B** dans le verre **A**, et l'on voit apparaître un *précipité bleu de bioxyde de cuivre hydraté.*

$$CuO, SO^3 \;+\; KO, HO \;=\; KO, SO^5 \;+\; CuO, HO$$

Sulfate	Potasse	Sulfate	Bioxyde
de cuivre.	en dissolution.	de potasse soluble.	de cuivre hydraté.

Les oxydes hydratés ont généralement une couleur différente de celle de l'oxyde sec, ainsi le bioxyde de cuivre anhydre est *noir ;* hydraté, il est *bleu.*

Fig. 98.

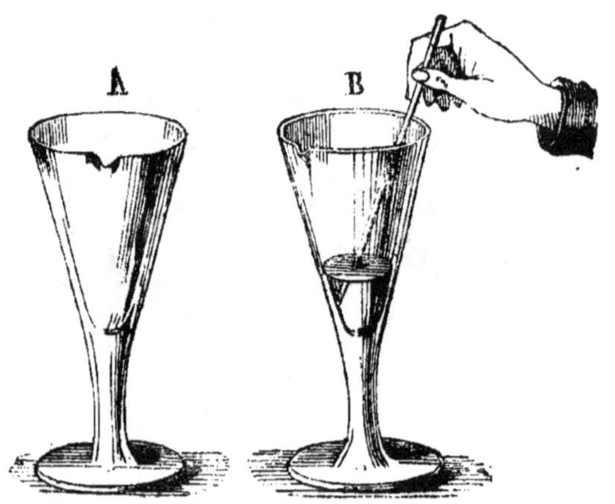

DES SULFURES.

297. Le soufre s'unit à tous les métaux sous l'influence de la chaleur, et pendant la combinaison la température s'élève souvent jusqu'au rouge (fig. 99), comme nous l'avons constaté au numéro 3, quand nous avons combiné du soufre et du cuivre.

Fig. 99.

Les sulfures métalliques sont tous solides, diversement colorés, très-peu sont volatils.

Au point de vue de leur composition, on peut distinguer :

1° Les *sulfures qui correspondent aux oxydes connus.*

EXEMPLES :

Oxydes.		Sulfures correspondants.	
Oxyde de potassium...	KO	Sulfure de potassium. .	KS
— de sodium....	NaO	— de sodium.. . .	NaS
— d'antimoine. . .	Sb^2O^3	— d'antimoine. . .	Sb^2S^3
— d'étain.......	SnO^2	— d'étain.	SnS^2

2° Les *polysulfures, c'est-à-dire les sulfures qui renferment un excès de soufre.*

Les sulfures simples traités par un acide donnent lieu à un dégagement d'*acide sulfhydrique*, comme nous l'avons constaté précédemment.

EXEMPLES : *Préparation de l'acide sulfhydrique* (p. 117).

$$1° \quad FeS + SO^3, HO = FeO, SO^3 + SH ;$$
$$2° \quad Sb^2S^3 + 3ClH = Sb^2Cl^3 + 3SH.$$

Les polysulfures traités par un acide donnent, outre le dégagement d'acide sulfhydrique, un dépôt de *soufre* plus ou moins abondant.

Les sulfures des métaux de la première section et celui de magnésium sont les seuls solubles ; un certain nombre de sulfures insolubles humectés d'eau et abandonnés à l'air se transforment en *sulfates*.

Le sulfure de fer naturel nous en offre un exemple.

Les sulfures métalliques sont très-répandus dans la nature, quelques-uns constituent pour les métaux, tels que le *plomb*, l'*argent*, le *zinc*, l'*antimoine*, des minerais très-abondants.

298. Préparation des sulfures. — Parmi les divers procédés que l'on peut employer pour préparer artificiellement les sulfures, nous citerons les suivants :

1° *Combinaison directe du soufre et du métal sous l'influence de la chaleur* (n° 297) ;

2° *Réaction du soufre sur un oxyde;*

3° *Réduction des sulfates par le charbon.*

EXEMPLE :

$$\underbrace{CaO, SO^3}_{\text{Sulfate de chaux.}} + \underbrace{2C}_{\text{Charbon.}} = \underbrace{2CO^2}_{\text{Acide carbonique.}} + \underbrace{CaS}_{\text{Sulfure de calcium.}}$$

Expérience : On broie dans un petit mortier (fig. 100)
1 partie de plâtre et 4 parties de charbon de bois, et
on humecte légèrement la masse, que l'on introduit en-

Fig. 100.

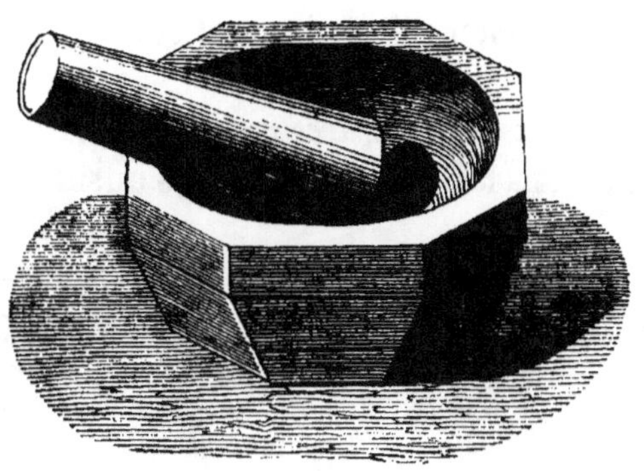

suite dans une cavité pratiquée sur un morceau de charbon. En chauffant le mélange à la flamme désoxydante
du chalumeau, on déterminera la réduction du sulfate
et sa transformation en sulfure. On détache ensuite de
la cavité la masse qui a été chauffée, on la fait tomber
sur une petite lame d'argent et on l'humecte d'une
ou deux gouttes d'acide chlorhydrique, qui détermine la
réaction suivante :

$$CaS \quad + \quad HCl \quad = \quad Ca\,Cl \quad + \quad HS$$

Sulfure de calcium.	Acide chlorhydrique.	Chlorure de calcium.	Acide sulfhydrique.

On reconnaîtra le dégagement d'acide sulfhydrique :
1° à l'odeur caractéristique du gaz; 2° au sulfure noir
qui se produira sur la lame d'argent (n° 150).

14

Nous aurons recours, par la suite, à la réaction que nous venons de décrire, pour constater la **présence** d'un *sulfate insoluble*. Il est bon de rappeler aussi que nous avons déjà vu (n° 151) que les sulfates pouvaient éprouver la même réduction et fournir de l'acide sulfhydrique, par l'action seule des matières organiques humides et à la température ordinaire.

4° *Préparation des sulfures par voie humide*.

On verse dans la dissolution d'un sel un sulfure soluble.

EXEMPLE :

$$CuO, SO^3 \quad + \quad KO, HS \quad = \quad KO, SO^3 \quad + \quad CuO, HS$$

Sulfate de cuivre.	Sulfure de potassium dissous ou sulfhydrate de potasse.	Sulfate de potasse.	Sulfhydrate de cuivre ou sulfure de cuivre hydraté.

Nous appliquons ici la loi de Berthollet que nous avons énoncée (n° 154), et qui est relative à la double décomposition des sels solubles.

5° *Action de l'acide sulfhydrique gazeux ou dissous sur une dissolution métallique*.

Voir n° 150.

DES CHLORURES.

299. Le chlore se combine aux métaux encore plus énergiquement que l'oxygène et le soufre. Ce gaz sec s'unit au potassium, au sodium, à l'antimoine, à la température ordinaire.

EXPÉRIENCE (fig. 101) : Nous avons vu déjà (n° 62)

que, si l'on fait tomber de l'*antimoine* en poudre dans un flacon plein de chlore sec, ce métal prend feu et brûle avec incandescence ; il en est de même encore pour le cuivre pulvérulent.

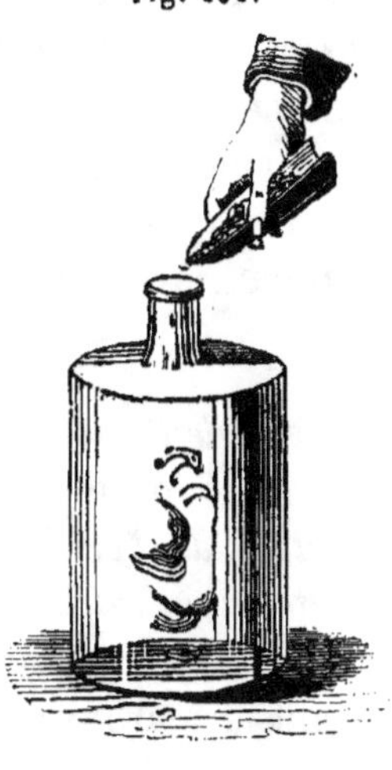
Fig. 101.

Si l'on fait intervenir la chaleur, le chlore attaque alors rapidement presque tous les métaux, même au-dessous du rouge, et la combinaison est souvent accompagnée de lumière.

Les chlorures sont presque tous solides, cependant quelques-uns sont liquides et même volatils. Ils sont indécomposables par la chaleur, sauf ceux d'or et de platine.

De même que les oxydes ont leurs sulfures correspondants, de même ils ont aussi leurs chlorures.

EXEMPLES :

Oxydes.		Chlorures.	
Potasse.	KO	Chlorure de potassium.	KCl
Soude..	NaO	— de sodium.	. $NaCl$
Oxyde d'antimoine.. .	Sb^2O^3	— d'antimoine..	Sb^2Cl^3
Peroxyde de fer.. . .	Fe^2O^3	Perchlorure de fer.	. Fe^2Cl^3,etc.

300. Action de l'eau sur les chlorures. — Les chlorures d'étain, d'antimoine, de bismuth, sont décomposés par l'eau en excès.

Le chlorure d'argent et le protochlorure de mercure sont insolubles, le chlorure de plomb est très-peu soluble ; tous les autres chlorures sont solubles.

301. Préparation des chlorures métalliques. — On peut préparer les chlorures métalliques en employant l'un des procédés suivants :

1° *Combinaison directe du chlore avec le métal.*

EXEMPLE : Antimoine en poudre projeté dans un flacon de chlore sec (n° 299) ;

2° *Action de l'acide chlorhydrique sur le métal.*

EXEMPLE : Action de cet acide sur le zinc (n° 142).

$$Zn + HCl = ZnCl + H.$$

3° *Action de l'eau régale sur le métal.*

Ce procédé fournit les chlorures d'or, de platine, etc.

4° *Action de l'acide chlorhydrique sur un oxyde, un carbonate ou un sulfure.*

EXEMPLES : (*B*) Préparation de l'acide carbonique en attaquant le marbre ou carbonate de chaux par l'acide chlorhydrique (fig. 64). On obtient du chlorhydrate de chaux qui, sous l'action de la chaleur, devient du chlorure de calcium.

(*A*) Préparation de l'acide sulfhydrique avec du sulfure d'antimoine et de l'acide chlorhydrique (fig. 48). On obtient du chlorure d'antimoine.

5° *Préparation des chlorures par voie humide.*

On verse dans la dissolution d'un sel un chlorure soluble.

EXEMPLE :

$$PbO, AzO^5 \;+\; NaO, HCl = NaO, AzO^5 \;+\; PbO, HCl$$

Azotate de plomb.	Chlorhydrate de soude.	Azotate de soude.	Chlorhydrate de plomb ou chlorure de plomb hydraté.

Nouvelle application de la loi de Berthollet relative à la double décomposition des sels solubles.

302. Quelques généralités sur les sels. — Quand nous avons exposé les règles de la nomenclature chimique, nous avons donné (n° 31) les définitions suivantes :

1° *Un sel résulte de la combinaison d'un acide avec une base.*

Nous avons fait voir ensuite comment on pouvait faire rentrer les *chlorures, iodures, bromures, sulfures,* etc., solubles dans la classe des sels en les considérant comme des *chlorhydrates,* des *iodhydrates,* des *bromhydrates,* des *sulfhydrates,* etc.

2° *Un sel est dit neutre quand il n'exerce aucune réaction sur les teintures végétales ; il est ordinairement formé d'une partie d'acide et d'une partie de base.*

(Nous savons maintenant qu'au mot *partie* il faut substituer celui d'*équivalent.*)

3° *Un sel acide est celui qui, pour 1 équivalent de base, renferme 2, 3, etc., équivalents d'acide.*

4° *Un sel basique est celui qui, pour 1 équivalent d'acide, renferme 2, 3, etc., équivalents de base.*

5° *Les sels acides solubles rougissent ordinairement les teintures bleues végétales ; les sels basiques bleuissent les mêmes teintures rougies par un acide.*

Nous devons compléter ici les définitions précédentes. Certains sels formés de la combinaison d'un équivalent d'acide et d'un équivalent de base, et par conséquent *neutres,* d'après la définition précédente, *rougissent* ou *bleuissent* la teinture de tournesol bleue ou rouge. Tels sont :

Le *sulfate de cuivre* (CuO, SO^3), qui la rougit ;

Le *carbonate de potasse* (KO, CO^2), qui la bleuit.

La définition précédente est donc insuffisante et demande à être complétée par cette autre, plus générale :

Dans tous les sels à acides oxacides, il existe un rapport constant et simple entre l'oxygène de la base et celui de l'acide.

C'est en considérant ce rapport que les chimistes reconnaissent si un sel est neutre, acide ou basique.

EXEMPLES :

Sels neutres.		Rapport entre l'oxygène de la base et celui de l'acide.
Sulfate.	MO, SO^3	1 à 3
Azotate.	MO, AzO^5	1 à 5
Carbonate. . . .	MO, CO^2	1 à 2
Sulfite.	MO, SO^2	1 à 2, etc.

Si donc on a un sulfate dont la composition est représentée par la formule MO, 2SO³, le rapport de l'oxygène de la base à celui de l'acide étant comme 1 à 6, c'est-à-dire *double* de celui qui existe dans le *sulfate neutre*, on en conclura que le sel proposé est un *sulfate acide* et un *bisulfate*.

Au contraire, un sel ayant pour formule (MO)²SO³ serait un *sulfate bibasique*, parce que le rapport de l'oxygène de la base à celui de l'acide est $\frac{3}{2}$, c'est-à-dire *moitié* de celui qui correspond à un sulfate neutre, et ainsi de suite pour les autres sels.

303. Caractères physiques et chimiques des sels. — Les sels sont presque tous solides à la température ordinaire, leurs couleurs sont très-variées. Quand l'acide et la base sont incolores, le sel est toujours incolore; c'est le contraire qui arrive généralement quand la base ou l'acide sont colorés.

EXEMPLES :

Sulfate de soude.	} Sels incolores.
Azotate de potasse.	
Sulfate de cuivre.	Sel bleu, la base à l'état hydraté est *bleue*.
Chromate de potasse.	Sel jaune, l'acide chromique est *rouge*.

Les sels sont *inodores*, à moins qu'ils soient volatils, comme le *carbonate d'ammoniaque*, ou qu'ils s'altèrent spontanément à l'air, comme le font les *hypochlorites*.

La *saveur* des sels dépend surtout de la *base*.

Les sels *de potasse* et *de soude* ont une saveur fraîche, piquante et amère ;

Les sels *de baryte* et *de chaux*, une saveur piquante et âcre ;

Les sels *de plomb*, une saveur sucrée et métallique, etc.

Nous reviendrons du reste sur ce sujet, en étudiant chaque base en particulier.

**304. Action de l'eau. Solubilité. Cristallisation.
Déliquescence. Efflorescence.** — L'eau dissout un très-
grand nombre de sels, mais la solubilité de ces composés
est très-variable, comme nous le verrons par la suite.

Quand les sels, après avoir été dissous dans l'eau, se
séparent de ce liquide en affectant des formes géométriques régulières, on dit qu'ils *cristallisent* (n° 31).

Les sels, en cristallisant, retiennent ordinairement à
l'état de combinaison une certaine proportion d'eau, ce
sont alors des *sels hydratés* qui peuvent être, les uns *efflorescents*, les autres *déliquescents* (n°ˢ 123 et 126).

La dissolution d'un sel dans l'eau est quelquefois une
source de *froid*, mais plus souvent une source de *chaleur;*
en général, un sel *anhydre*, mais susceptible de *s'hydrater*,
produit de la chaleur en présence de l'eau; un sel *hydraté*
produit, au contraire, du froid en se dissolvant. On peut
constater facilement, à l'aide d'un thermomètre, que le
nitrate et le chlorhydrate d'ammoniaque produisent un
abaissement de température en se dissolvant et que le
chlorure de calcium anhydre fournit un résultat contraire.

**305. Action de la chaleur sur les sels. Fusion
aqueuse. Fusion ignée. Eau de cristallisation. Eau
de constitution. Décrépitation.** — Nous avons vu
(n° 123) que sous l'influence de la chaleur les sels cristallisés pouvaient éprouver deux sortes de fusion : la *fusion
aqueuse* et la *fusion ignée;* et nous avons défini ce que
l'on entendait par *eau de cristallisation* et *eau de constitution* des sels; nous n'y reviendrons pas ici, non plus que
sur le phénomène de la *décrépitation* éprouvée par certains sels et dont nous avons donné l'explication (n° 125).

Quant aux sels *anhydres*, la chaleur produit sur eux

des effets qui dépendent surtout de l'affinité plus ou moins grande de l'acide et de la base ; nous en parlerons en étudiant chaque genre de sel en particulier.

306. Action de l'air sur les sels. — L'air n'agit pas seulement sur les sels par la vapeur d'eau qu'il renferme, mais aussi par son *oxygène* et son *acide carbonique*.

L'oxygène, en se portant sur la base d'un sel, peut la suroxyder, comme on l'observe avec le *sulfate de protoxyde de fer* (vitriol vert du commerce) qui se transforme peu à peu à l'air en *sulfate de peroxyde*; d'autres fois, c'est sur l'acide que l'oxygène porte son action. — Enfin, certains sels éprouvent une véritable décomposition de la part de l'*acide carbonique* de l'air qui tend sans cesse à s'emparer de leurs bases, tels sont les *hypochlorites*.

307. Action de la pile sur les sels. — Nous avons dit (n° 36) que la pile électrique décomposait les sels

Fig. 102.

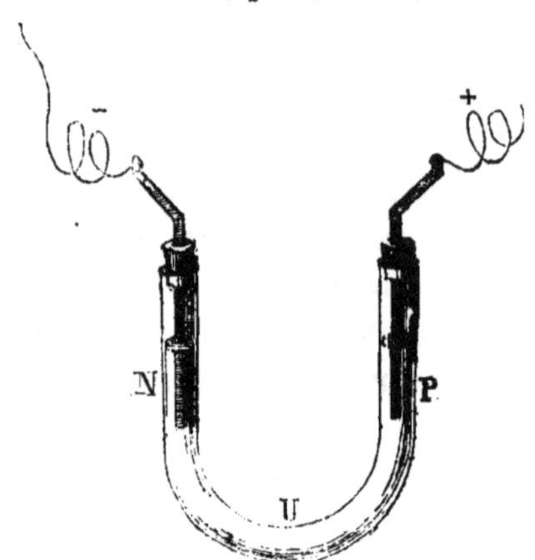

tantôt en séparant l'acide et la base (fig. 102), d'autres fois en décomposant ces combinaisons binaires elles-mêmes, lorsque l'action est suffisamment énergique.

308. Action des métaux. — Les métaux exercent sur les dissolutions salines une action très-remarquable, en ce qu'ils peuvent s'y substituer les uns aux autres dans le rapport de leurs équivalents respectifs. Voici l'ordre dans lequel cette substitution s'effectue habituellement :

Métaux déplacés.	Métaux déplaçants.
Métaux des trois premières sections.	Nul métal.
Étain, antimoine, bismuth, plomb, cuivre.	Zinc, fer.
Mercure.	Zinc, fer, cuivre.
Argent, platine, or.	Zinc, fer, cuivre, mercure.

Expériences : (*A*) On prend une lame de fer que l'on *décape* (c'est-à-dire que l'on débarrasse de la rouille qui peut la recouvrir) en la frottant avec un papier non collé humecté d'acide azotique. La lame, essuyée et séchée, étant ensuite plongée dans une dissolution de sulfate de cuivre, se recouvre immédiatement d'une couche rougeâtre de *cuivre métallique*.

(*B*) Une lame de cuivre, également décapée et plongée dans une dissolution de *bichlorure de mercure*, se recouvre aussitôt d'une couche grisâtre de mercure qui prend l'éclat métallique par un frottement modéré.

Observation. — L'illustre Berthollet a présenté des lois fort remarquables sur les actions des acides et des bases sur les sels, ainsi que sur les actions réciproques des sels entre eux. Comme nous avons eu le soin, dans la première partie de cet ouvrage, d'indiquer celles de ces lois nécessaires à l'intelligence des réactions qui se présentaient, et que nous comptons procéder de même par la suite, nous nous abstiendrons d'en faire un exposé spécial dans ce chapitre.

———————

CHAPITRE XVII.

OXYDES. — PRINCIPAUX SELS.

---

309. Dans l'étude que nous allons faire des métaux, nous suivrons l'ordre indiqué dans le tableau de leur classification en nous occupant : 1° des *métaux alcalins*, 2° des *métaux alcalino-terreux*, 3° des *métaux terreux*, 4° des *métaux proprement dits*.

MÉTAUX ALCALINS.

POTASSIUM ET SODIUM.

310. Les métaux alcalins sont le potassium et le sodium ; ces corps, comme leurs oxydes, présentent de telles analogies dans leurs propriétés, leurs usages, etc., que nous les étudierons simultanément.

POTASSIUM. $K = 39$.   SODIUM. $Na = 23$.

311. Propriétés physiques et chimiques. — Ces deux métaux ont été isolés pour la première fois par le chimiste anglais Davy en décomposant par une forte pile les oxydes, c'est-à-dire la *potasse* et la *soude*. A la température ordinaire, ils sont solides, mais mous comme la cire ; récemment coupés, ils présentent l'éclat métallique

et la couleur de l'argent; mais ils se ternissent rapidement en absorbant l'oxygène de l'air.

Le potassium fond à 55 degrés, le sodium à 90 degrés ;
tous deux entrent en ébullition vers 400 degrés et peuvent alors être distillés. La vapeur du premier est verte,
celle du second jaune. Tous deux aussi sont plus légers
que l'eau, le potassium ayant pour densité 0,86, le sodium 0,97. Chauffés au contact de l'air, ces métaux
prennent feu et brûlent avec flamme en se combinant à
l'oxygène. Ils décomposent l'eau à la température ordinaire en dégageant l'hydrogène et fixant l'oxygène pour
donner de la potasse ou de la soude.

EXPÉRIENCE (fig. 103) : Si l'on projette un globule de potassium dans l'eau, on le voit courir à la surface du liquide,

Fig. 103.

entouré d'une flamme *violette* produite par la combustion
d'un mélange d'hydrogène et de vapeur de potassium.
Le sodium, dans les mêmes circonstances, ne donne lieu à
une production de flamme *jaune* que si l'on force le globule à rester immobile, parce que la combustion du sodium développe moins de chaleur que celle du potassium.

Après ces expériences, il est facile de constater avec le
sirop de violette que l'eau, dans laquelle se sont dissous

les oxydes formés, est devenue fortement alcaline. En vertu de leur action sur l'eau et de leur affinité pour l'oxygène de l'air, ces deux métaux alcalins ne peuvent être conservés que dans une huile particulière appelée *huile de naphte* et formée de carbone et d'hydrogène.

312. Etat naturel. — Le potassium et le sodium sont très-répandus dans la nature, mais seulement en combinaison avec d'autres corps.

313. Usages. — Pendant longtemps, ces métaux n'ont été employés qu'à l'état d'oxydes ou de sels, mais depuis ces dernières années on fait une assez grande consommation de sodium pour la préparation de l'aluminium.

314. Combinaisons du potassium et du sodium avec l'oxygène. — Le potassium donne, avec l'oxygène, l'*oxyde de potassium* ou *potasse* (KO).

Le sodium fournit l'*oxyde de sodium* ou la *soude* (NaO).

Ces deux oxydes sont des bases importantes, mais on ne les emploie dans les arts qu'à l'état hydraté.

Dans le commerce, on appelle *potasses* et *soudes* des composés salins dont la base est le *carbonate de potasse* ou *de soude*, nous les étudierons un peu plus loin ; pour le moment, nous n'avons à nous occuper que de la potasse et de la soude caustiques proprement dites.

315. Hydrate de potasse (KO,HO). — Dans les arts on distingue la *potasse à la chaux* et la *potasse à l'alcool*, suivant que cet alcali a été préparé par l'un des procédés que nous allons indiquer.

Potasse à la chaux. — Dans une dissolution bouillante de *carbonate de potasse*, on verse peu à peu un *lait de chaux* (chaux délayée dans de l'eau) qui déplace la potasse en s'emparant de son acide carbonique ; le carbonate de chaux formé se précipite, et la potasse reste en dissolution.

$$KO, CO^2 \quad + \quad CaO, HO \quad = \quad KO, HO \quad + \quad CaO, CO^2$$

| Carbonate de potasse. | Lait de chaux. | Hydrate de potasse. | Carbonate de chaux. |

Ici nous voyons la chaux déplacer une base plus forte qu'elle, la *potasse*, en vertu de la loi suivante, indiquée encore par Berthollet : *Une base peut enlever à une autre base plus puissante son acide, quand il doit en résulter un sel insoluble.* C'est ici le cas, puisque le *carbonate de chaux* est insoluble.

La liqueur séparée du précipité par décantation est évaporée à sec dans une bassine en cuivre ou en argent, on fond ensuite le résidu et on le coule sur une plaque de cuivre. La masse solidifiée est cassée en morceaux et renfermée dans des flacons bouchant hermétiquement. L'hydrate (KO, HO) ainsi obtenu est dit *potasse à la chaux.*

Potasse à l'alcool. —Quand le carbonate de potasse employé n'a pas été préalablement purifié, ce qui est le cas le plus fréquent, la potasse obtenue est impure, c'est-à-dire qu'elle renferme des sels étrangers. Pour obtenir cet oxyde sensiblement pur, on met la potasse à la chaux en digestion avec de l'alcool très-concentré. La partie supérieure du liquide, qui est une dissolution de potasse hydratée presque pure, est décantée, puis évaporée à sec. Le résidu est ensuite fondu et coulé comme dans le premier cas, et l'on obtient ainsi la *potasse à l'alcool.*

316. Propriétés de la potasse caustique. — Cet alcali se présente sous forme de plaques blanches opaques, se dissolvant facilement dans l'eau avec dégagement de chaleur. Cette dissolution a une réaction alcaline

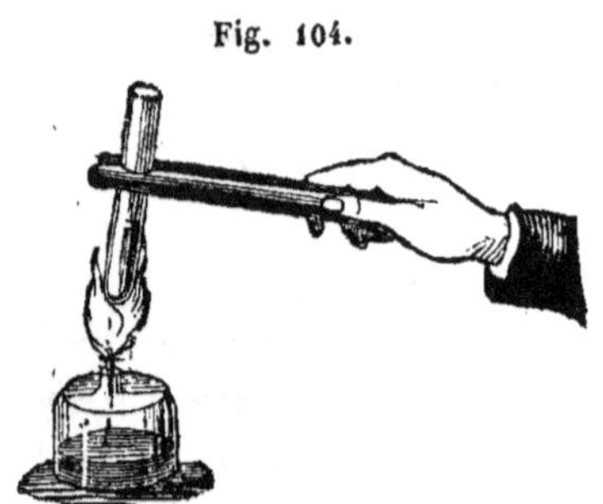

Fig. 104.

très-prononcée et dégage une forte odeur de lessive, surtout quand on la chauffe (fig. 104).

La potasse a une saveur brûlante et très-caustique; elle fond vers 400 degrés et se volatilise ensuite à une température plus élevée. Exposée à l'air, elle tombe en *déliquescence* en attirant l'humidité et l'acide carbonique qui la transforme en carbonate.

Cet alcali attaque et désorganise rapidement les tissus organiques.

EXPÉRIENCE : (*A*) Dans un tube d'essai, on fait bouillir, avec de la potasse, un petit fragment de papier à filtre qui finit par disparaître complétement.

Avec les corps gras, la potasse forme des composés solubles appelés *savons*, qui sont de véritables sels résultant de la combinaison d'une base avec un acide organique fourni par la matière grasse.

EXPÉRIENCE : (*B*) Dans un autre tube, on fait bouillir un peu d'axonge ou saindoux, avec une dissolution de potasse, et l'on voit la matière grasse se dissoudre; il s'est formé un savon soluble.

L'hydrate de potasse (KO,HO) ne peut perdre son eau qu'en présence d'un acide avec lequel l'oxyde de potassium forme un sel.

317. Soude caustique (NaO,HO). — Ce composé se

rencontre dans le commerce sous la même forme que l'hydrate de potasse, et se prépare exactement de la même manière. Ses propriétés sont identiques à celles du premier alcali, sauf que la soude exposée à l'air, au lieu de tomber en *déliquescence*, finit par donner du *carbonate de soude efflorescent*.

EXPÉRIENCE : On prend deux soucoupes et l'on met dans l'une A de la potasse caustique, dans l'autre B de la soude. Au bout de quelques jours, on trouve en A un liquide, c'est du *carbonate de potasse dissous;* en B une matière pulvérulente, c'est du *carbonate de soude effleuri.*

348. Etat naturel des deux oxydes. — La potasse ne se rencontre jamais à l'état libre, elle fait partie de presque toutes les terres arables, dans lesquelles on la trouve combinée aux acides silicique, sulfurique, phosphorique, carbonique et nitrique, mais toujours en assez faible proportion. Cette base provient de la décomposition de roches renfermant des minéraux riches en potasse, tels que les feldspaths, le mica, etc.

On trouve également de la potasse dans les cendres de presque tous les végétaux et quelquefois en quantité considérable, comme dans celles de maïs, de navets, de betteraves, de pommes de terre, de haricots, de topinambours, etc. Dans ces cendres, la potasse est en grande partie combinée à l'acide carbonique; les sels de potasse à acides organiques (tartrates, oxalates, malates, etc.) contenus dans les végétaux se transformant en carbonates par l'incinération. On trouve néanmoins dans les plantes la potasse combinée à quelques acides minéraux.

Enfin, les parties solides ou liquides des animaux renferment aussi cette base, unie à des acides organiques ou inorganiques.

La *soude*, comme la potasse, ne se rencontre pas à l'état de liberté dans la nature. On la trouve combinée à l'acide carbonique dans les eaux de certains lacs, avec les acides chlorhydrique et sulfurique dans les eaux marines, avec les acides chlorhydrique et nitrique dans le sein de la terre, où elle forme des dépôts puissants.

Dans les sols, la soude se rencontre combinée aux mêmes acides que la potasse, son origine est la même.

Sauf pour les plantes qui croissent sur les bords de la mer, la soude existe dans les cendres des végétaux en beaucoup plus faible proportion que la potasse; quelques plantes n'en renferment même que des quantités insignifiantes. On admet généralement que, dans beaucoup de cas, ces deux bases peuvent se remplacer dans les sols et les plantes, c'est ainsi que le *salsola tragus*, plante très-riche en soude et exploitée pour cette base entre Frontignan et Aigues-Mortes, peut végéter vigoureusement dans l'intérieur des terres, bien que l'analyse indique que, dans cette nouvelle station, la potasse a complétement remplacé la soude.

Cependant, il paraît résulter de récents travaux dus à M. G. Ville que, si la potasse peut souvent remplacer la soude, la substitution inverse n'est pas toujours possible, comme dans la culture du blé, par exemple.

Enfin, la soude combinée aux acides des deux règnes se retrouve dans les parties solides ou liquides des animaux et en plus grande abondance que la potasse. On voit, par tout ce qui précède, que la potasse a beaucoup plus d'importance en agriculture que la soude et qu'il est indispensable de rendre à la terre la proportion d'alcali souvent considérable que certaines récoltes lui enlèvent : dans des conditions de culture bien entendue, une bonne fumure suffit pour subvenir à cette restitution.

319. Usages des hydrates de potasse et de soude. — Ces alcalis sont employés fréquemment comme réactifs dans les laboratoires; la potasse à la chaux sert en chirurgie sous le nom de *pierre à cautère* pour cautériser les chairs.

L'industrie fait une grande consommation des produits désignés dans le commerce sous les noms de *potasses* et de *soudes*, nous y reviendrons en traitant des carbonates.

320. Principaux caractères distinctifs des sels de potasse et de soude. — Ces sels sont à peu près tous solubles, ils ont une saveur fraîche, piquante et amère.

EXPÉRIENCES : Un *carbonate alcalin* ne détermine point de précipité dans la dissolution des sels de potasse ou de soude.

L'*acide tartrique*, dans une dissolution concentrée d'un sel de potasse, donne un précipité blanc grenu, cristallin, de *bitartrate de potasse.*

L'*alcool*, tenant en dissolution un sel de potasse, brûle avec une *flamme violette;* avec un sel de soude, la flamme est *jaune.*

ÉTUDE DES PRINCIPAUX SELS DE POTASSE.

AZOTATE OU NITRATE DE POTASSE.

$$(KO, AzO^5.)$$

SYNONYMIE. — Nitre, sel de nitre, salpêtre.

321. Propriétés. — Ce sel cristallise facilement en longs prismes incolores, cannelés et anhydres. Il est doué d'une saveur fraîche et un peu amère; il fond vers

350 degrés et se prend par refroidissement en une masse blanche opaque. A une température plus élevée, il se décompose en oxygène, azote et potasse. La solubilité du salpêtre croît avec la température.

Projeté sur des charbons ardents, le nitre *fuse* et active beaucoup leur combustion par l'oxygène qu'il laisse dégager (n° 165).

322. Etat naturel. — Le salpêtre existe tout formé dans la nature; dans certains pays chauds, comme dans les plaines de l'Inde, de l'Egypte, de l'Espagne, on trouve à la surface du sol d'abondantes efflorescences de ce sel. Le nitre se forme continuellement dans les lieux exposés aux émanations des animaux, aussi les plâtras, les débris de vieux bâtiments, le sol des écuries, des étables, les murailles des caves, en renferment des quantités plus ou moins considérables. Enfin, beaucoup de plantes contiennent du salpêtre, telles sont la betterave, le tabac, la bourrache, la ciguë, la pariétaire, le grand soleil, etc.

323. Préparation. — Dans les pays où le salpêtre vient se montrer en efflorescence à la surface du sol, on enlève la terre sur une épaisseur de quelques centimètres, on la traite par l'eau, et la lessive suffisamment concentrée fournit le sel à l'état cristallisé : c'est le *salpêtre brut du commerce.*

Dans les autres contrées, on obtient ce sel en construisant des *nitrières artificielles* ou en traitant par l'eau les plâtras de démolition ; nous reviendrons sur ce sujet en traitant de la nitrification.

324. Usages. — La plus grande consommation du salpêtre a lieu pour la fabrication de la poudre à tirer, mélange intime de *nitre*, de *soufre* et de *charbon*. Ce sel a servi longtemps à la préparation de l'acide azotique, mais aujourd'hui on lui substitue avec avantage l'azotate de soude (fig. 52).

Le nitre est un oxydant très-énergique, employé pour ce motif dans la fabrication des allumettes chimiques. Les médecins et les vétérinaires prescrivent fréquemment ce sel comme diurétique et rafraîchissant; c'est un évacuant puissant des fluides séreux épanchés.

Le salpêtre agit très-favorablement sur la végétation, et M. Boussingault a démontré que ce sel fournissait aux plantes de l'*azote* qui peut concourir à la production des matières azotés, dites *albuminoïdes*.

325. Sulfate de potasse (KO,SO^3).— Sel cristallisable, incolore, inodore et soluble. Il existe dans la nature, on le trouve dans les eaux de la mer et les cendres des végétaux, principalement celles des varechs.

Le sulfate de potasse sert à la fabrication de l'alun du salpêtre, quelques médecins l'administrent comme purgatif.

326. Sulfures de potassium. — Le soufre forme avec le potassium un grand nombre de combinaisons parmi lesquelles nous citerons le *foie de soufre*, appelé aussi *sulfure de potasse*, et que l'on obtient en fondant parties égales de soufre et de carbonate de potasse du commerce.

Ce composé jaune rougeâtre ou jaune verdâtre, formé principalement de *polysulfure de potassium* et de *sulfate de potasse*, est employé en médecine humaine et vétérinaire, surtout dans les maladies cutanées, telles que dartres, gale, etc.

327. Chlorure de potassium (KCl). — Sel cristallisable, soluble, résidu de la fabrication de l'oxygène par la décomposition du chlorate de potasse.

Ce sel se trouve en abondance dans les cendres de certaines plantes, comme les varechs et le tabac, on le rencontre également en petite quantité dans d'autres végétaux et quelques liquides animaux.

328. Chlorate de potasse (KO, ClO^5). — Sel cristallisable en lames ou paillettes blanches d'un éclat nacré. Fusible vers 400 degrés, il se décompose à une température plus élevée en oxygène qui se dégage et chlorure de potassium qui reste fixe (fig. 12). Oxydant très-énergique, il fuse vivement sur les charbons ardents et forme des mélanges explosifs avec la plupart des corps combustibles.

329. Usages. — Dans les laboratoires, il sert à préparer l'oxygène. Ce sel entre dans la fabrication des allumettes dites *chimiques*, qui s'enflamment par le frottement ; mais comme il a l'inconvénient de donner lieu à des projections souvent dangereuses, on y substitue avec avantage le *nitre* et l'*oxyde puce de plomb*, qui, tout en étant des oxydants très-énergiques, offrent plus de sécurité que le chlorate.

330. Hypochlorite de potasse. Eau de Javelle. — Quand on fait passer un courant de chlore gazeux dans une dissolution étendue de potasse, on obtient une liqueur qui renferme un mélange de *chlorure de potassium* et d'*hypochlorite de potasse* $(KCl + KO, ClO)$.

Ce liquide, dont l'odeur rappelle celle du chlore, est employé dans les arts pour détruire les matières colorantes, et principalement dans le blanchissage. La médecine vétérinaire en fait quelquefois usage (voir *Hypochlorite de chaux*).

331. Iodure et bromure de potassium (KI, KBr). — Ces deux sels sont solubles, cristallisables en cubes, d'une saveur âcre et amère. On les trouve tout formés dans les eaux de la mer et les plantes qui croissent sur ses bords. Ils servent pour la fabrication de l'iode ou du brome, ainsi que dans l'art de la photographie. La médecine humaine emploie fréquemment aussi ces deux sels contre les affections lymphatiques, et dans l'art vétérinaire, le bromure de potassium s'est montré parfois supérieur à l'iodure, comme agent fondant et antiscrofuleux.

332. Caractéres distinctifs de l'iodure et du bromure de potassium. — On met le sel dans un tube d'essai et l'on verse dessus quelques gouttes d'acide sulfurique qui déterminent un dégagement de vapeurs d'*iode* ou de *brome* reconnaissables à leurs couleurs ; nous avons vu que les vapeurs d'iode étaient *violettes*, celles du brome *rouge orangé*. On rend l'apparition des vapeurs plus sensible en ajoutant dans le tube une pincée de peroxyde de manganèse et en chauffant légèrement (fig. 105).

Fig. 105.

333. Cyanure de potassium (KCy). — Sel cristallisable en cubes, très-soluble dans l'eau, d'une saveur âcre, alcaline et amère, et répandant à l'air une légère odeur d'amandes amères. Il est fusible, mais indécomposable par la chaleur.

Ce sel, bien que vénéneux, est employé en médecine humaine ; on s'en sert aussi dans la dorure galvanique, parce qu'il a la propriété de dissoudre le cyanure d'argent, et pour la préparation des prussiates jaune et rouge de potasse, qui sont des réactifs précieux en chimie.

334. Caractéres distinctifs du cyanure de potassium. — Ce sel, placé dans un tube d'essai et traité par quelques gouttes d'acide sulfurique, donne lieu au dégagement d'un gaz incolore dont l'odeur rappelle celle des *amandes amères*. Si l'on ajoute ensuite dans le tube un petit cristal de sulfate de protoxyde de fer, on obtient un précipité blanc qui bleuit à l'air.

335. Silicates de potasse. — On trouve dans plusieurs espèces minérales, telles que les *feldspaths*, le *mica*, etc., du silicate de potasse associé à d'autres silicates, et qui, par suite de l'action incessante de l'eau et de l'acide carbonique de l'air, se décompose en fournissant aux plantes de la silice soluble et du carbonate de potasse (n° 203).

Dans les laboratoires, on peut préparer du silicate de potasse basique et soluble en chauffant au rouge, pendant deux heures environ, un mélange de 10 parties de carbonate de potasse, 15 parties de sable fin et 1 partie de charbon.

La masse vitrifiée, reprise par l'eau bouillante, se dissout en totalité, sauf le charbon non brûlé. La liqueur filtrée et abandonnée à l'évaporation peut cristalliser. Le silicate de potasse artificiel entre dans la composition des verres de Bohême et celle du cristal.

336. Carbonate de potasse (KO, CO^2).

SYNONYMIE. — Alcali végétal, potasse du commerce.

Préparation. — Nous avons dit, en étudiant la potasse caustique, que cette base existait dans les végétaux, combinée principalement à des acides organiques, et que, par l'incinération, ces sels se transformaient en *carbonate de potasse* que l'on retrouvait dans les cendres. Dans les pays où le combustible a peu de valeur, le carbonate de potasse se fabrique en grand en brûlant exprès des végétaux ligneux. Les cendres obtenues par cette combustion renferment, outre le carbonate alcalin, plusieurs autres sels solubles, tels que des *chlorures* et *sulfates*, ainsi que d'autres sels insolubles. On reprend par l'eau la masse, qui abandonne au liquide les sels solubles, la dissolution est évaporée, et le résidu sec obtenu porte le nom de *salin* ; il est livré au commerce sous la dénomination de *carbonate de potasse brut* ou simplement de *potasse brute*. Cette potasse impure est ensuite purifiée pour les besoins de l'industrie.

On rencontre dans le commerce, outre la *potasse caustique*, dont nous avons déjà parlé : 1° la *potasse perlasse*, qui est blanche et provient d'un salin calciné à l'air pour brûler les matières organiques qui la coloraient en brun ; 2° les *potasses d'Amérique*, *de Russie*, *des Vosges*, etc., désignées par les noms des pays où l'on brûle des forêts entières pour cette fabrication.

On se fera une idée de la composition variable des potasses brutes en parcourant le tableau suivant :

Composition des principales potasses du commerce.

Sels.	Potasse perlasse.	Potasse d'Amérique.	Potasse de Russie.	Potasse des Vosges.
Carbonate de potasse.	71,38	68,07	69,61	38,63
Carbonate de soude. .	2,31	5,85	3,09	4,17
Chlorure de potassium.	3,64	8,15	2,09	9,16
Sulfate de potasse. . .	14,38	15,32	14,11	33,84
Eau et substances insolubles.	8,29	2,61	11,10	14,20
	100,00	100,00	100,00	100,00

On obtient encore des potasses brutes en incinérant les mélasses des betteraves, les lies de vin desséchées, les marcs de raisin, etc.

337. Propriétés du carbonate de potasse pur. — Sel difficilement cristallisable, très-soluble dans l'eau et déliquescent. Il a une saveur brûlante et caustique et une réaction alcaline très-prononcée; il fond à la chaleur rouge, mais est indécomposable par la chaleur seule. Comme la potasse caustique, il transforme les corps gras en composés solubles.

338. Usages. — Le carbonate pur sert généralement pour la préparation de la potasse à la chaux et à l'alcool.

Les diverses potasses du commerce ont des usages importants en industrie : on les emploie à la fabrication de l'alun, du salpêtre, des savons mous, de l'eau de Javelle, des prussiates, des verrres de Bohême, du cristal, etc.

En dehors des applications industrielles, l'usage le plus fréquent de la potasse brute est de servir à la lessive du linge et des tissus, en raison de la propriété que possède cet acali ou son carbonate, de rendre solubles les matières grasses ou colorantes.

En médecine vétérinaire, ce sel, dissous dans l'eau ou incorporé à l'axonge, est employé : 1° en lotions sur la peau sèche et crevassée, sur les mamelles engorgées, etc. ; 2° en pommade contre la gale, les dartres, les crevasses sèches et croûteuses.

Enfin, le carbonate de potasse est employé comme amendement en agriculture, non pas tel qu'on le trouve dans le commerce, mais dans les *cendres neuves* que l'on étend sur les prairies et les terres arables, seules ou mélangées à d'autres matières.

CHAPITRE XVIII.

ÉTUDE DES PRINCIPAUX SELS DE SOUDE.

339. Azotate de soude (NaO, AzO^5). — Ce sel est incolore, inodore, légèrement hygroscopique, à saveur fraîche, piquante et amère, soluble dans l'eau et cristallisable.

On l'a trouvé dans l'Amérique du Sud, au Pérou, constituant sous l'argile une couche peu épaisse, mais d'une étendue de plus de cent lieues carrées. Expédié en Europe tel qu'on l'extrait de la terre, le nitrate de soude est coloré en brun, mais on le purifie facilement par la lixiviation.

340. Usages. — Le nitrate de soude remplace avantageusement le salpêtre dans la préparation de l'acide azotique, il est employé aussi comme amendement en agriculture, et plusieurs agronomes ont constaté son efficacité sur diverses ; plantes mais c'est un engrais dont le prix est encore très-élevé (50 à 60 francs les 100 kilogrammes environ).

Ce sel est employé de plus en plus en Angleterre, où l'on s'en sert surtout pour le blé, l'avoine et le trèfle, à la dose de 125 à 175 kilogrammes par hectare. On le mêle généralement avec le double de son poids de sel marin, particulièrement dans les sols où la verse est à craindre.

341. Sulfate de soude ($NaO,SO^3,10HO$).

SYNONYMIE. — Sel admirable de Glauber.

Propriétés.— Ce sel se présente sous forme de longs prismes à six faces, transparents, contenant 10 équivalents d'eau, s'effleurissant à l'air et possédant une saveur fraîche et amère. Sous l'influence de la chaleur

Fig. 106.

(fig. 106), il peut éprouver successivement la fusion aqueuse et la fusion ignée, sans se décomposer (n° 124).

Ce sel est très-soluble dans l'eau et présente la propriété curieuse de posséder un maximum de solubilité à 33 degrés ; à cette température, l'eau en dissout environ trois fois son poids.

Sa dissolution dans les acides chlorhydrique ou sulfurique donne lieu à un abaissement notable de température, circonstance que l'on utilise pour fabriquer artificiellement de la glace.

342. Préparation. — Ce sel prend naissance dans

la préparation en grand de l'acide chlorhydrique (voir p. 112) ou de l'acide azotique, quand on substitue l'azotate de soude au salpêtre (p. 129). On peut encore l'extraire des eaux mères des marais salants.

343. État naturel. — Le sulfate de soude existe dans les eaux de la mer et dans plusieurs sources salées, on le rencontre aussi dans quelques plantes marines.

344. Usages. — Ce sel joue un grand rôle en industrie, comme servant à la préparation de la soude artificielle.

En médecine humaine, il est prescrit comme purgatif à la dose de 30 à 40 grammes ; en médecine vétérinaire, on l'administre également aux animaux, soit comme purgatif ou comme condiment. Dans plusieurs localités de l'Allemagne, on le mélange aux aliments des bestiaux. On peut sans aucun danger, même pour le mouton et le porc, porter la dose de ce sel jusqu'à 100 grammes en une fois.

Le sulfate de soude est encore employé en agriculture pour la préparation des blés de semence : à cet effet, on dissout 5 à 6 kilogrammes de ce sel dans 100 litres d'eau, on en arrose 1 hectolitre de blé que l'on mélange avec 2 à 3 kilogrammes de chaux éteinte.

345. Sulfite de soude $(NaO,SO^2,10HO)$.

Ce sel est incolore ou blanc, soluble dans l'eau et à saveur sulfureuse.

Depuis quelques années, on l'emploie pour enlever aux fils, aux tissus ou à la pâte de papier, l'odeur de chlore qu'ils ont conservée après le blanchiment. Une petite quantité de ce sel ajoutée aux vins blancs, au moment de leur mise en bouteilles, les empêche de tourner et de brunir. On utilise également la propriété antiputride de ce composé, dans la fabrication du sucre de betteraves, soit en lavant les divers ustensiles, tels que râpes, sacs, etc., avec une dissolution très-étendue de sulfite, soit en l'ajoutant à la pulpe pour l'empêcher de se colorer à l'air.

346. Sulfures de sodium. — Le sodium forme avec le soufre un grand nombre de combinaisons qui correspondent à celles du potassium.

Le monosulfure (NaS) est employé dans la préparation des bains sulfureux ; dissous dans l'eau, il fournit le sulfhydrate de soude, qui peut cristalliser et qui sert dans les laboratoires pour reconnaître dans les dissolutions la présence de très-faibles quantités de certains métaux, tels que plomb, cuivre, argent, etc.

347. Chlorure de sodium ($NaCl$).

Synonymie. — Sel marin, sel de cuisine, chlorhydrate ou muriate de soude.

Propriétés. — Pur, il est incolore, transparent et cristallisé en cubes.

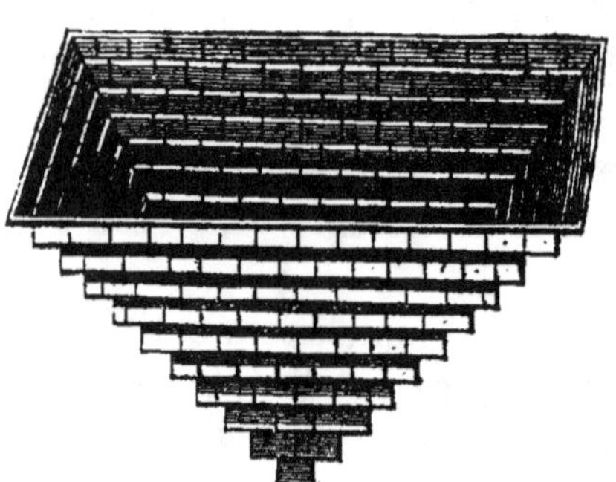

Fig. 107.

Les cristaux, en se réunissant les uns aux autres, forment des groupements particuliers qui ont reçu le nom de *trémies* et que l'on retrouve plus ou moins entiers dans notre gros sel de cuisine (fig. 107).

Le chlorure de sodium est à peu près également soluble dans l'eau froide et dans l'eau chaude ; 100 parties d'eau à 15 degrés en dissolvent 37 parties. La saveur du sel marin est salée, mais agréable, à petite dose.

Dans une atmosphère très-humide, ce sel est un peu hygroscopique, mais si le temps devient sec, il perd l'eau qu'il a condensée. — Quand on chauffe sur une lame métallique (fig. 108) de gros cristaux de sel marin,

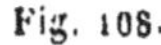

Fig. 108.

ou qu'on les projette sur des charbons ardents, ceux-ci décrépitent, soit par l'évaporation de l'eau interposée, soit par le fait de la mauvaise conductibilité du sel lui-même (n° 125).

Fusible au rouge, le chlorure de sodium émet des vapeurs sensibles à une température plus élevée.

848. État naturel. — Le chlorure de sodium est très-répandu dans la nature ; on le trouve en dissolution dans les eaux de la mer, de certains lacs et de certaines fontaines.

L'eau de mer présente en moyenne la composition suivante :

Eau..	964,70
Chlorure de sodium.	27,00
— de potassium. . . .	0,70
— de magnésium. . . .	3,60
Sulfate de magnésie.	2,30
— de chaux..	1,40
Carbonate de chaux.	0,03
Bromure de magnésium. . .	0,02
Perte.	0,25
	1000,00

Ce sel se rencontre aussi en masses souvent considérables dans le sein de la terre, il prend alors le nom de *sel gemme*.

Le chlorure de sodium naturel est quelquefois blanc, mais le plus souvent coloré diversement par de l'argile, de l'oxyde de fer, etc. ; nous l'étudierons en détail en géologie.

Sauf dans le voisinage des eaux salées, les terres arables renferment généralement peu de chlorure de sodium, il en est de même pour les cendres de nos diverses récoltes.

Le sel marin fait partie du règne animal, on le retrouve en dissolution dans un grand nombre de liquides, tels que les larmes, la sueur, l'urine, etc.

349. Extraction du sel. — Quand le sel gemme se trouve à une faible profondeur, on l'exploite absolument comme le plâtre ou la houille, et on le purifie ensuite en le faisant dissoudre et cristalliser. — S'il est situé plus profondément, on fait arriver de l'eau dans les mines, et les eaux salées, remontées avec des pompes, sont soumises à l'évaporation dans de grandes chaudières en fer.

Quand les eaux des sources salifères sont peu riches, on commence par les concentrer à l'air libre, en les faisant tomber à plusieurs reprises sur des piles de fagots de 10 à 12 mètres de hauteur, où elles s'évaporent, et quand elles sont parvenues à un degré convenable de concentration, on achève alors l'évaporation dans les chaudières.

L'extraction du sel renfermé dans les eaux de la mer s'effectue en exposant cette eau à l'évaporation dans de vastes bassins appelés des *marais salants.*

350. Usages. — Les usages de ce sel sont très-nombreux : en industrie, il sert à préparer le sulfate de soude, l'acide chlorhydrique et par suite la soude artificielle ; on l'emploie aussi pour préparer le chlore et le sel ammoniac. Nous nous en servons pour rendre nos mets plus sapides, pour saler et conserver les viandes et les poissons, pour assaisonner la nourriture des bestiaux ; enfin, dans certains pays, il est employé comme amendement, mais son utilité à ce point de vue est très-contestée.

351. Hypochlorite de soude (eau de Labarraque). — Quand on fait passer un courant de chlore gazeux dans une dissolution étendue de soude, on obtient une liqueur renfermant un mélange de chlorure de sodium et d'hypochlorite de soude ($NaCl + NaO,ClO$) et qui jouit des mêmes propriétés que l'eau de Javelle.

352. Phosphate de soude (PhO^5 ($NaO)^2HO$. — Ce sel se présente dans le commerce sous forme de beaux cristaux transparents, solubles, efflorescents et doués d'une réaction alcaline très-prononcée. Sa dissolution est employée comme réactif en chimie, elle précipite en *jaune serin* le nitrate d'argent et donne, avec le sulfate de magnésie préalablement additionné de sel ammoniac et de quelques gouttes d'ammoniaque, un précipité blanc, grenu, cristallin, de phosphate ammoniaco-magnésien (n° 191).

Ce sel existe dans quelques liquides animaux, notamment dans l'urine, où il est uni quelquefois au phosphate d'ammoniaque.

353. Borate de soude ou borax. — Ce sel est une combinaison d'acide borique et de soude. Anciennement, la totalité du borax employé dans les arts nous arrivait, sous le nom de *tinkal*, des Indes, de la Chine, du Pérou, etc., où on l'obtenait en faisant évaporer les eaux de petits lacs salés. Aujourd'hui, on prépare la plus grande partie du borax consommé en France en combinant directement l'acide borique tiré de la Toscane avec la soude artificielle. Le borax est soluble dans 12 parties d'eau froide ; sous l'influence de la chaleur, il peut éprouver la fusion aqueuse et la fusion ignée ; refroidi après cette seconde fusion, il a l'aspect vitreux. Ce sel jouit de la propriété de dissoudre à chaud la plupart des oxydes métalliques, ce qui le fait employer pour la soudure des métaux, dont il décape parfaitement les surfaces que l'on veut souder ensemble.

354. Silicate de soude. — Dans les laboratoires, on peut préparer du silicate de soude basique et soluble comme on prépare du silicate de potasse ; il suffit de substituer, dans le mélange précédemment indiqué, le carbonate de soude au carbonate de potasse (n° 335).

Le silicate de soude à l'état insoluble se rencontre dans la nature, faisant partie de certaines roches, telles que les *feldspaths,* et que nous étudierons en minéralogie.— Les débris de ces roches se retrouvent dans les sols, et leur décomposition sous l'influence des agents atmosphériques a pour effet de fournir aux plantes une partie de la silice que l'on retrouve dans leurs cendres.

Le silicate de soude artificiel entre dans la composition du verre ordinaire.

355. Carbonates de soude. — On distingue le *carbonate neutre*, le *sesquicarbonate* et le *bicarbonate*.

356. Carbonate de soude neutre $(NaO, CO^2 + 10HO)$.

SYNONYMIE. — Soude du commerce, soude.

Propriétés. — Le carbonate neutre cristallise à la température ordinaire avec 10 équivalents d'eau. Ce sel est très-soluble dans l'eau, et possède une saveur âcre, urineuse et un peu caustique. Le carbonate de soude est efflorescent à l'air, tandis que celui de potasse est déliquescent (n° 317). Vers 40 degrés, il éprouve la fusion aqueuse, au rouge il subit la fusion ignée, mais il est indécomposable par la chaleur seule.

357. Etat naturel. — Dans nos climats on rencontre ce sel à l'état d'efflorescences salines sur la surface de quelques terrains et de certains murs des caves, écuries ou habitations humides.

Les végétaux qui croissent sur les côtes ou sur les rochers baignés par les eaux marines fournissent des cendres qui renferment principalement des sels de soude et notamment du carbonate. Les plantes marines les plus riches en soude sont les soudes (*salsola soda*), les salicors (*salicornia europœa*), les chénopodium, les arroches, etc. Les varechs en renferment également, mais beaucoup moins.

358. Fabrication de la soude brute. — Anciennement, toute la soude brute consommée dans les arts s'obtenait par le lessivage des cendres provenant de la combustion des plantes marines. On désigne les soudes qui ont encore cette origine sous les noms de *soude d'Alicante*, *de Carthagène*, *de Malaga*, *de Narbonne*, *d'Aigues-Mortes, de varech,* etc. Aujourd'hui, la plus grande partie des soudes du commerce est fabriquée artificiellement à l'aide d'un procédé dû à Leblanc, médecin français, qui le découvrit en 1792.

Ce procédé consiste à décomposer le *sulfate de soude* sous l'influence de la chaleur par un mélange de *carbonate de chaux* et de *charbon,* il en résulte du carbonate de soude, de l'oxysulfure de calcium et de l'acide carbonique.

$$NaO, SO_3 + 2CaO, CO_2 + 2C = NaO, CO_2 + CaO, CaS + 3CO_1$$

Sulfate de soude.	Carbonate de chaux.	Charbon.	Carbonate de soude.	Oxysulfure de calcium.	Acide carbonique.

L'acide carbonique se dégage, on reprend alors la masse par l'eau qui sépare facilement le carbonate de soude, parce que l'*oxysulfure* est insoluble. Les eaux de lavage convenablement concentrées donnent le *sel de soude du commerce* avec lequel on peut obtenir ensuite le carbonate de soude pur.

359. Usages. — Le carbonate de soude pur est fréquemment employé dans les laboratoires. Dans les arts, la consommation de la soude augmente chaque année, parce que ce composé tend de plus en plus à remplacer la potasse dans une foule d'applications.

La soude sert en effet à la fabrication du verre, des glaces, des cristaux ; pour la préparation des savons durs, pour les lessives, le lavage des laines; on l'utilise journellement dans les ateliers de teinture et les fabriques d'indiennes.

En médecine vétérinaire, ce sel pourrait être substitué

avec avantage au carbonate de potasse, qui est beaucoup plus cher.

360. Le **bicarbonate de soude** s'obtient en faisant passer un courant de gaz acide carbonique dans une dissolution de carbonate neutre. Ce sel sert à préparer les *pastilles* dites *de Vichy*, ainsi que les eaux de Seltz et les limonades gazeuses.

Le sesquicarbonate de soude $(NaO)^2\,3CO^2 + 4HO$ existe dans la nature, en dissolution dans les eaux de certains lacs de Hongrie et d'Egypte. Ces eaux, en s'évaporant, laissent sur leurs bords des efflorescences ou des masses cristallines qui sont livrées au commerce sous le nom de *natron*.

ÉTUDE DES SELS AMMONIACAUX.

361. Les sels ammoniacaux présentant la plus grande analogie avec les sels correspondants de potasse ou de soude, il convient de les étudier ici.

Nous avons déjà parlé, lors de l'étude de l'ammoniaque, des sels que ce composé peut former en se combinant aux acides hydracides ou oxacides, et nous avons dit que, pour établir une analogie complète entre les sels ammoniacaux et les autres composés salins, certains chimistes admettent l'existence d'un radical métallique (non encore isolé), l'*ammonium* (AzH^4) (nos 232 et 233).

Dans cet ouvrage, nous représenterons les divers sels ammoniacaux par des formules indépendantes de l'existence supposée de ce radical, formules comprises dans les deux types suivants :

Sel ammoniacal à acide oxacide A. . . . . AzH^3,HO,A;
Sel ammoniacal à acide hydracide. . . . . AzH^3,HR,

R représentant un métalloïde tel que le chlore, le soufre, etc.

362. Caractères distinctifs des sels ammoniacaux. — Les sels ammoniacaux sont généralement solubles dans l'eau et doués d'une saveur piquante. Ils sont incolores et inodores, sauf le carbonate d'ammoniaque, qui a une odeur vive et pénétrante. Ils sont tous volatils sous l'influence de la chaleur, les uns sans se décomposer (chlorhydrate, carbonate), les autres en se décomposant (sulfate, phosphate, etc.).

Pour reconnaître un sel ammoniacal, le meilleur procédé est le suivant :

Sel solide. — On broie le sel dans un petit mortier avec un peu de chaux éteinte et quelques gouttes d'eau.

Sel dissous. — On imprègne la chaux de la dissolution elle-même et l'on broie.

Dans les deux cas, l'ammoniaque, base volatile, est chassée de sa combinaison par la chaux, base fixe ; on le reconnaît : 1° à l'odeur piquante et caractéristique du gaz ; 2° à son action sur le papier de tournesol rouge et humide qu'il ramène au bleu ; 3° aux fumées blanches (chlorhydrate d'ammoniaque) qui se produisent quand on place au-dessus de la chaux un agitateur imprégné d'acide chlorhydrique (n° 237).

AZOTATE OU NITRATE D'AMMONIAQUE.

$$(AzH^3, HO, AzO^5.)$$

Synonymie. — *Nitrum flammans.*

363. Propriétés. — Sel incolore, cristallisé en longs prismes cannelés, un peu déliquescents et d'une saveur fraîche et piquante. Les cristaux, en se dissolvant dans l'eau, produisent un abaissement de température considérable (n° 304).

Comme tous les nitrates, ce sel fuse vivement sur les charbons ardents, mais de plus il brûle avec une flamme rougeâtre qui est due à la combustion de l'hydrogène de l'ammoniaque par l'oxygène de l'acide azotique ; de là son nom de *nitrum flammans*, nitre inflammable.

364. Etat naturel. — Ce sel se rencontre dans l'air surtout après les orages, et il est ramené sur le sol par les eaux pluviales qui le dissolvent en traversant l'atmosphère. Les terres arables étant des milieux au sein desquels il se produit sans cesse de l'acide nitrique et de l'ammoniaque (comme nous le verrons bientôt), on comprend qu'il doit s'y former aussi du *nitrate* d'ammoniaque.

Ce sel joue sans doute un rôle important dans la nutrition des végétaux, car il peut leur fournir de l'azote par sa base et son acide, et concourir ainsi à la formation des substances azotées appartenant au groupe des *matières albuminoïdes* (n° 51).

365. Sulfate d'ammoniaque (AzH^3, HO,SO^3).

Propriétés. — Sel incolore, soluble dans 2 parties d'eau froide et 1 partie d'eau bouillante, fixe à la température ordinaire et décomposable par la chaleur.

366. Préparation. — On obtient ce sel en traitant par l'acide sulfurique étendu ou par le sulfate de chaux (plâtre) les eaux ammoniacales qui proviennent : 1° de la *fabrication du gaz de l'éclairage* (n° 247) ; des *urines putréfiées, résidus des vidanges* ; 3° de la *distillation des matières animales* (n° 264).

367. Etat naturel. — Ce sel est un de ceux qui se forment dans la terre arable par la réaction du carbonate d'ammoniaque (produit de la décomposition des engrais) sur les sulfates fixes que peut contenir le terrain.

16

Cette double décomposition contribue au bon effet du plâtre employé comme amendement.

368. Usages. — Le sulfate d'ammoniaque sert à la préparation de l'alun ammoniacal, sulfate double d'alu-mine et d'ammoniaque.

On a fait avec ce sel un grand nombre d'essais en agri-culture, et les résultats ont été très-variables. Il paraît constaté, cependant, qu'il produit de bons effets, princi-palement sur les prairies naturelles, mais que la durée d'action de cet engrais ne dépasse guère une année.

369. Sulfhydrate d'ammoniaque ($AzH^3,2HS$).

Propriétés.—Quand on fait passer, jusqu'à saturation, du gaz acide sulfhydrique à travers une liqueur am-moniacale, on obtient du *bisulfhydrate d'ammoniaque*, réactif très-employé dans les laboratoires.

Récemment préparé, ce liquide est incolore, mais il jaunit rapidement au contact de l'air, en passant à un degré supérieur de sulfuration.

Volatil à la température ordinaire, son odeur est des plus désagréables et caractéristique.

370. Etat naturel. Usages. — Ce sel se dégage tou-jours des matières animales en putréfaction (nᵒ 270), pour peu qu'elles contiennent du soufre ou des sulfates, aussi c'est un des sels volatils que laissent échapper les fumiers et les fosses d'aisances.

On peut, avec la dissolution de sulfhydrate d'ammo-niaque, reconnaître dans des liqueurs des traces de cer-tains métaux, tels que plomb, cuivre, etc.

371. Chlorhydrate d'ammoniaque (AzH^3,HCl).

SYNONYMIE. — Sel ammoniac.

Propriétés. — Pur, il se présente en masses fibreuses formées par des aiguilles longues et minces accolées entre elles, et de plus très-élastiques; ce qui rend ce sel difficile à pulvériser. Il est inodore, soluble dans l'eau, indécomposable par la chaleur et volatil sans fusion. Ses vapeurs se condensent dans l'air en fumées blanches assez épaisses.

EXPÉRIENCE : En chauffant au chalumeau un peu de sel ammoniac sur un charbon, on voit d'épaisses fumées se produire et une partie de ces vapeurs, en se conden-

Fig. 109.

sant, laisse une grande auréole blanche sur le charbon (fig. 109).

372. État naturel et préparation. — Ce sel se trouve dans les urines humaines et les excréments de quelques animaux, notamment des chameaux; c'est de la fiente de ces derniers que le sel ammoniac a été extrait pour la première fois. Aujourd'hui, on fabrique ce sel avec les mêmes matières que celles dont on retire le sulfate ; il suffit, dans ce second cas, de substituer l'acide chlorhydrique à l'acide sulfurique (n° 366).

373. Usages. — Ce sel est très-employé dans les laboratoires ; dans les arts il sert à la fabrication de l'ammoniaque (fig. 72) et au décapage des métaux, pour faciliter l'opération de la soudure. Le sel ammoniac jouissant en effet de la propriété de dissoudre les oxydes métalliques, on peut le substituer au borax, principalement quand il s'agit de souder des objets en cuivre ou en laiton.

Les anciens hippiatres et les vétérinaires du siècle dernier faisaient un très-grand usage de ce sel ; aujourd'hui il est beaucoup plus rarement employé.

Le chlorhydrate d'ammoniaque a été expérimenté comme engrais par MM. Schatteumann, Kuhlmann, Isidore Pierre, et il résulte des expériences faites par ces agronomes que ce sel agit efficacement sur les céréales, les prairies naturelles, le sainfoin, mais que son action paraît avoir peu de durée.

374. Phosphate d'ammoniaque. — Le plus important des phosphates d'ammoniaque est celui qui correspond au phosphate de soude, étudié précédemment, et qui a pour formule $(2(AzH^3,HO)HO) PhO^5$. Ce sel est blanc, inodore, décomposable par la chaleur, et a une réaction alcaline.

Le phosphate d'ammoniaque se trouve uni au phosphate de soude et au phosphate de magnésie, dans les urines humaines et celles de beaucoup d'animaux.

375. Carbonates d'ammoniaque. — L'acide carbonique et l'ammoniaque se combinent en plusieurs proportions et fournissent : 1° le *carbonate neutre*, 2° le *ses-quicarbonate*, 3° le *bicarbonate*. Parmi ces trois sels, le seul qui nous intéresse est le *sesquicarbonate*.

376. Sesquicarbonate d'ammoniaque $(AzH^3HO)^2$ $3Co^2$.

SYNONYMIE. — Sel volatil d'Angleterre, alcali volatil concret.

Propriétés. — Ce sel se présente ordinairement sous forme de pains de couleur blanche. Volatil à la température ordinaire, il a une odeur d'ammoniaque et une réaction alcaline très-prononcées.

EXPÉRIENCE : On chauffe ce sel à la flamme du chalumeau, comme il a été dit (n° 371) pour le chlorhydrate d'ammoniaque, et l'on constate qu'il se volatilise complétement aussi.

Le carbonate d'ammoniaque est soluble dans l'eau, et possède une saveur caustique et piquante. Exposé à l'air, ce sel perd 1 équivalent de carbonate neutre et se transforme en bicarbonate.

377. Préparation. — 1° On distille dans une cornue de grès un mélange intime de chlorhydrate d'ammoniaque et de craie, et les vapeurs de carbonate d'ammoniaque qui prennent naissance sont condensées dans un récipient refroidi.

2° On utilise les eaux ammoniacales qui proviennent de la fabrication du gaz de l'éclairage ou de la distillation des matières animales en vase clos.

378. Etat naturel. — Ce sel prend naissance toutes les fois que des matières organiques azotées et notamment des matières animales se décomposent et se putréfient (n° 270), il se produit donc dans les latrines, ainsi que dans les fumiers, les poudrettes, les composts et autres engrais. L'urine fraîche ne renferme que des traces d'ammoniaque, tandis que sa réaction devient fortement alcaline quand elle a séjourné quelque temps dans un vase.

Le carbonate d'ammoniaque se forme constamment aussi, mais en quantité variable, dans le sol arable qui renferme des matières organiques en voie de décomposition. Ce sel étant volatil, ce qui ne pénètre point dans les plantes par voie de dissolution se dégage dans l'atmosphère.

Le carbonate d'ammoniaque que l'on retrouve dans l'air a encore pour origine] les émanations des volcans, la combustion de la houille, la distillation des matières animales pour le besoin de certaines industries. Dans tous les cas, les eaux pluviales'dissolvent et ramènent constamment sur le sol et les plantes ce carbonate volatil ; nous y reviendrons en traitant des *eaux*, à la fin de ce volume.

379. Usages. — Ce sel est employé comme réactif dans les laboratoires. On s'en sert en médecine, surtout en Angleterre, comme un excitant, dans les cas de syncopes.

Le carbonate d'ammoniaque est un sel éminemment propre à concourir au développement des végétaux, en leur fournissant de l'azote assimilable, qui sert à former les matières albuminoïdes de leurs tissus.

Ce sel, en raison de sa volatilité, n'est jamais employé en nature comme engrais, mais toujours dissous dans une quantité d'eau suffisante ; c'est à cet état qu'il se trouve dans les engrais liquides. Pour éviter la déperdition du carbonate d'ammoniaque volatil, on a proposé d'ajouter sur les fumiers, dans les fosses à purin, etc., de l'acide sulfurique étendu ou du sulfate de fer, afin de transformer le carbonate en sulfate d'ammoniaque qui est fixe. Ce procédé paraît vicieux à M. Boussingault, parce que l'acide sulfurique transforme en même temps le *bicarbonate de potasse*, sel renfermé dans les urines des herbivores et très-efficace sur la végétation, en *sulfate de potasse*, composé à peu près inerte.

CHAPITRE XIX.

BARIUM, STRONTIUM, CALCIUM.

380. Ces métaux sont appelés *alcalino-terreux*, parce que autrefois leurs oxydes étaient considérés comme des *terres*, et que, solubles à divers degrés, leurs dissolutions jouissent de propriétés appartenant aux alcalis.

BARIUM. $Ba = 68,5$.   STRONTIUM. $Sr = 43,75$.

381. Comme le potassium et le sodium, ces deux métaux ont été isolés pour la première fois par Davy, qui décomposa leurs oxydes, la *baryte* et la *strontiane*, par une forte pile.

Ils sont tous deux blancs, brillants, très-avides d'oxygène à la température ordinaire, mais peu intéressants pour nous à l'état métallique.

382. Combinaisons du barium avec l'oxygène. — Le barium peut former avec l'oxygène deux combinaisons :

Le protoxyde de barium. . . . . (BaO);
Le bioxyde. . . . . (BaO^2).

PROTOXYDE DE BARIUM (BaO).

SYNONYMIE. — Baryte.

383. Propriétés. — Le protoxyde de barium ou baryte

se présente sous forme d'une masse spongieuse, blanche ou grise, friable, infusible aux températures les plus élevées.

Sa saveur est caustique et urineuse; exposée à l'air, la baryte en attire la vapeur d'eau et l'acide carbonique, comme tous les alcalis, et passe à l'état de *carbonate* en se réduisant en poussière.

Cet oxyde a une grande affinité pour l'eau (fig. 110); quand on verse quelques gouttes de ce liquide sur un fragment de *baryte anhydre*, celle-ci se désagrége et dégage beaucoup de chaleur, en produisant un sifflement semblable à celui déterminé par un fer rouge.

Fig. 110.

Si l'on substitue à l'eau de l'acide sulfurique monohydraté, la chaleur dégagée est tellement considérable, que la masse devient incandescente. L'oxyde de barium se dissout dans environ cinq fois son poids d'eau chaude, et le liquide a une réaction alcaline très-prononcée.

Une dissolution saturée de baryte abandonne par refroidissement des cristaux ayant pour composition (BaO, 10HO), et qui, sous l'action de la chaleur, se transforment en *hydrate de baryte* (BaO HO, indécomposable par la température la plus élevée, comme les *hydrates de potasse* et *de soude*.

384. Etat naturel. — La baryte ne se rencontre pas en liberté dans la nature, mais à l'état de *carbonate* et de *sulfate* principalement.

385. Usages. — La baryte cristallisée sert comme

réactif dans les laboratoires. M. Dubrunfaut a imaginé de l'employer pour extraire des mélasses le sucre cristallisable qu'elles peuvent avoir entraîné.

386. Préparation de la baryte anhydre et des sels de baryte solubles. — La baryte anhydre se prépare à l'aide du *sulfate de baryte*, que l'on rencontre tout formé dans la nature.

On introduit dans un creuset un mélange de ce composé naturel avec une quantité de charbon suffisante pour que, sous l'influence de la chaleur, le sulfate de baryte soit désoxygéné et transformé en *sulfure de barium* (BaS).

$$BaO, SO^5 + 2C = 2CO^2 + BaS.$$

Le résidu de la calcination traité par un acide dégage de l'acide sulfhydrique en donnant naissance à du *chlorure de barium* ou du *nitrate de baryte*, suivant l'acide employé :

$$BaS + AzO^5, HO = BaO, AzO^5 + HS ;$$
$$BaS + HCl = BaCl + HS.$$

Le nitrate de baryte calciné se décompose et laisse comme résidu de la *baryte caustique.*

387. Bioxyde de barium (BaO^2). — Le protoxyde de barium chauffé au rouge sombre dans un courant d'oxygène absorbe ce gaz et se transforme en *bioxyde* (BaO^2).

Ce composé, porté au rouge blanc, abandonne, au contraire, tout l'oxygène qu'il vient d'absorber. Nous reparlerons de ce bioxyde quand nous traiterons de la *nitrification.*

388. Principaux caractères des sels de baryte. — Les sels de baryte solubles sont le *chlorure de barium* et le *nitrate de baryte.*

Ils ont une saveur âcre, caustique et brûlante, et sont vénéneux.

L'acide sulfurique et les *sulfates solubles* sont les meilleurs réactifs des sels de baryte, dans lesquels ils déterminent un *précipité blanc de sulfate de baryte*, insoluble dans un excès d'acide chlorhydrique (n° 180).

389. Indication des principaux sels de baryte. *Azotate de baryte* (BaO, AzO^3). — Ce sel s'obtient en traitant le *sulfure de barium* (n° 386) par l'acide azotique étendu. La liqueur filtrée et évaporée donne des cristaux décomposables par la chaleur et laissant pour résidu de la *baryte anhydre*.

La dissolution de ce sel est employée quelquefois comme réactif de l'acide sulfurique ou des sulfates solubles.

Chlorure de barium ($BaCl$). — Sel cristallisable, que l'on obtient en traitant le sulfure de barium par l'acide chlorhydrique. Sa dissolution constitue le réactif le plus employé pour reconnaître l'acide sulfurique.

Sulfate de baryte (BaO, SO^3). — Cette substance est abondamment répandue dans la nature. Nous l'étudierons en minéralogie. Obtenu par précipitation, le sulfate de baryte est un des composés les plus insolubles que l'on connaisse, car l'acide sulfurique peut, en produisant un louche sensible, accuser la présence de la baryte dans une liqueur qui n'en renferme que 5 milligrammes par litre.

STRONTIANE, SELS DE STRONTIANE.

390. Le strontium (Sr), en se combinant à l'oxygène, fournit l'*oxyde de strontium* ou *strontiane* (SrO). Comme la baryte, la strontiane se rencontre dans la nature à l'état de *carbonate* et de *sulfate*, et c'est avec ce dernier composé que l'on obtient les sels solubles (chlorure de strontium et azotate de strontiane).

Les composés de strontiane jouissent sensiblement des mêmes propriétés que ceux de baryte ; il en est de même des deux oxydes.

Au point de vue agricole, la strontiane ne peut nous intéresser que parce que l'on retrouve le *sulfate de strontiane* dans certains terrains, mais il sera toujours facile de distinguer ce composé. A cet effet, on le transformera, à l'aide du charbon et de l'acide chlorhydrique (n° 386), en *chlorure de strontium*, qui, évaporé à sec, jouira de la propriété de colorer en pourpre la flamme de l'alcool.

CALCIUM, CHAUX, PRINCIPAUX SELS DE CHAUX.

CALCIUM.

$$Ca = 20.$$

391. Davy a encore isolé le calcium de la chaux à l'aide de la pile. Ce métal est blanc, d'un éclat métallique ; chauffé à l'air, il se transforme en oxyde de calcium ou chaux.

PROTOXYDE DE CALCIUM (CHAUX).

$$(CaO.)$$

392. Préparation. — Dans les laboratoires, on prépare la chaux en calcinant au rouge blanc le marbre des statuaires qui est du calcaire presque pur. Le carbonate de chaux est décomposé en acide carbonique, qui se dégage, et en chaux anhydre, qui reste (p. 163).

Dans l'industrie, on emploie les divers calcaires répandus dans la nature : suivant leur composition, on obtient des chaux possédant des propriétés très-différentes, et désignées sous les noms de *chaux grasse, chaux maigre* et *chaux hydraulique*. Nous étudierons les caractères de ces diverses chaux au chapitre XXI.

293. Propriétés de la chaux pure. — La chaux est une base connue de toute antiquité. Elle est blanche, amorphe, caustique et très-alcaline. $D = 1,3$. Exposée à l'air, la chaux récemment préparée, ou *chaux vive*, absorbe avec avidité l'humidité et l'acide carbonique de l'atmosphère, elle augmente de volume, *se délite* et acquiert la propriété de faire effervescence avec les acides.

La chaux est transformée alors en une combinaison de carbonate et d'oxyde hydraté.

Mise en contact avec un peu d'eau, la chaux s'hydrate en dégageant une grande quantité de chaleur qui vaporise une partie de l'eau employée, et sa composition est alors représentée par la formule CaO, HO. Par suite de cette hydratation, la chaux, se délitant de plus en plus, finit par tomber en poussière, et on dit alors qu'elle est *éteinte*. La chaleur peut ramener la chaux hydratée à l'état anhydre, ce qui n'a pas lieu pour les hydrates de *baryte* et de *strontiane*.

On appelle *eau de chaux* une dissolution de cet oxyde dans l'eau (n° 214). La solubilité de la chaux est très-faible, car à la température ordinaire l'eau en dissout tout au plus 1 gramme par litre.

Un *lait de chaux* est constitué par de la chaux en suspension dans l'eau.

394. Action de la chaux sur les matières organiques. — La chaux vive exerce une action remarquable sur les matières organiques en favorisant leur décomposition, et par suite leur transformation en composés solubles. Cette base transforme facilement en ammoniaque l'azote contenu dans des matières végétales qui, abandonnées à elles-mêmes, ne se décomposeraient que très-lentement.

EXPÉRIENCE : On prend du fumier complétement sec, ne renfermant point par conséquent d'ammoniaque libre, et on en introduit une petite quantité dans un tube d'essai avec un lait de chaux. En faisant bouillir le mélange, on pourra constater bientôt un dégagement d'ammoniaque, résultat de la transformation de l'*azote* contenu dans la matière : 1° à l'aide d'un papier de tournesol rouge et humide qui bleuit ; 2° en approchant de l'orifice du tube d'essai un agitateur imprégné d'acide chlorhydrique.

395. Etat naturel. — La chaux est très-abondamment répandue dans la nature, mais elle ne s'y rencontre jamais isolée, en raison de sa grande affinité pour l'acide carbonique. A l'état de *carbonate de chaux*, cette base constitue la pierre calcaire, les marbres, la craie, les coquilles des mollusques, etc.; unie à l'acide sulfurique, elle fournit le *sulfate de chaux ;* enfin diverses roches renferment aussi cette base en combinaison avec l'acide silicique.

La chaux, combinée à divers acides, organiques ou minéraux, se retrouve encore dans le tissu des plantes, le squelette des animaux, ainsi qu'en dissolution dans beaucoup d'eaux terrestres.

396. Action de la chaux sur les animaux et les

végétaux. — La chaux est une des substances minérales les plus indispensables pour le développement des animaux et des végétaux. Le squelette des premiers contenant près de 66 pour 100 de sels calcaires, on comprend combien il est nécessaire que les animaux trouvent dans leurs aliments ou dans leurs boissons une dose de chaux suffisante ; d'autre part, toutes les plantes cultivées renfermant dans leurs cendres de la chaux en proportion plus ou moins grande, on doit faire en sorte que les sols sur lesquels elles se développent en soient suffisamment pourvus. Parmi nos récoltes, le colza, le sainfoin, le trèfle et la luzerne sont les plantes qui absorbent le plus de chaux. Quand un sol est trop pauvre en principe calcaire, on y remédie par le chaulage, le marnage et même le plâtrage.

397. Usages de la chaux. — La chaux a de nombreux usages : elle sert à la confection des mortiers employés dans les constructions, à la purification du gaz de l'éclairage (n° 245); dans le tannage, pour gonfler les peaux, dont on enlève ensuite plus facilement les poils. On l'emploie pour la préparation, par voie humide, de la potasse et de la soude à la chaux (n° 315); pour la saponification des corps gras destinés à la fabrication des bougies; pour la *défécation* des jus dans la fabrication du sucre, etc.; nous y reviendrons en chimie organique. Enfin, en agriculture, cette base est employée pour l'amendement des terres et la préparation des blés de semence.

398. Chaulage des blés. — Cette opération a pour but de détruire les *sporules* de petits champignons qui, en se développant, déterminent sur les céréales les maladies désignées sous les noms de *carie, rouille, charbon,* *ergot*. Parmi les diverses méthodes, nous citerons la suivante, employée dans la Beauce[1] :

On éteint dans un baquet 1 litre de chaux vive avec 10 litres d'eau chaude, et on ajoute au lait de chaux obtenu 2 litres d'urine de vache ou de cheval. On verse ensuite le mélange bien homogène sur 1 hectolitre de blé, on remue la masse dans tous les sens, et vingt-quatre heures après on peut semer.

399. Action de la chaux sur les terres. — L'action désorganisatrice exercée par la chaux sur les matières organiques fait employer cette substance en agriculture :

1° Pour faciliter la décomposition des engrais contenus dans les sols et leur transformation en composés solubles facilement assimilables par les plantes ;

2° Pour la fabrication des *composts*, mélange de chaux et de matières végétales, telles que mauvaises herbes, gazons, bruyères, genêts, roseaux, etc., qui seules ne se décomposeraient que très-lentement, et qui sous l'action de la chaux deviennent au contraire d'excellents engrais ;

3° Pour obtenir la décomposition rapide des matières végétales renfermées en excès dans les terres récemment défrichées, les prairies que l'on retourne, les sols tourbeux, etc.

A l'état caustique, la chaux agit aussi sur les éléments minéraux renfermés dans les sols, elle facilite la décomposition des roches feldspathiques et surtout des argiles, et contribue à mettre à la disposition des plantes de la silice soluble, ainsi que des sels de potasse ou de soude.

La chaux, une fois incorporée au sol, ne tarde pas à se transformer en carbonate de chaux en présence de la

---

[1] *Bon fermier*.

forte proportion d'acide carbonique que les terres arables renferment (n° 219) : ce composé agit alors à la manière du calcaire, mais avec cette différence cependant, que le carbonate de chaux qui provient de la chaux *délitée* et *éteinte* est éminemment assimilable par les plantes, en raison de la ténuité extrême de ses molécules; ténuité qu'aucun moyen mécanique ne saurait atteindre.

PRINCIPAUX CARACTÈRES DISTINCTIFS DES SELS DE CHAUX.

400. Les sels de chaux ont une saveur salée et amère ; on les reconnaît aux caractères suivants :

EXPÉRIENCES :

Acide oxalique et oxalate d'ammoniaque.	Précipité blanc d'*oxalate de chaux*, soluble dans un excès d'acide azotique.
Carbonates alcalins.	Précipité blanc de *carbonate de chaux* soluble dans les acides.
Sulfates alcalins.	Précipité blanc de *sulfate de chaux*, un peu soluble dans l'eau, mais complétement insoluble dans l'alcool.
Dissolution de sulfate de chaux.	Précipite un sel de baryte soluble et non un sel de chaux.

ÉTUDE DES PRINCIPAUX SELS DE CHAUX.

401. Azotate de chaux. — Ce sel, très-soluble dans l'eau, déliquescent, existe souvent en grande abondance dans les matériaux salpêtrés ; on le retrouve également dans certaines eaux.

402. Sulfate de chaux. — On trouve dans la nature :

1° La *chaux sulfatée anhydre ;*

2° La *chaux sulfatée hydratée.*

La première appartenant plus spécialement à la minéralogie, nous ne parlerons ici que de la seconde.

SULFATE DE CHAUX HYDRATÉ.
(CaO, SO³,2HO).

SYNONYMIE. — Gypse ou pierre à plâtre, sélénite.

403. Propriétés physiques et chimiques. — Obtenu dans les laboratoires par double décomposition, le sulfate de chaux est blanc, pulvérulent et à peu près insipide. Ce sel renferme 2 équivalents d'eau, qu'une chaleur inférieure à 200 degrés suffit pour lui faire perdre; on dit alors que le plâtre est *cuit*.

Après la cuisson, la pierre à plâtre naturelle a perdu toute sa dureté primitive, elle est devenue facilement friable, et si l'on met alors ce plâtre en contact avec l'eau, il s'unit de nouveau à elle et redevient presque aussi dur qu'avant.

On nomme *gâchage* l'opération qui consiste à délayer le plâtre cuit avec l'eau pour lui faire reprendre les deux équivalents qu'il avait perdus.

Le sulfate de chaux est très-peu soluble, 1000 parties d'eau dissolvant au plus 3 parties de ce sel. Cette faible solubilité suffit néanmoins pour communiquer, aux eaux qui ont coulé sur des terrains gypseux, des propriétés qui les rendent impropres aux usages domestiques (voir chap. XXX).

Le sulfate de chaux est complétement insoluble dans l'alcool.

Le plâtre chauffé au rouge avec du charbon éprouve une réduction qui le transforme en sulfure de calcium (n° 298).

Cette même réduction peut s'opérer à la température ordinaire sous l'influence des matières organiques en voie de décomposition (n° 151). Le sulfure de calcium peut ensuite, en présence de l'eau et de l'acide carbonique, se décomposer et donner naissance à de l'acide sulfhydrique et à du carbonate de chaux.

Cette réaction est des plus importantes. Elle explique la présence de l'hydrogène sulfuré dans certaines eaux séléniteuses, le dégagement de ce gaz, quand on vient à dépaver ou remuer les sols des grandes villes qui sont riches en sulfate de chaux; enfin, elle nous permettra aussi de donner une théorie satisfaisante de l'action du plâtre employé comme amendement.

404. État naturel. — Le sulfate de chaux ou gypse forme des dépôts abondants et puissants dans certains pays. On trouve, au milieu des couches du gypse amorphe, des cristaux volumineux, transparents et groupés en forme de *fer de lance* (fig. 111), d'autres fois, ces cristaux sont opaques, blancs ; ils constituent l'*albâtre gypseux*.

Fig. 111.

Ce sel existe aussi en dissolution dans certaines eaux appelées *séléniteuses ;* on le retrouve également, mais en petite quantité, dans les cendres de plusieurs plantes.

405. Usages. — L'usage le plus important du plâtre consiste dans son emploi comme *mortier* pour les constructions. Le plâtre doit être employé aussitôt qu'il est cuit, autrement il attire peu à peu l'humidité, il *s'évente* et perd ses propriétés. La solubilité du plâtre, quoique très-faible, ne permet pas cependant de l'employer à l'extérieur des édifices.

Le plâtre est utilisé aussi pour le moulage et l'ornementation.

Le *stuc* est du plâtre qui a été gâché dans de l'eau de savon ou dans une eau chargée de gélatine. Ce procédé de gâchage lui donne beaucoup plus de dureté.

L'*albâtre gypseux* sert à faire des socles de pendules, des vases, de petites statues, etc.

406. Action du plâtre sur la végétation. — Le plâtre cru, mais plus souvent cuit, est employé en agriculture pour favoriser le développement de certaines plantes, telles que le trèfle, le sainfoin, la luzerne, les vesces, les pois, les haricots. Son action paraît encore sensible sur le tabac, les choux, le colza, la navette, le chanvre, le lin, le sarrasin, mais ses effets sont faibles sur les prairies naturelles, et à peu près nuls sur les céréales et la plus grande partie des graminées.

407. Chlorure de calcium (Ca,Cl). — Ce sel, que nous avons vu prendre naissance dans la préparation de l'ammoniaque (p. 180), peut être obtenu sous forme de prismes incolores; ces cristaux, mêlés à de la glace pilée, produisent un abaissement de température considérable.

Sous l'influence de la chaleur, le chlorure de calcium cristallisé commence par perdre les 2/3 de son eau de cristallisation et se transforme en une masse poreuse. Chauffé davantage, il devient anhydre et éprouve la *fusion ignée :* on peut alors le couler en plaques.

Le chlorure de calcium anhydre, mis en contact avec l'eau, s'y combine avec énergie en dégageant beaucoup de chaleur (n° 304).

408. Etat naturel. — Ce sel existe dans les eaux de mer, de rivière, de fontaine, de puits, etc., ainsi que dans les cendres de certaines plantes.

409. Usages. — Le chlorure de calcium poreux ou fondu, étant très-avide d'eau, s'emploie pour dessécher les gaz (fig. 18), ou préserver de l'oxydation les instruments de précision employés dans les laboratoires.

410. Hypochlorite de chaux $(CaO, ClO + Ca\,Cl)$. — Ce sel, appelé le plus souvent *chlorure de chaux*, est à proprement parler un mélange d'*hypochlorite de chaux* et de *chlorure de calcium*.

411. Préparation. — On fait arriver du chlore gazeux dans de grandes caisses, partagées en plusieurs compartiments par des claies chargées de chaux éteinte.

412. Propriétés. — Composé blanc, amorphe, pulvérulent, soluble dans l'eau et dégageant une odeur d'*acide hypochloreux*, par suite de sa décomposition sous l'influence de l'acide carbonique de l'air.

Les acides versés sur le chlorure de chaux font dégager *tout le chlore* renfermé dans ce composé, ce qui explique pourquoi les hypochlorites désinfectent et décolorent et sont employés préférablement au chlore lui-même, qu'il serait difficile de conserver.

Théorie de la réaction. — L'acide employé porte son action sur l'*hypochlorite* et met en liberté l'*acide hypochloreux*. A son tour ce dernier, en présence du *chlorure de calcium* contenu dans le chlorure de chaux, lui abandonne son oxygène, et 2 équivalents de chlore se dégagent.

PREMIÈRE RÉACTION :

$$CaO, ClO \; + \; SO^3, HO \; = \; CaO, SO^3 + \; HO \; + \; ClO$$

Hypochlorite de chaux.	Acide sulfurique.	Sulfate de chaux.	Eau.	Acide hypochloreux.

DEUXIÈME RÉACTION :

$$\underbrace{ClO}_{\text{Acide hypochloreux.}} + \underbrace{CaCl}_{\text{Chlorure de calcium.}} = \underbrace{CaO}_{\text{Chaux.}} + \underbrace{2Cl}_{\text{Chlore.}}$$

EXPÉRIENCES : On prend deux verres à pied (fig. 112) A et B, et l'on y verse de la dissolution de *chlorure de chaux*.

1° Dans le verre A, on ajoute de la teinture de tour-

Fig. 112.

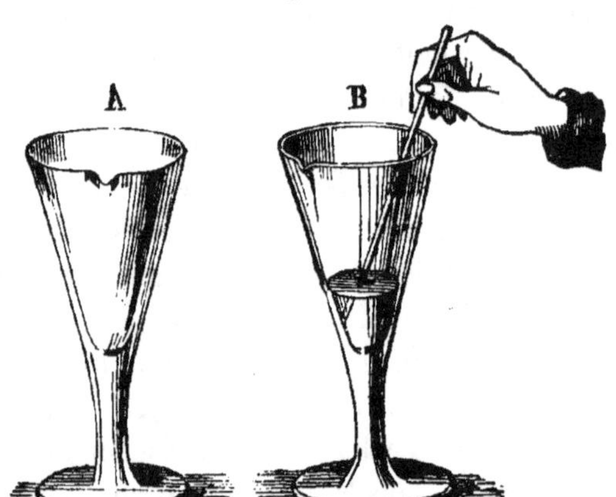

nesol qui, loin de se décolorer, prend une couleur *bleue* plus prononcée, à cause de l'excès de *chaux* que renferme toujours l'*hypochlorite*. Mais, si l'on verse ensuite quel-ques gouttes d'acide sulfurique, la liqueur se décolore instantanément par suite de la mise en liberté du chlore, gaz bien reconnaissable à son odeur.

2° Si, au lieu de tournesol, on verse dans le verre B de la dissolution sulfurique d'indigo (n° 181), la décoloration a lieu instantanément, parce que l'on ajoute tout à la fois la matière colorante et l'acide destiné à mettre le chlore en liberté.

3° On peut faire voir que l'acide carbonique de l'air décompose lentement le chlorure de chaux à la manière des acides forts, à l'aide de l'expérience suivante (fig. 113) :

Fig. 113.

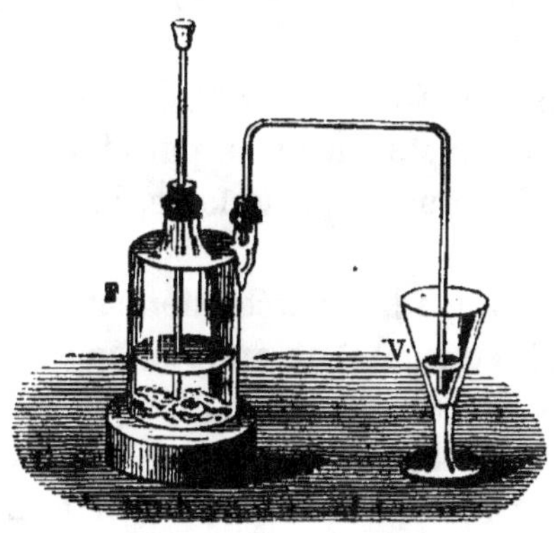

Le verre V renferme une dissolution d'hypochlorite colorée en *bleu* par du tournesol, le flacon F laisse dégager un courant de gaz carbonique (p. 163). On voit la liqueur se décolorer peu à peu, et après quelques minutes il ne reste plus qu'un précipité de *carbonate de chaux* tenu en suspension dans un liquide sensiblement incolore.

413. Usages. — On fait un grand usage du chlorure de chaux pour le blanchiment des toiles et de la pâte à papier ; dans les fabriques de toiles peintes, on l'emploie comme *rongeur* de certaines couleurs. — Ce composé sert encore pour détruire les miasmes putrides qui se dégagent dans les salles d'hôpitaux, les amphithéâtres de dissection ; on le répand aussi dans les lieux d'aisances pendant l'été. Dans ce cas, c'est l'acide carbonique de l'air qui produit un dégagement lent du chlore.

Toutes les fois qu'une maladie épizootique ou enzootique, de nature putride ou contagieuse, a exercé ses ravages dans une étable, une bergerie ou une écurie, on doit désinfecter l'air par des fumigations de chlore, laver les murs, les râteliers, les crèches, les harnais, etc., avec de l'eau chlorée ou une dissolution de chlorure de chaux.

Les fumigations de chlore agissent efficacement sur les animaux atteints d'affections putrides des voies respiratoires, telles que la pneumonie, la péripneumonie, l'angine, etc.

L'eau de chlore, administrée intérieurement ou localement, paraît être aussi un antiputride très-actif.

414. Fluorure de calcium $(CaFl)$. — Ce composé, appelé en minéralogie *spath-fluor*, se trouve dans la nature accompagnant les filons dont il forme ordinairement la gangue. — Nous avons dit (n° 146) que le fluorure de calcium servait à la préparation de l'acide fluorhydrique employé pour la gravure sur verre.

CARBONATE DE CHAUX.

$$(CaO, CO^2).$$

415. Propriétés physiques et chimiques. — Le carbonate de chaux pur est blanc, insipide et insoluble dans l'eau. Chauffé à une température rouge, il se décompose en acide carbonique et en chaux. Nous avons vu (n° 392) que la fabrication de la chaux était fondée sur cette propriété. L'eau en vapeur favorisant la décomposition du calcaire, en facilitant le dégagement du gaz carbonique, les chaufourniers ont soin de mettre dans leurs fours des pierres humides, ou bien ils les arrosent de temps en temps avec un peu d'eau.

416. Solubilité du carbonate de chaux dans une eau chargée d'acide carbonique. — Nous avons démontré (n° 219) que si le carbonate de chaux est insoluble dans l'eau, il est soluble, au contraire, dans une eau chargée d'acide carbonique. Il est facile de répéter l'expérience à l'aide de l'appareil de la figure 113. On peut aussi, pour opérer cette dissolution, employer l'eau gazeuze renfermée dans un appareil à eau de Seltz, on voit alors la liqueur devenir complétement limpide. — Cette propriété explique pourquoi beaucoup d'eaux de source, de fontaine ou de rivière renferment ce sel en dissolution. Les eaux très-chargées de carbonate de chaux sont appelées *eaux calcaires*, elles jouissent, comme les eaux *séléniteuses*, de certaines propriétés défavorables, sous le rapport des usages domestiques (chap. XXX).

Quand, par une cause quelconque, ces eaux calcaires viennent à perdre le gaz carbonique qu'elles tenaient

Fig. 114.

en dissolution, leur carbonate de chaux se précipite et donne lieu à divers dépôts qui, suivant leur forme, leur puissance, etc., portent les noms de *stalactites*, *stalagmites*, *tufs calcaires*, *pétrifications*, *incrustations*, etc.

EXPÉRIENCE : Le liquide obtenu dans le verre V (fig. 113) étant filtré, on en fait bouillir une certaine portion dans un tube d'essai ; l'acide carbonique dissous se dégage et l'on voit bientôt la liqueur se troubler par suite de la précipitation du carbonate de chaux (fig. 114).

417. État naturel. — Le carbonate de chaux est encore plus abondamment répandu dans la nature que le sulfate de chaux, car on le retrouve dans tous les terrains constituant l'écorce solide du globe. Seul ou mélangé avec diverses matières étrangères, il forme les marbres, les calcaires, la craie, les marnes, etc.

Dans quelques contrées, il constitue des montagnes et même des chaînes de montagnes entières ; exemple : le Jura, certaines parties des Alpes, etc.

Le carbonate de chaux se présente dans la nature avec les formes, les textures, les couleurs les plus variées, nous étudierons les plus importantes dans le cours de géologie. Il résulte, de l'abondance de ce composé dans la croûte solide du globe, que presque tous les sols renferment du carbonate de chaux, sel dont la base est indispensable, comme nous l'avons vu, au développement des végétaux et des animaux.

La matière minérale des os renferme environ 20 pour 100 de carbonate de chaux ; le test des mollusques, les coquilles des œufs des oiseaux, la carapace des crustacés en sont entièrement formés.

Enfin, presque toutes les eaux terrestres contiennent du calcaire dissous à la faveur du gaz carbonique.

418. Action sur les animaux et les végétaux. — Le calcaire indispensable aux êtres vivants est fourni aux animaux par les boissons ou les aliments.

Les plantes puisent dans le sol ce principe, qui subit sans doute dans leurs tissus une décomposition en présence des acides organiques déjà formés (tartrique, malique, oxalique). Ceux-ci s'emparent de la chaux et mettent en liberté l'acide carbonique, qui peut alors, sous l'influence des rayons solaires, éprouver la réduction dont nous avons déjà parlé (n° 218).

Le calcaire renfermé dans les terres arables a encore un mode d'action fort important au point de vue de la végétation. D'une part, en raison de sa texture poreuse, il favorise la production des nitrates; de l'autre, il peut, par double décomposition, transformer les sels ammoniacaux non immédiatement assimilables en carbonate d'ammoniaque si favorable à la nutrition des plantes. Enfin, le calcaire peut neutraliser l'acidité naturelle de certains sols et les rendre propres à fournir des récoltes auparavant impossibles.

419. Usages. — Les calcaires sont employés comme pierres à bâtir, ou pour la fabrication des diverses chaux utilisées dans les constructions; à l'état de marbre, il sert à la confection de colonnes, pavés et objets de luxe ou d'ornementation dans nos habitations. Avec la craie, on fait des crayons ou des pains de blanc d'Espagne.

Enfin, les marnes servent en agriculture pour amender les terres.

PHOSPHATE DE CHAUX BASIQUE.

$$(CaO)^3, PhO^5.$$

420. Parmi les divers phosphates de chaux, le plus important au point de vue agricole est le *phosphate de chaux basique*, qui constitue, comme nous l'avons indiqué (n° 81), les 9/10 de la matière minérale des os.

421. **Propriétés.** — Sel blanc, amorphe, fixe, insoluble dans l'eau. Ce composé est soluble dans les acides minéraux (n° 219) (B); il l'est également dans l'acide acétique et un peu dans l'eau chargée d'acide carbonique.

Phosphate de chaux gélatineux. — L'ammoniaque, versée dans la dissolution acide de ce sel, précipite le phosphate de chaux à l'état gélatineux; sous cette forme il se dissout en quantité notable dans une eau chargée d'acide carbonique.

EXPÉRIENCE (B) du numéro 219.

Double décomposition du phosphate de chaux basique.— En faisant bouillir ce sel avec une dissolution de carbonate de soude, on obtient la double décomposition suivante :

$$(CaO)^3, PhO^5 \; + \; 3(NaO, CO^2) = (NaO)^3, PhO^5 \; + \; 3(CaO, CO^2)$$

Phosphate de chaux basique.	Carbonate de soude.	Phosphate de soude basique.	Carbonate de chaux.

Par filtration, on sépare le phosphate de soude soluble du carbonate de chaux insoluble, et l'on peut alors accuser la présence de l'*acide phosphorique* dans la liqueur filtrée (n° 191).

422. Etat naturel. — Le phosphate de chaux se trouve dans les os, les dents, uni à des substances organiques azotées ; les parties liquides, molles ou solides, des animaux renferment également ce composé. D'après les calculs de M. E. de Beaumont, le squelette d'un homme contient environ 2ᵏ,440 de phosphate de chaux et le corps tout entier 3ᵏ,280.

Associé au phosphate de magnésie, ce sel se retrouve dans presque tous les végétaux et plus spécialement là où les matières albuminoïdes semblent s'accumuler, comme dans les graines, par exemple (nº 190).

Les sources auxquelles l'agriculture peut puiser le phosphate de chaux qui lui est indispensable tendant chaque jour à s'augmenter, nous allons les indiquer sommairement, nous réservant d'en parler plus en dé-tail en géologie.

1º Squelettes des animaux appartenant aux espèces vivantes.

2º Amas, souvent considérables, d'ossements fossiles répandus sur divers points du globe.

3º Excréments fossiles de grands animaux antédiluviens. Ces excréments, désignés sous le nom de *coprolithes*, renferment jusqu'à 60 pour 100 de phosphate de chaux associé à une petite quantité de matière organique azotée.

4º *Pseudo-coprolithes* ou *nodules phosphatés*, également d'origine organique, que l'on retrouve en France dans un grand nombre de départements et qui, d'après M. Bobierre, renferment en moyenne 48 pour 100 de phosphate de chaux basique.

5º *Certains guanos* analysés par MM. Malaguti, Payen, Liebig, Bobierre, etc., et qui, à l'inverse des guanos ordinaires, sont pauvres en azote, mais renferment 70 et 80 pour 100 de phosphate de chaux.

423. Usages du phosphate de chaux. — Ce sel sert à la préparation du phosphore et par suite à celle de l'acide phosphorique et des phosphates. Il joue de plus un rôle des plus importants en agriculture.

424. Emploi du phosphate de chaux en agriculture. — Le phosphate de chaux dissous à la faveur des acides contenus dans les sols et particulièrement de l'acide carbonique, est absorbé par les racines des plantes et concourt efficacement à leur développement. Nous avons indiqué (n° 190) quelles étaient les récoltes qui empruntaient à la terre les plus fortes proportions d'acide phosphorique.

Depuis bien longtemps, les os et le noir animal sont employés en agriculture avec le plus grand succès, mais dans ces dernières années, des essais ont été faits avec les gisements de phosphate de chaux naturel que nous avons indiqués (n° 422). Les résultats satisfaisants qui ont été obtenus font espérer que ces matières pourront devenir une nouvelle source de richesse pour le cultivateur.

425. Superphosphate de chaux. — Nous avons dit que le phosphate de chaux basique était beaucoup moins soluble dans une eau chargée d'acide carbonique que le phosphate gélatineux, aussi a-t-on cherché à rendre plus rapidement assimilable par les plantes le phosphate renfermé dans les os bruts, carbonisés ou calcinés, dans les os fossiles, les coprolithes, etc.

A cet effet, on commence à réduire en poudre la substance, on la délaye ensuite avec parties égales d'eau et d'acide sulfurique. Cet acide, s'emparant d'une partie de la chaux du sel, forme du sulfate de chaux et transforme le phosphate basique en phosphate acide.

Le phosphate basique renfermait environ 46 d'acide phosphorique pour 54 de chaux, et était insoluble dans l'eau; le *phosphate acide* contient 61 d'acide phosphorique, 24 de chaux, 15 d'eau et est très-soluble. C'est ce dernier phosphate que l'on désigne très-improprement sous le nom de *superphosphate* et que l'on devrait appeler simplement *biphosphate de chaux.*

Une fois incorporé au sol, ce biphosphate perd son acidité, parce que l'excès d'acide phosphorique est saturé par les bases contenues dans la couche arable, et sans doute, comme le dit M. Bobierre, le phosphate des os régénéré se précipite à l'état gélatineux, forme sous laquelle il est éminemment propre à l'assimilation.

Nous reviendrons sur ce composé quand nous traiterons des amendements et des engrais employés en agriculture.

CHAPITRE XX.

FIN DES MÉTAUX ALCALINO-TERREUX.

MAGNÉSIUM, MAGNÉSIE, PRINCIPAUX SELS DE MAGNÉSIE.

MÉTAUX TERREUX. ALUMINIUM. ALUMINE.

PRINCIPAUX SELS D'ALUMINE.

MAGNÉSIUM.

$Mg = 12.$

426. On extrait le magnésium de la magnésie en transformant d'abord cette base en chlorure de magnésium, sous l'influence simultanée du chlore et du charbon, et en décomposant ensuite ce chlorure par le potassium ou le sodium. Ce métal est peu important par lui-même.

OXYDE DE MAGNÉSIUM OU MAGNÉSIE.

$(MgO).$

427. Le magnésium se combine à l'oxygène pour donner l'oxyde de magnésium, appelé ordinairement *magnésie*.

Propriétés physiques et chimiques.—La magnésie est blanche, pulvérulente, infusible et indécomposable aux plus hautes températures, très-peu soluble dans l'eau.

Cette base peut se combiner à un équivalent d'eau et donner un hydrate de magnésie (MgO,HO), qui, abandonné à l'air, absorbe peu à peu l'acide carbonique, comme la chaux éteinte.

428. Préparation. *Magnésie anhydre.* — On calcine le carbonate de magnésie de façon à dégager l'acide carbonique, et il reste de la magnésie dite *calcinée.*

Magnésie hydratée.—EXPÉRIENCE : On verse un alcali, tel que la potasse ou la soude, dans un sel soluble de magnésie (n° 296, 4°).

$$MgO, SO^3 + KO, HO = KO, SO^3 + MgO, HO.$$

429. Etat naturel.— On trouve dans la nature l'oxyde de magnésium hydraté à l'état cristallisé ; c'est un minéral assez rare. Combinée aux divers acides *carbonique, chlorhydrique, sulfurique, phosphorique, silicique,* la magnésie est assez répandue dans la nature. Les eaux de quelques sources renferment du *sulfate de magnésie ;* un certain nombre de roches importantes, telles que la *dolomie,* le *talc,* la *serpentine,* contiennent également cette base.

Dans les sols, le carbonate de magnésie accompagne presque toujours le carbonate de chaux, et il résulte, des nombreuses analyses que nous avons faites sur les terres de la Bresse et de la Dombes, que, dans les sols pauvres en carbonate de chaux, l'élément magnésien l'emporte sur l'élément calcaire, tandis que dans les sols plus calcaires, c'est le contraire qui arrive.

La magnésie, combinée aux *acides phosphorique, carbonique* ou *chlorhydrique,* accompagne aussi presque toujours la chaux dans les végétaux ; mais elle s'y trouve ordinairement en proportions plus faibles que cette dernière. Les cendres les plus riches en magnésie sont celles de graines de froment, qui en renferment environ 16 pour 100 de leur poids ; celles des haricots et des pois en contiennent de 10 à 12 pour 100.

Enfin, on retrouve encore cette base unie le plus souvent à l'acide phosphorique dans certaines parties solides ou liquides des animaux.

430. Usages. — Nous avons dit (n° 193) que la magnésie est le contre-poison de l'*acide arsenieux*, avec lequel elle forme un sel insoluble. En médecine humaine et vétérinaire, cette base est employée contre les aigreurs d'estomac; elle agit en saturant l'excès d'acidité du suc gastrique. Dans ce but, on l'administre à la dose de 4 à 8 grammes aux jeunes animaux encore à la mamelle, chez lesquels le suc gastrique est sécrété souvent en trop grande abondance.

431. Action de la magnésie sur la végétation. — Pendant longtemps on a cru que la présence de la magnésie dans les sols était défavorable à la végétation ; on a dit même qu'elle était stérilisante au plus haut degré. Cette opinion, qui avait pris naissance en Angleterre, par suite d'un emploi immodéré de la *chaux magnésienne* comme amendement, est abandonnée chaque jour de plus en plus, en présence de faits qui lui sont tout à fait contraires.

En effet, de Saussure avait fait remarquer que la magnésie remplaçait souvent la chaux dans les cendres des plantes, et des analyses nombreuses, faites depuis par d'habiles chimistes, ont démontré que cette base entrait en proportion notable dans la composition des terres les plus fertiles, telles que celles des bords du Nil, et dans divers sols du Languedoc, où l'on en a trouvé de 7 à 12 pour 100.

Enfin, il n'est pas rare, dit M. Fournet, de trouver dans les Alpes piémontaises de magnifiques forêts qui poussent, avec tout leur cortége de végétaux herbacés, sur les serpentines, roches essentiellement magnésiennes. Le Tyrol offre de même à l'observateur les cultures les plus variées, développées sur la dolomie, qui est un carbonate double de chaux et de magnésie.

PRINCIPAUX CARACTÈRES DES SELS DE MAGNÉSIE.

432. Tous les sels de magnésie ont une saveur très-amère.

EXPÉRIENCES : Les *carbonates alcalins* donnent dans les sels magnésiens un précipité blanc de carbonate de magnésie, soluble dans un excès de sel ammoniacal.

Le *phosphate de soude ammoniacal* détermine dans les mêmes sels (préalablement additionnés d'un volume égal d'une dissolution de chlorhydrate d'ammoniaque) un précipité blanc, grenu, cristallin, de *phosphate ammoniaco-magnésien*, qui a pour composition :

$$AzH^3, HO \ (MgO)^2 \ PhO^5 + 6HO.$$

Ce précipité jouit de la *propriété écrivante*, c'est-à-dire que, frotté avec un agitateur contre les parois du verre où il a été produit, il s'y attache et laisse des traits caractéristiques (n° 191).

PRINCIPAUX SELS DE MAGNÉSIE.

433. Chlorure de magnésium $(MgCl)$. — La magnésie, traitée par l'acide chlorhydrique, donne du chlorhydrate de magnésie, qui, par évaporation, laisse déposer des cristaux ayant pour composition $MgCl + 5HO$, et qui ne peuvent perdre leur eau sans se décomposer.

Le chlorure de magnésium existe en grande abondance dans les eaux mères des marais salants, ainsi que dans presque toutes les eaux naturelles. Nous avons dit aussi que certaines plantes renfermaient également ce sel.

434. Sulfate de magnésie $(MgO,SO^3,7HO)$.

SYNONYMIE. — Sel d'Epsom, de Sedlitz, sel amer.

Propriétés. — Ce sel cristallise, à la température ordinaire, en petits prismes allongés ayant la composition ci-dessus. Il est incolore, inodore, de saveur amère et salée et efflorescent à l'air. Chauffé, ce sulfate éprouve d'abord la fusion aqueuse, se dessèche, éprouve ensuite la fusion ignée et finit par se décomposer.

435. Etat naturel. — Le sulfate de magnésie existe dans les eaux de la mer, et on l'extrait en grande abondance des eaux mères des salines. On le retrouve aussi dans plusieurs eaux minérales, telles que celles d'Epsom (en Angleterre), de Sedlitz et de Pullna (en Bohême).

436. Usages. — Ce sel est employé en médecine comme purgatif ; il en est de même des eaux minérales que nous venons de citer. En médecine vétérinaire, le sulfate de magnésie est prescrit généralement aux mêmes doses que le sulfate de soude, mais il est un peu plus cher.

437. Phosphate de magnésie $(MgO)^2$, HO, PhO^5.— Ce sel, qui peut être obtenu par double décomposition, en versant du phosphate de soude dans un sel soluble de magnésie, se rencontre en petite quantité dans les os des animaux et dans les semences de diverses espèces de graminées, notamment dans les graines des céréales.

438. Phosphate ammoniaco-magnésien. — Le phosphate, dont nous avons indiqué (n° 432) la préparation et la composition, est un sel blanc, grenu et légèrement soluble dans l'eau. Sous l'influence de la chaleur, il perd son eau et son ammoniaque, et se transforme en *phosphate de magnésie anhydre* $(MgO)^2$, PhO^5.

Etat naturel. — Ce sel se retrouve tout formé dans la graine des céréales ; il se forme spontanément dans l'urine qui se putréfie et est la base de plusieurs calculs urinaires et intestinaux.

Action sur les végétaux. — Le phosphate ammoniaco-magnésien a été expérimenté comme engrais par MM. Boussingault et Isidore Pierre, et ces deux savants ont constaté des effets très-remarquables sur le froment, le maïs et le sarrasin (voir *Amendements*).

439. Carbonate de magnésie $(MgO)^4$, $3CO^2 + 2HO$.

SYNONYMIE. — Magnésie blanche, *magnesia alba*.

Préparation. — EXPÉRIENCE : On obtient ce sel par double-décomposition, en mélangeant des dissolutions étendues et chaudes de carbonate de soude et de sulfate de magnésie.

440. Propriétés. — Ce sel, qui est un *hydrocarbonate*, c'est-à-dire une combinaison d'hydrate et de carbonate de magnésie, se trouve dans le commerce sous forme de gros pains rectangulaires blancs, très-légers. Il est inodore, insipide, inaltérable à l'air, insoluble dans l'eau pure, mais très-soluble dans l'eau chargée d'acide carbonique. A la chaleur rouge, ce sel perd son eau et son acide, et se transforme en magnésie anhydre.

441. Usages. — L'hydrocarbonate de magnésie, jouissant à peu près des mêmes propriétés que l'oxyde, peut, en médecine, être substitué à ce dernier, sauf dans le cas d'empoisonnement par l'acide arsenieux.

442. Etat naturel. — On rencontre dans la nature, à l'état amorphe ou cristallisé, un carbonate de magnésie anhydre, ayant pour composition MgO, CO^2. On trouve aussi un carbonate double de chaux et de magnésie (dolomie), qui constitue des roches considérables dans plusieurs contrées, notamment dans les Alpes, et qui est probablement la source de toute la magnésie renfermée dans les sols et les eaux.

443. Silicates de magnésie. — La nature nous offre encore un certain nombre de silicates de magnésie, combinés ordinairement avec l'eau, et qui, en grandes masses, constituent des roches dont nous ferons l'étude en géologie.

MÉTAUX TERREUX.

444. Le seul métal de ce groupe qu'il nous importe d'étudier ici est l'*aluminium*.

ALUMINIUM, ALUMINE, PRINCIPAUX SELS D'ALUMINE.

ALUMINIUM.
$$Al = 13,75.$$

Préparation. — L'aluminium s'extrait de l'alumine en suivant le même procédé que pour le magnésium.

445. Propriétés physiques et chimiques. — Métal blanc d'argent, très-ductile et très-malléable. $D = 2,6$ environ. Sous le marteau, il s'écrouit et devient sonore et élastique; on peut le limer comme le fer. L'aluminium est un excellent conducteur de la chaleur et de l'électricité. Il est apte à recevoir toutes les applications de la dorure galvanique.

Il fond à 430 degrés environ, est inaltérable à l'air, même aux températures les plus élevées, et ne décompose l'eau qu'au rouge blanc.

Les acides sulfurique et azotique ne l'attaquent que

très-difficilement, l'acide chlorhydrique le dissout au contraire très-bien.

Par les propriétés que nous venons d'énumérer, on voit, comme nous l'avons dit déjà, que ce métal devrait être rangé près des métaux précieux, et si, dans le tableau du numéro 289, il a été placé dans la troisième section, c'est en raison d'autres propriétés que l'oxyde d'aluminium possède en commun avec les oxydes de fer, de chrome, etc.

Etat naturel. — L'aluminium ne se rencontre pas à l'état natif, mais combiné à l'oxygène ; il est extrêmement répandu dans la nature.

Usages. — Quand on sera parvenu à fabriquer ce métal à bon marché, les propriétés remarquables dont il jouit le rendront extrêmement précieux et d'un emploi aussi répandu que le cuivre, le fer, etc.

OXYDE D'ALUMINIUM OU ALUMINE.

$$(Al^2O^3).$$

446. L'aluminium forme avec l'oxygène une seule combinaison, à laquelle les chimistes ont donné la formule Al^2O^3, par suite de l'analogie qu'elle présente avec certains oxydes qui en ont une semblable : tel est le peroxyde de fer (Fe^2O^3).

447. Préparation. — On peut obtenir l'*alumine anhydre* ou *hydratée.*

Alumine anhydre. — EXPÉRIENCE : Dans un creuset (fig. 115), on décompose par la chaleur le *sulfate d'alumine* $(Al^2O^3,3SO^3)$; à une température élevée, il ne reste plus que l'alumine anhydre.

Alumine hydratée. — EXPÉRIENCE : On traite une dissolution de ce même sel par un excès de *carbonate d'am-moniaque,* qui donne lieu à un précipité *blanc, gélati-neux d'alumine hydratée.*

Fig. 115.

L'alumine gélatineuse une fois déposée, on décante la liqueur claire, et on lave à plusieurs reprises le précipité, comme il a été dit pour le phosphate de chaux gélati-neux (n° 219 B). — Ce lavage effectué, on jette la masse sur un filtre (fig. 116), et l'on peut s'en servir pour ré-péter les expériences indiquées dans les numéros sui-vants.

448. Propriétés de l'alumine anhydre. — Poudre blanche, pulvérulente, happante à la langue, insoluble dans l'eau, très-difficilement soluble dans les acides et les alcalis. Cet oxyde est infusible aux températures les plus élevées de nos fourneaux et ne fond qu'au chalu-meau oxyhydrogène. L'acide carbonique ne se combine pas avec cet oxyde.

449. Propriétés de l'alumine hydratée. — L'alumine hydratée se présente sous forme d'une gelée incolore qui peut retenir jusqu'à 70 pour 100 d'eau. Elle est un

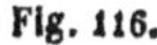

Fig. 116.

peu soluble dans ce liquide et très-facilement soluble dans les alcalis et les acides ; avec la potasse, l'oxyde de zinc, elle forme de véritables sels (aluminates), dans lesquels elle joue le rôle d'acide, tandis que, avec les acides sulfurique, phosphorique, etc., elle joue le rôle de base ; cette propriété lui a fait donner le nom d'*oxyde indifférent* (n° 294).

EXPÉRIENCE : On prend, avec une baguette de verre, un peu d'alumine en gelée, recueillie sur le filtre dans l'expérience précédente (n° 447), on l'introduit dans un tube d'essai avec quelques centimètres cubes de dissolution de potasse, et on voit que, même à froid, l'alumine se dissout dans la liqueur alcaline.

En se desséchant, l'alumine hydratée prend beaucoup de retrait, elle diminue considérablement de volume, se fendille, mais elle n'abandonne toute son eau que sous l'influence d'une très-forte calcination, et elle reprend alors les propriétés de l'alumine anhydre.

EXPÉRIENCE : On peut constater le *retrait* qu'éprouve l'alumine en gelée par la dessiccation en abandonnant dans un endroit chaud un filtre sur lequel on a recueilli cette substance. On verra la matière se racornir, se fendiller, et enfin se réduire à un volume extrêmement petit, par rapport à la masse primitive.

Si l'on vient à déterminer le précipité d'alumine en gelée, au sein d'une liqueur tenant une matière colorante en suspension ou en dissolution, le précipité entraîne la matière colorante, et forme avec elle un composé insoluble appelé *laque*.

Les sels d'alumine, jouissant comme l'alumine elle-même de la propriété de fixer les matières colorantes et d'adhérer aux tissus, sont employés en teinture pour l'opération appelée *mordançage* ou *alunage*.

EXPÉRIENCE : On introduit dans un verre : 1° une dissolution de sulfate d'alumine ; 2° une dissolution un peu concentrée de bois de Campêche. Les deux liqueurs une fois mélangées, on ajoute un excès d'une dissolution de carbonate d'ammoniaque ou d'ammoniaque, qui détermine la production d'une *laque* violette, que l'on peut recueillir sur un filtre.

450. Laque de fumier. — EXPÉRIENCE : De l'alumine en gelée, broyée avec de l'eau de fumier dans un mortier, peut absorber, d'après M. P. Thénard, jusqu'à 50 pour 100 de son poids de teinture.

La masse, jetée sur un filtre et bien lavée, retient énergiquement la matière colorante fixée, et l'analyse a démontré que la *laque* ainsi formée renfermait une proportion d'azote correspondant à 2,5 pour 100 de la matière combinée à l'alumine.

Le *peroxyde de fer hydraté* jouit de propriétés analogues. Nous reviendrons sur ce fait important en parlant des *argiles*.

451. Etat naturel. — L'alumine est abondamment répandue dans la nature ; pure ou mélangée à des oxydes métalliques, elle constitue diverses pierres précieuses, telles que le *corindon*, le *saphir*, le *rubis oriental*. L'émeri est un corindon ferrugineux.

L'alumine entre dans la composition d'un grand nombre de roches, très-abondantes dans la croûte du globe, et constituées par les *feldspaths*, le *mica*, etc. Cet oxyde est un des éléments de *l'argile*, et par conséquent se retrouve dans toutes les terres arables ; il existe aussi combiné à l'acide sulfurique et à la potasse dans l'*alun naturel*.

L'alumine n'entre jamais dans les corps organisés qu'en très-faible quantité, et les cendres des plantes ne renferment cette base qu'accidentellement.

452. Usages. — Les diverses variétés naturelles d'alumine cristallisée sont employées en joaillerie comme pierres précieuses.

L'émeri en poudre sert au polissage des métaux, des pierres et des glaces ; les laques sont employées en peinture.

Le composé à base d'alumine le plus important pour

nous, au point de vue agricole, est l'*argile;* nous en parlerons longuement dans le chapitre suivant.

PRINCIPAUX CARACTÈRES DES SELS D'ALUMINE.

453. Tous les sels solubles d'alumine ont une réaction acide, une saveur styptique et astringente.

EXPÉRIENCES :

Carbonate d'ammoniaque ou ammoniaque.	Précipité blanc, gélatineux d'*alumine hydratée*, insoluble dans un excès de réactif.
Potasse de soude.	Même précipité, soluble dans un excès.
Sulfhydrate d'ammoniaque.	Même précipité, insoluble dans un excès.

ÉTUDE DES PRINCIPAUX SELS D'ALUMINE.

SULFATE D'ALUMINE.

$$(Al^2O^3, 3SO^3).$$

454. Ce sel, qui s'obtient en traitant l'argile par l'acide sulfurique, se présente dans le commerce sous forme de masses blanches. Il est soluble dans le double de son poids d'eau, a une saveur astringente et rougit le tournesol. Il est décomposable par la chaleur (n° 447). Ce sulfate présente la propriété remarquable de former avec les sulfates alcalins des sels doubles appelés *aluns*.

Usages. — Le sulfate neutre d'alumine est très-employé aujourd'hui pour la teinture, où il remplace l'*alun* avec avantage. On s'en sert aussi dans les fabriques de toiles peintes et pour conserver les cadavres d'après le procédé Gannal.

455. Des aluns. — Les aluns sont des *sulfates dou-bles* qui se préparent facilement en mêlant ensemble les dissolutions des deux sulfates ; on évapore, et le sel double cristallise.

EXPÉRIENCE : On fait en B une dissolution saturée et chaude de sulfate d'alumine, en A une dissolution de

Fig. 117.

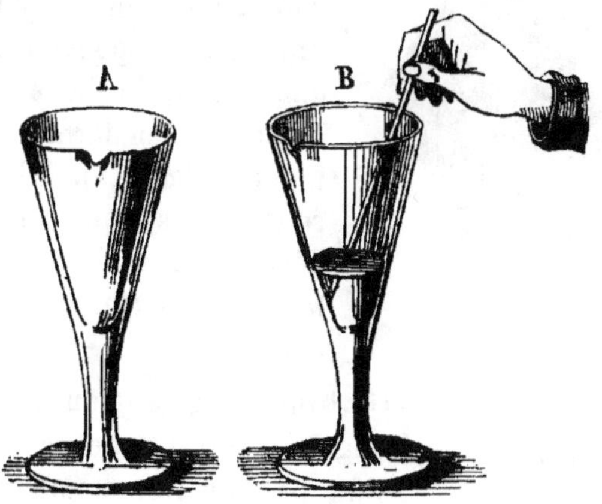

sulfate de potasse, et on les mélange dans le verre B. La liqueur laisse déposer par refroidissement une matière blanche cristalline qui est l'*alun potassique*.

ALUN POTASSIQUE OU ALUN ORDINAIRE.

$$(KO,SO^3 + Al^2O^3, 3SO^3 + 24HO).$$

456. Propriétés. — Sel incolore, pouvant cristalliser en *octaèdres* (fig. 118) ou en *cubes*, soluble dans 18 parties d'eau froide et 0,75 seulement d'eau bouillante. Sa saveur est d'abord sucrée et ensuite très-astringente.

A 92 degrés, il éprouve la fusion aqueuse, et se prend en masse par refroidissement; on l'appelle alors *alun de roche*. Chauffé davantage, il se boursoufle de plus en plus à mesure qu'il se déshydrate davantage, et l'on finit par obtenir une masse spongieuse d'*alun anhydre*, qui s'élève au-dessus du creuset en forme de champignon (fig. 119). A la chaleur rouge, le sulfate d'alumine se décompose, et il reste un mélange de *sulfate de potasse* et d'*alumine*.

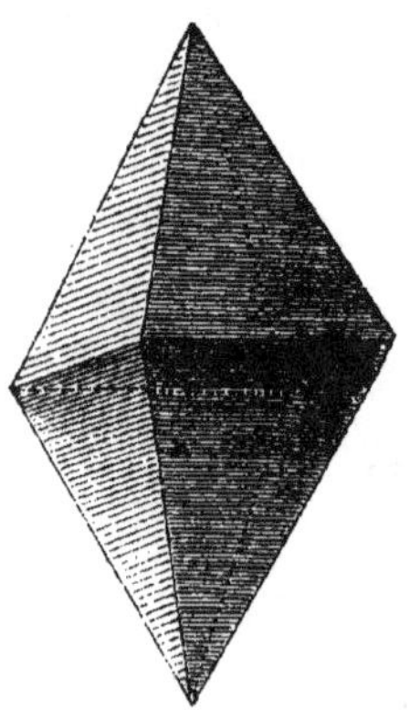

Fig. 118.

Etat naturel. — On trouve dans quelques localités de Hongrie et de l'Italie, comme à la Tolfa, près de Rome, une roche appelée *alunite* ou *pierre d'alun*, de laquelle on retire un alun dit *alun de Rome*, qui est très-estimé. On rencontre aussi l'*alun* à Pouzzoles, dans les environs de Naples.

Fig. 119.

Usages. — L'alun potassique est un des sels les plus employés; la teinture et l'impression des tissus en consomment des quantités considérables. Ce sel entre avec la gélatine dans la composition de la colle du papier, on l'incorpore aussi au suif pour faciliter sa clarification, etc.

L'alun cristallisé est employé en médecine comme as-

tringent ou hémostatique ; calciné, il sert comme esca-
rotique.

On connaît encore un certain nombre d'*aluns*, tels
que ceux de soude, d'ammoniaque, de fer, etc., auxquels
l'alun potassique sert de type, mais leur étude est inutile
pour nous.

CHAPITRE XXI.

SILICATES ALUMINEUX. ORIGINE DES ARGILES.

TERRES ARGILEUSES.

CHAUX AÉRIENNES, CHAUX HYDRAULIQUES. VERRES.

----

457. Silicates alumineux. Origine des argiles. — On rencontre dans la nature une nombreuse famille de minéraux dont la composition peut être représentée par une formule générale, correspondante à celle des *aluns anhydres*, à la condition d'y remplacer l'*acide sulfurique* par l'*acide silicique*. Les silicates sont désignés sous le nom générique de *feldspaths* ; nous allons indiquer la composition des trois principaux :

Feldspath.	Orthose.	$KO,SiO^3 + Al^2O^3, 3SiO^3$.
—	Albite.	$NaO,SiO^5 + Al^2O^3, 3SiO^5$.
—	Labradorite.. . . .	$CaO,SiO^3 + Al^2O^3, 3SiO^3$.

Ces feldspaths, dont nous ferons une étude spéciale en géologie, jouissent de la propriété remarquable de se décomposer, malgré leur dureté, sous l'influence des agents atmosphériques, qui exercent sur eux une action à la fois *mécanique* et *chimique*. L'effet mécanique détermine la désagrégation de la roche ; il résulte surtout des variations de température. L'effet chimique réside dans l'action qu'exercent sans cesse l'*acide carbo-nique* (de l'air) et l'*eau* sur ces roches ; c'est elle qui produit la décomposition (n° 219).

458. On peut énoncer le résultat de cette décomposition de la manière suivante :

Dans la décomposition des silicates contenant de l'alumine et des alcalis (potasse ou soude), ou même de la chaux, l'alumine se concentre dans le produit de la décomposition en retenant une portion de la silice et fixant une certaine quantité d'eau : les autres bases sont entraînées à l'état de carbonate avec une grande partie de la silice devenue soluble.

S'il s'agit d'un feldspath à base de chaux, le carbonate de chaux se dissout à la faveur de l'acide carbonique, que les eaux terrestres tiennent toujours en dissolution.

En supposant que la décomposition d'un feldspath soit complète, on peut la représenter sous la forme suivante :

Feldspath orthose intact.	Agents de décomposition.	Produits de décomposition.	
KO, SiO^3	CO^2	KO, CO^2	Composés
Silicate de potasse.	Acide carbonique.	Carbonate de potasse. $3(SiO^3 + Aq)$ Silice en gelée.	solubles entraînés.
+	+		
$Al^2O^3, 3SiO^3$	Aq^1	$Al^2O^3, SiO^3 + 2Aq$	Argile pure
Silicate d'alumine.	Eau.	Silicate d'alumine hydraté.	insoluble.

Quand nous traiterons, dans le cours de géologie, de

---

[1] En minéralogie, l'eau est représentée ordinairement par le symbole Aq, du mot latin *aqua*.

l'*origine des sols*, nous ferons de la décomposition des roches cristallisées une étude beaucoup plus complète ; mais, pour le moment, les notions précédentes suffisent pour comprendre l'origine et la composition des argiles.

459. Des argiles. — L'argile la plus pure est le *kaolin* ou terre à porcelaine. Sa composition est représentée par la formule $Al^2O^3,SiO^3 + 2Aq$. Cette argile n'est donc autre chose qu'un *silicate d'alumine hydraté* ; elle provient de la décomposition sur place d'un feldspath, les autres éléments ayant été dissous et entraînés par l'eau.

Mais les argiles sont loin de présenter toujours une composition aussi simple ; le plus souvent ce sont des mélanges de *silicate d'alumine* avec d'autres substances, telles que de la *silice hydratée* non combinée, du *sable*, de l'*oxyde de fer*, de l'*alumine hydratée*, du *calcaire* et des débris plus ou moins gros des roches qui leur ont donné naissance.

La diversité de composition que présentent ces matières tient aux causes suivantes :

1° A la grande variété de roches que les feldspaths constituent en s'associant à d'autres espèces minérales; roches qui, une fois décomposées plus ou moins complétement, peuvent donner lieu à des mélanges très-complexes;

2° A ce que les argiles, entraînées le plus souvent par les eaux, loin de leur gîte primitif, se sont mélangées à des matières de nature très-variée, qui ont pu elles-mêmes subir des altérations chimiques ultérieures.

460. Propriétés générales. — Le kaolin se rencontre en masses blanches, amorphes, friables, donnant avec l'eau une pâte liante qui se laisse allonger et pétrir facilement.

L'argile pure est une substance extrêmement ténue, moins dense que l'acide silicique.

Les matières argileuses répandues dans les divers terrains présentent des couleurs très-variées, qui sont dues à la présence de certains composés mélangés avec elles. Le *peroxyde de fer hydraté* les colore en *jaune*, l'*oxyde anhydre* en *rouge*. Délayées dans l'eau, elles s'y réduisent en bouillie ; mais ramenées à la consistance d'une pâte ferme, les argiles peuvent se modeler, se mouler, s'allonger dans diverses directions sans se briser.

Plus une argile est pure, plus elle est *plastique*, c'est-à-dire plus est liante la pâte qu'elle forme avec l'eau. Au contraire, plus elle renferme de sable, moins elle est tenace.

461. Avidité de l'argile pour l'eau. — Les argiles sont très- avides d'eau ; quelques-unes peuvent en absorber jusqu'à 70 pour 100 de leur poids, tandis que le sable siliceux, dans les mêmes conditions, n'en retient que 25 à 30 pour 100 au plus.

EXPÉRIENCE : On pèse deux entonnoirs munis de leurs filtres et humectés d'avance. Sur ces deux filtres on fait tomber, dans l'un 100 grammes de sable siliceux fin, dans l'autre 100 grammes d'argile plastique, préalablement desséchée à l'air et réduite en petits fragments. On ajoute ensuite une quantité d'eau suffisante pour imbiber toute la masse, et quand les entonnoirs ne laissent plus échapper de liquide, on les pèse une seconde fois. On trouve que les quantités d'eau, retenues par le sable et l'argile, sont sensiblement dans le rapport de 1 à 3.

462. Imperméabilité de l'argile. — Une argile suffisamment humectée devient *imperméable* à l'eau.

EXPÉRIENCE : On réduit une argile en pâte ferme, on lui donne la forme d'une capsule et l'on y verse de l'eau, qui ne s'écoule pas au dehors.

Cette expérience fait comprendre pourquoi les terrains trop argileux sont *imperméables* ; elle rend compte aussi de l'emploi des bassins *glaisés* pour conserver les eaux.

463. Action de la chaleur. — En se desséchant, les argiles se fendillent comme l'*alumine gélatineuse* (n° 449); mais ce n'est qu'à une température très-élevée qu'elles abandonnent toute leur eau, en éprouvant un retrait considérable. L'argile desséchée *happe* ou adhère à la langue, et quand on souffle dessus, elle dégage une odeur caractéristique.

A l'état de pureté, les argiles sont *infusibles* aux plus hautes températures; mais celles qui renferment de la chaux ou de l'oxyde de fer se ramollissent toujours plus ou moins quand on les chauffe fortement. Les premières sont dites *infusibles* ou *réfractaires*.

464. Attaque des argiles par les acides et les alcalis. — Les acides forts et les oxydes alcalins attaquent toutes les argiles, les premiers en leur enlevant *de l'alumine*, les seconds de l'*acide silicique*.

Attaque par l'acide sulfurique. — L'acide sulfurique attaque énergiquement l'argile à chaud, et plus lentement à froid.

Expérience : (A) On met dans une capsule 20 grammes d'argile plastique blanche, chauffée préalablement au rouge sombre pendant une heure dans un creuset, et l'on verse dessus 15 grammes d'acide sulfurique étendu de son poids d'eau. La masse, réduite en bouillie liquide, est abandonnée à elle-même pendant quinze jours environ, et délayée ensuite dans 150 centimètres cubes d'eau. Par le repos, le résidu insoluble se dépose et l'on décante le liquide clair sur un double filtre. Si l'on vient à ajouter dans le liquide filtré de l'*ammoniaque* goutte à goutte, jusqu'à ce que la liqueur soit devenue alcaline, on obtiendra un précipité gélatineux d'*alumine*, mais qui, au lieu d'être *blanc*, pourra être plus ou moins *jaunâtre*, parce qu'il sera mélangé à du *peroxyde de fer* que contiennent toujours les argiles qui ne sont pas tout à fait pures.

EXPÉRIENCE : (B) *Attaque par les alcalis.* — Le résidu insoluble, composé presque exclusivement de silice, sera mélangé dans un creuset avec quatre ou cinq fois son poids de carbonate de soude sec et chauffé au rouge pendant une demi-heure. En opérant ensuite comme il a été dit (n° 201), on obtiendra de la *silice gélatineuse*.

Outre les matières énoncées précédemment comme associées au silicate d'alumine dans les argiles, on y retrouve presque toujours aussi des *alcalis minéraux*, qui sont une nouvelle preuve de leur origine feldspathique.

Certaines argiles absorbent les matières grasses avec beaucoup d'énergie ; on les appelle vulgairement *terre à foulon*.

Quelques matières argileuses portent encore d'autres noms particuliers ; telles sont :

Les *marnes*, dont nous avons déjà indiqué la composition ;

Les *ocres*, argiles siliceuses, rouges ou jaunes, suivant qu'elles renferment du peroxyde de fer anhydre ou hydraté.

465. Usages des matières argileuses. — Le kaolin est employé à la fabrication de la porcelaine ; on en trouve de belles carrières en France, à Saint-Yrieix, près de Limoges.

Les argiles plastiques moins pures servent à la fabrication de la faïence fine ; celles qui sont fortement chargées d'oxyde de fer hydraté ou d'oxyde de manganèse sont employées pour les poteries. Enfin, les briques, les tuiles, les tuyaux de drainage, les carreaux, etc., sont fabriqués avec des argiles plus ou moins ferrugineuses et siliceuses, mais renfermant peu ou point de calcaire.

Les marnes sont employées comme amendement en agriculture.

La terre à foulon sert dans les arts pour le dégraissage et le foulage des étoffes de laine. Les ocres sont utilisées dans la peinture grossière.

466. Des terres argileuses. — Le procédé le plus simple, pour reconnaître si une terre est plus ou moins argileuse, consiste à en prendre une certaine quantité à l'état humide, et à en faire une boule de la grosseur du poing, que l'on abandonne ensuite à une douce chaleur. Après dessiccation, plus cette boule sera lisse à la surface, dure, résistante à l'écrasement, plus la proportion d'argile contenue dans cette terre sera considérable.

Quand nous traiterons le chapitre des sols en géologie, nous étudierons en détail les propriétés des terres argileuses ; pour le moment, nous nous contenterons de quelques indications générales.

Les terrains argileux résistent mieux que tous les autres à l'action desséchante de l'air, et conservent plus longtemps l'eau, si nécessaire au développement des plantes ; mais s'ils sont trop argileux, ils deviennent alors imperméables et d'une culture très-difficile. En été, ces terres se fendillent fortement, et les racines des plantes peuvent alors être brisées ou rester exposées à l'action directe des rayons solaires qui les dessèchent.

Les terres argileuses exercent sur les engrais une action des plus remarquables, dont nous devons parler ici.

EXPÉRIENCE : (*A*) L'argile délayée avec du jus de fumier, et jetée sur un filtre, retient une grande partie de la matière colorante et fertilisante de ce liquide. Cette propriété de l'argile trouve son explication dans la formation des *laques de fumier,* dont nous avons parlé (n° 450), et que M. P. Thénard a obtenues en broyant de l'alumine en gelée, ou du peroyde de fer hydraté, avec de la teinture de fumier.

EXPÉRIENCE : (*B*) L'argile jouit encore de la propriété de condenser dans ses pores l'ammoniaque, et il suffit d'humecter une terre argileuse avec une solution concentrée de potasse pour que, sous l'influence d'une douce chaleur, on puisse presque toujours accuser un dégagement de vapeurs ammoniacales. Des deux faits que nous venons de citer, on peut tirer les conclusions suivantes :

1° Dans les terres argileuses, une grande partie de la matière fertilisante des engrais, une fois dissoute dans l'eau, doit se combiner aux éléments alumineux et ferrugineux du sol pour donner des *laques,* que les agents atmosphériques ne détruisent qu'à la longue, et sans doute au fur et à mesure du besoin et de la sollicitation des plantes.—2° Dans ces mêmes terres, une partie de l'ammoniaque provenant de la décomposition des engrais est également condensée et retenue par l'argile, qui forme ainsi un fonds de réserve pour les plantes, ou peut devenir le siége d'une *nitrification* ultérieure, comme nous l'expliquerons plus tard.

Ces propriétés si remarquables des terres argileuses nous expliquent pourquoi les terres de cette nature ont besoin de posséder un capital d'engrais convenable, avant d'acquérir tout le degré de fertilité dont elles sont susceptibles. En effet, ce n'est que lorsque les premières fumures ont satisfait aux exigences de saturation de ces terrains et qu'elles ont fourni ce que M. de Gasparin appelle le *capital dormant* d'engrais, que les produits de décomposition des fumures subséquentes concourent efficacement au développement des récoltes.

Maintenant que nous connaissons la composition et les propriétés de l'argile, nous pouvons étudier les qualités des diverses espèces de chaux fournies par la calcination des calcaires répandus dans la nature, et employées dans les constructions rurales ou autres.

DES DIVERSES ESPÈCES DE CHAUX.

467. On peut partager les chaux en trois classes principales :

1° *Chaux grasse* ou *chaux pure*. — Cette chaux est fournie par des calcaires presque purs, c'est-à-dire ne renfermant que quelques centièmes de matières étrangères ; elle jouit des propriétés suivantes : au contact de l'eau, cette chaux développe beaucoup de chaleur ; elle foisonne vite et considérablement, et forme avec le liquide une pâte très-liante. La chaux grasse est excellente pour les constructions aériennes ; c'est également la plus estimée en agriculture.

2° *Chaux maigre*. — Cette chaux provient de calcaire renfermant une assez forte proportion de sable, de carbonate de magnésie et d'oxyde de fer. Au contact de l'eau, elle foisonne peu et donne une pâte courte et sèche. La chaux maigre fait d'assez mauvais mortiers ; elle est aussi moins estimée en agriculture.

3° *Chaux hydraulique*. — Cette dernière variété est

fournie par des calcaires renfermant une certaine proportion d'argile. Elle se délite difficilement, foisonne très-peu, donne avec l'eau une pâte courte ; mais elle jouit de la propriété remarquable de se durcir considérablement sous l'eau, au bout d'un temps qui varie avec la composition du calcaire calciné. C'est cette propriété qui l'a fait nommer *chaux hydraulique*. On comprend que les chaux hydrauliques soient employées spécialement pour les constructions sous l'eau. Quand on veut s'en servir comme amendement en agriculture, il faut avoir soin de les laisser auparavant s'éteindre complétement, afin d'éviter la formation dans le sol d'un mortier tenace. Plus le calcaire renferme d'argile, plus la chaux qu'il fournit a une hydraulicité considérable. Pour 10 pour 100 d'argile, le durcissement n'a lieu qu'au bout de deux ou trois semaines d'immersion ; pour 15 à 20 pour 100, au bout d'une semaine ; pour 25 pour 100, au bout de quatre jours.

Un calcaire qui renferme 30 à 40 pour 100 d'argile donne un *ciment* qui peut durcir au bout de quelques heures ; s'il est encore plus argileux, il ne donne plus de ciment par la cuisson, parce que la matière ne forme plus alors une pâte suffisamment liante avec l'eau.

On appelle *mortiers* des mélanges de chaux avec des substances, telles que le sable, les terres cuites, les argiles calcinées, etc. Les *bétons* sont des mélanges de mortiers hydrauliques avec de petites pierres ou du gros sable.

Dans les constructions aériennes ou hydrauliques, on n'emploie jamais la chaux seule, mais toujours à l'état de mortier.

468. Durcissement des chaux aériennes. — Les

chaux aériennes, grasses ou maigres, délayées dans l'eau avec du sable plus ou moins gros, et employées à l'air, commencent par se dessécher en partie, au contact des matériaux qu'elles servent à relier. Elles fixent ensuite de l'*acide carbonique*, dont l'accès dans la masse est facilité par le sable interposé, et les molécules de carbonate de chaux ainsi formé, s'attachant principalement à chaque grain de sable, finissent par se réunir entre elles et par former un tout solidaire (mortier et matériaux) d'une très-grande dureté.

On comprend que, l'acide carbonique agissant tout d'abord sur les parties extérieures du mortier, la première couche de carbonate de chaux formée s'oppose à ce que le durcissement soit complet dans toute la masse, et il reste une proportion de chaux humide et non carbonatée d'autant plus grande que le mortier est plus épais.

Si l'on employait les chaux simplement délayées dans l'eau, la masse, en se desséchant et se carbonatant, se fendillerait et tomberait en poussière, au lieu de fournir un tout homogène avec les matériaux qu'elles sont destinées à relier.

Les chaux dites *aériennes* ne sauraient être employées sous l'eau, parce que ce liquide, en pénétrant dans la masse, dissoudrait la chaux non carbonatée et déterminerait, par suite, la désagrégation des matériaux.

469. Durcissement des chaux hydrauliques. — Un calcaire pouvant donner de la chaux hydraulique renferme :

1° Du *carbonate de chaux*, mélangé quelquefois à du carbonate de magnésie ;

2° Du *silicate d'alumine hydraté*, c'est-à-dire de l'*argile*.

Un semblable calcaire, traité par une liqueur d'acide

chlorhydrique étendu, cède sa *chaux*; mais l'argile reste à peu près intacte.

Si l'on fait la même opération, après avoir calciné préalablement le calcaire à une température élevée, on constate que la liqueur acide renferme, outre la *chaux*, de la *silice gélatineuse*; ce qui indique qu'une partie de l'acide silicique de l'argile s'est transformée en *silicate de chaux* pendant la calcination.

Un calcaire argileux calciné doit donc donner une *chaux hydraulique* qui renferme :

1° De la *chaux*; 2° du *silicate de chaux*; 3° du *silicate d'alumine non décomposé.*

Si l'on vient à mettre cette chaux dans l'eau, la portion de chaux restée libre s'hydrate, continue à réagir sur le silicate d'alumine, et en dernier lieu il se forme un *silicate double d'alumine et de chaux*, sur lequel l'eau n'a plus d'action, et qui se durcit de plus en plus.

On voit donc que, dans le durcissement des *chaux hydrauliques*, l'acide carbonique de l'air ne peut jouer aucun rôle, et que la solidification provient uniquement de la réaction qui s'effectue entre la *chaux* et l'*argile*.

Une fois la théorie du durcissement des chaux hydrauliques bien connue, il a été possible de fabriquer artificiellement de ces chaux, en calcinant à une température convenable un mélange de carbonate de chaux et d'argile.

On fait également des *mortiers hydrauliques* en délayant des chaux hydrauliques ou même des chaux grasses avec de l'argile calcinée, avec de la poussière de briques, de tuiles, de poteries communes, etc., ces dernières substances étant fabriquées, comme nous l'avons dit (n° 465), avec des argiles plus ou moins pures.

DES VERRES.

470. Nous terminerons ce chapitre en présentant quelques généralités sur le verre.

Les éléments essentiels du verre sont ordinairement le *silicate de potasse ou de soude associé au silicate de chaux.*

Dans certains verres, les silicates alcalins sont remplacés, *en partie,* par des silicates métalliques, tels que ceux de fer ou de manganèse ; dans d'autres, c'est la chaux qui est remplacée par *l'oxyde de plomb.*

Les silicates alcalins (n°s 335 et 354) sont les plus fusibles de tous les silicates ; mais comme ils sont facilement attaqués par l'eau et les acides, ils ne peuvent être employés seuls pour fabriquer les verres ; c'est pourquoi on les associe à des silicates *terreux* ou *métalliques* qui les rendent moins fusibles, il est vrai, mais plus inaltérables.

Les différents verres peuvent être partagés en trois classes principales, comme l'indique M. Regnault :

1° *Verres incolores ordinaires ;*

2° *Verres colorés communs ou verres à bouteilles ;*

3° *Cristal.*

471. — I. Les *verres incolores ordinaires,* employés à la fabrication des vitres, des glaces coulées et des objets de gobeleterie, sont des *silicates doubles de chaux et de potasse* ou *de chaux et de soude.* La soude donne des verres plus fusibles que ceux de potasse, mais ils sont toujours un peu plus colorés.

Le plus beau verre à base de potasse et de chaux est le *verre de Bohême,* fabriqué avec des matières de premier choix ; il est remarquable par sa limpidité, sa dureté, sa légèreté et son infusibilité.

Le *verre à glaces* et le *verre à vitres* renferment de la soude, au lieu de potasse.

472. Décoloration du verre. — Les matériaux employés dans la fabrication de cette classe de verres (sable, carbonates de soude ou de potasse, craie, etc.) renfermant toujours plus ou moins d'*oxyde de fer*, dans la cuisson du mélange il se formerait un *silicate de protoxyde de fer* qui colorerait le verre, en lui donnant une teinte *verte* plus ou moins foncée. Pour éviter cet inconvénient, on mêle à la masse une petite quantité de *peroxyde de manganèse* (MnO^2) qui transforme le protoxyde de fer (FeO) en peroxyde (Fe^2O^3), en passant lui-même à l'état de protoxyde de manganèse (MnO). Les silicates de sesquioxyde de fer et de protoxyde de manganèse ainsi formés sont sensiblement *incolores* et rendent le verre également incolore.

A la place du peroxyde de manganèse, on emploie aussi, dans le même but, le *nitre* et l'*acide arsenieux*.

473.—II. **Verres colorés communs ou verres à bouteilles.** — Les matériaux employés pour la confection de ces verres sont : *sable ocreux, cendres neuves, cendres lavées, soudes de varechs, argile ocreuse, débris de bouteilles,* c'est-à-dire des substances de peu de valeur, parce qu'il n'est pas nécessaire d'obtenir des verres incolores.

Les bouteilles d'un *vert foncé* doivent leurs couleurs au *protoxyde de fer ;* celles d'un *jaune brun*, à un mélange de sesquioxyde de manganèse et de fer.

474.—III. **Cristal.** —Les matières premières sont du *sable pur*, du *carbonate de potasse* raffiné et du *minium ;* le cristal est donc un *silicate double de potasse et de plomb.*

Le *strass* est une espèce particulière de cristal employée exclusivement à la fabrication des pierres précieuses artificielles.

L'*émail* est une espèce de verre rendue *opaque* par certains composés, tels que le *phosphate de chaux* ou l'*oxyde d'étain*.

CHAPITRE XXII.

MANGANÈSE ET FER.

MANGANÈSE. $Mn = 28$.

475. Le manganèse s'obtient en réduisant un de ses oxydes par le charbon à une haute température ; mais à l'état métallique il n'offre aucun intérêt.

Combinaisons avec l'oxygène. — Le manganèse forme, avec l'oxygène, les six combinaisons suivantes :

1° Le protoxyde. . . . . (MnO) } Oxydes basiques.
2° Le sesquioxyde. . . . . (Mn^2O^3) }
3°. L'oxyde salin.. . . . . $(Mn^3O^4) = MnO + Mn^2O^3$.
4° Le bioxyde.. . . . . (MnO^2) Oxyde singulier.
5° L'acide manganique. . . . . . . (MnO^3) } Acides métalliques.
6° L'acide hypermanganique. . . (Mn^3O^7) }

476. Protoxyde de manganèse (MnO). — Le protoxyde de manganèse est une base puissante, que l'on retrouve assez fréquemment dans la nature, combinée aux acides carbonique ou silicique, et accompagnant les sels de protoxyde de fer dans les mêmes roches.

Les sels de protoxyde de manganèse sont d'un blanc rosé ou violets.

Les sulfhydrates alcalins déterminent dans leurs dissolutions un précipité *couleur chair* de sulfure de manganèse.

477. Sesquioxyde de manganèse (Mn^2O^3). — Cet oxyde se rencontre dans la nature à l'état anhydre ou hydraté; il donne avec les acides des sels très-peu stables.

478. Oxyde salin (Mn^3O^4). — L'oxyde salin est brun rougeâtre; il s'obtient toutes les fois que l'on calcine le bioxyde de manganèse à une température assez élevée pour lui faire perdre une partie de son oxygène.

$$3MnO^2 = Mn^3O^4 + O^2.$$

Cette réaction fournit un nouveau moyen de préparer l'oxygène.

479. Bioxyde ou peroxyde de manganèse (MnO^2). —C'est le plus important des oxydes de manganèse. Pur et *anhydre*, il se présente sous forme d'une poudre noire, insipide, inodore et insoluble; *hydraté*, il est d'un brun foncé. La chaleur le décompose en oxygène et oxyde rouge, comme nous venons de le dire (nº 478). Oxyde singulier (nº 294, 2º), en présence des acides forts, il se décompose en oxygène et en protoxyde, qui se combine à l'acide employé et donne un sel :

$$MnO^2 + SO^3HO = MnO,SO^3 + O \text{ (préparation de l'oxygène);}$$

$$MnO^2 + 2HCl = Mn,Cl + 2HO + Cl \text{ (préparation du chlore).}$$

(Nº 138.)

480. État naturel. — On le rencontre dans la nature à l'état cristallisé ou amorphe. Il forme des amas considérables en France : à Romanèche, près de Mâcon; à Thiviers, près de Périgueux; on en trouve aussi en

Bohême, en Saxe, etc. Certaines terres végétales renferment quelquefois cet oxyde en petite quantité.

481. Usages. — Dans les laboratoires, il sert à préparer l'oxygène et le chlore (n° 479); en industrie, on l'emploie également pour fabriquer le chlore et les chlorures décolorants, ainsi que pour obtenir des verres incolores (n° 472).

482. Acides manganique et hypermanganique (n° 294, 3°). — Les acides manganique MnO^3 et hypermanganique (Mn^2O^7) peuvent s'obtenir dans les conditions suivantes :

Expérience : On chauffe à l'air libre, dans un creuset, parties égales de peroxyde de manganèse et de potasse, et l'on reprend la masse fondue par un peu d'eau, qui donne une *liqueur verte de manganate de potasse*. Si l'on ajoute à cette liqueur un grand excès d'eau aérée, la couleur verte passe au *rouge* par suite de la décomposition du manganate en *hypermanganate* et *hydrate de bioxyde*. Le premier reste dissous dans l'eau et la colore en rouge; le second se dépose sous forme d'une poudre brune. Quelques gouttes d'acide produisent le même changement de couleur. On peut rendre à la liqueur rouge sa teinte verte primitive en y ajoutant un peu de potasse. Ces changements de couleur, que l'on peut produire à volonté, ont fait donner au manganate de potasse le nom de *caméléon minéral*.

Les acides du manganèse sont des oxydants très-énergiques, c'est-à-dire que, mis en présence des matières organiques, par exemple, ils se décomposent en peroxyde de manganèse hydraté, qui se précipite, et en oxygène, qui détermine une véritable combustion des éléments de la substance organique ; par suite de cette décomposition, la liqueur devient incolore. Nous verrons, par la suite, que l'on a proposé d'utiliser cette réaction pour doser la matière organique renfermée en dissolution dans certains liquides.

FER.

$$Fe = 28.$$

483. Propriétés physiques et chimiques. — Le fer du commerce le plus pur renferme toujours une petite quantité de *carbone*, 25 à 30 centièmes pour 100, associée à un peu de silicium; il renferme quelquefois même des traces de soufre et de phosphore. On peut obtenir du fer chimiquement pur en réduisant un de ses oxydes par un courant d'hydrogène.

Le fer pur est blanc d'argent, magnétique, et a pour densité 7,8 environ.

Ce métal ne fond que vers 1,500 degrés; mais il jouit de la précieuse propriété de se ramollir à une température beaucoup plus basse (vers 950 degrés du thermomètre à air); il peut alors être soudé à lui-même et forgé facilement. Le fer est le plus tenace des métaux; il est plus ductile que malléable. Chauffé au rouge, ce métal s'oxyde promptement au contact de l'air, et se recouvre d'une pellicule noire qui se détache sous le marteau.

Le fer est inaltérable dans l'air sec; mais, exposé à l'air humide, il s'oxyde rapidement et se recouvre d'une couche de *rouille*, sous l'influence simultanée de l'eau, de l'oxygène et de l'acide carbonique renfermés dans l'atmosphère (n° 292). Dès que le fer est oxydé en un point de sa surface, le dépôt de rouille se propage rapidement, en vertu d'une action électrique qui se développe entre le métal et la petite couche d'oxyde formée. La rouille est du peroxyde de fer hydraté. On peut préserver le fer de l'oxydation en le recouvrant d'une couche d'huile siccative, ou bien en lui donnant une doublure métallique d'étain ou de zinc.

Le fer porté au rouge décompose la vapeur d'eau en s'emparant de son oxygène.

$$3Fe + 4HO = Fe^3O^4 + 4H$$

Fer.   Eau.   Oxyde magnétique.   Hydrogène.

L'acide azotique ordinaire le transforme en *azotate de sesquioxyde de fer*. Les acides sulfurique et chlorhydrique sont aussi décomposés au contact de ce métal.

484. Fers du commerce. — Dans les arts, on emploie le fer sous trois états : 1° *à l'état de fer doux* ; 2° *à l'état d'acier* ; 3° *à l'état de fonte*.

L'acier et la fonte sont des combinaisons de fer avec des quantités de silicium et de carbone toujours très-faibles, mais plus considérables que dans le fer doux. La texture du fer du commerce est généralement grenue, mais elle varie cependant beaucoup suivant la manière dont ce métal a été travaillé. Les barres de fer ont souvent une texture fibreuse qui est regardée comme un indice de bonne qualité, parce que le fer fibreux est plus tenace que le fer grenu.

La texture fibreuse du fer peut se modifier et devenir au bout de quelque temps grenue ou lamelleuse ; ce métal possède alors une ténacité beaucoup plus faible et se rompt quelquefois sous un faible effort. Ces changements moléculaires s'observent surtout sur les barres de fer qui sont soumises à des mouvements vibratoires continuels, comme les essieux des locomotives et des waggons de chemins de fer. On remédie à cet inconvénient en réchauffant de temps en temps et martelant ces pièces.

Certains fers, renfermant du *soufre*, sont cassants à chaud et ne peuvent être forgés ; d'autres, contenant du *phosphore*, sont cassants même à froid, et par conséquent d'aucun usage. Ces fers sont appelés *fers rouverins*.

Le meilleur fer est celui qui possède la plus grande dureté sans se fendiller par le choc.

On appelle *tôle* le fer réduit en feuilles au laminoir ou sous le choc du marteau.

485. Etat naturel. — Le fer ne se rencontre à l'état natif que dans les *aérolithes*, qui sont des pierres tombées du ciel ; il est dit alors *fer météorique*. Mais il est abondamment répandu dans l'écorce terrestre à l'état d'*oxyde*, de *carbonate*, de *sulfure*, etc. ; il fait partie de toutes les roches, ainsi que de presque toutes les terres arables, il entre également dans la constitution des animaux et des végétaux.

486. Extraction du fer. — Les seuls minerais de fer sont les oxydes et le carbonate ; on n'emploie pas les sulfures, qui ne donneraient qu'un métal de très-mauvaise qualité. La plus grande partie du fer se prépare aujourd'hui en France par le procédé du *haut fourneau* (que nous ne pouvons décrire ici) ; ce procédé consiste : 1° *à transformer d'abord le fer du minerai en fonte ; 2° à convertir cette fonte en fer ductile, en lui enlevant le carbone et le silicium combinés.* Cette seconde opération porte le nom d'*affinage*.

Usages. — Les usages du fer sont trop connus pour que nous les énumérions ici.

487. De l'acier. — L'acier est un carbure de fer[1] renfermant des traces de silicium et de phosphore, mais *dans lequel la proportion de carbone ne dépasse jamais* 1 *pour* 100. L'acier est sonore, plus dur que le fer, mais moins tenace ; sa texture est à grains plus ou moins fins et serrés ; il est susceptible d'un beau poli. Magnétique comme le fer, il possède de plus une certaine *force coercitive* qui le fait employer pour la fabrication des aimants artificiels. Il fond vers 1400 degrés.

L'*acier trempé* est un acier chauffé préalablement au rouge et refroidi ensuite subitement par immersion dans un liquide. Après la trempe, l'acier est beaucoup plus dur, plus sonore, mais aussi *plus cassant.*

Plus le changement de température est grand et prompt, plus la trempe est dure, aussi l'acier le plus dur s'obtient par la trempe au mercure. On obtient au contraire les *trempes douces* en refroidissant l'acier dans des corps gras ou des résines fondues qui conduisent mal la chaleur.

Il est aussi facile de détremper l'acier que de le tremper, il suffit pour cela de le *recuire ;* et plus on le réchauffe à une température élevée, plus on détruit l'effet de la trempe primitive. Cette propriété fournit un moyen facile de donner aux objets en acier une trempe plus ou moins forte, suivant les usages auxquels ils sont destinés ; la température du recuit est du reste indiquée par

---

[1] Il résulterait de récents travaux, dus à M. Frémy, que l'acier ne serait pas simplement un *carbure de fer,* mais un *azoto-carbure.* Ce savant, ayant retrouvé de l'*azote* associé au *carbone* dans tous les aciers, en a conclu que ce gaz devait jouer un rôle important dans l'aciération.

les teintes que l'acier prend au four, comme on peut en
juger par le tableau ci-dessous :

Températures du recuit.	Nuances.	Usages de l'acier suivant la température du recuit.
220	Jaune clair.	Coutellerie fine, rasoirs.
245	— d'or.	Canifs, burins.
255	— brun.	Grosse coutellerie, ressorts de voitures.
265	Pourpre.	Ciseaux.
285	Bleuâtre.	Ressorts de montres, de pen-
300	Indigo.	dules.
320	Vert d'eau.	

L'acier se fabrique soit en *décarburant* incomplétement
la fonte, soit en *carburant* davantage le fer doux.

Usages. — Les usages de l'acier sont très-multipliés : il
sert à confectionner en tout ou en partie les instruments
aratoires, ceux des charpentiers, des maçons, des mé-
caniciens, des serruriers. C'est avec ce carbure de fer que
l'on fabrique aussi les rasoirs, les limes, les burins, les
scies, les faux, les aiguilles, les armes blanches, etc.
Beaucoup d'instruments de chirurgie sont en acier ; enfin,
on en fait aussi des aimants artificiels et des parures.

488. De la fonte. — La fonte se produit dans les
hauts fourneaux où l'on traite les minerais de fer par le
charbon à une température élevée, elle peut renfermer
de 2 à 4 pour 100 de carbone : outre le carbone et le fer,
la fonte renferme encore du *silicium*, du *phosphore* et du
manganèse en proportions variables.

On peut partager les fontes en trois espèces principales :
la *fonte blanche*, la *fonte grise* et la *fonte noire*, dont les

propriétés ne dépendent pas tant de la proportion totale de carbone contenue que de celle qui existe en combinaison.

La *fonte blanche* contient en moyenne 2 à 2,5 pour 100 de carbone en totalité combiné au fer; c'est celle dont l'affinage est le plus facile. Cette espèce de fonte est *dure*, *cassante*, plus fusible que les deux autres (1050 degrés), mais *moins fluide*, ce qui la rend peu propre au moulage. Dans les hauts fourneaux, on obtient toujours de la *fonte blanche*, quand on a des minerais et un combustible très-purs; dans le cas contraire, c'est de la *fonte grise* qui se produit, mais on peut la transformer en fonte blanche en la refroidissant brusquement à sa sortie du fourneau.

Fonte grise. — Cette fonte est plus riche en carbone que la précédente. Quand, par suite de l'impureté des minerais et du combustible dont on dispose, il a fallu élever beaucoup la température dans le haut fourneau, la fonte que l'on obtient éprouve, en se refroidissant lentement après sa sortie du fourneau, une modification particulière. Une partie du carbone qui s'était combinée au fer se sépare sous la forme de petites paillettes noires analogues au graphite, la masse prend alors une couleur gris foncé, et l'on a la *fonte grise*.

Cette fonte est *moins fusible* que les deux autres (1200 degrés), mais en revanche elle jouit d'une certaine malléabilité et se laisse plus facilement travailler à la lime et au marteau.

La *fonte noire* renferme une proportion de graphite ou carbone non combiné plus considérable que la précédente; elle est plus fusible et plus fluide que la fonte grise, ce qui la rend précieuse pour le moulage.

Usages. — La fonte blanche sert spécialement à la fabrication du fer et des aciers.

La fonte grise s'emploie pour le moulage des objets de grand volume et qui ne demandent pas de finesse, tels que les cylindres des laminoirs.

Enfin, la fonte noire sert à faire des engrenages, des cylindres creux, des tuyaux, des grilles, des balcons, beaucoup de pièces de machines à vapeur, etc.

COMBINAISONS DU FER AVEC L'OXYGÈNE.

489. Comme le manganèse, le fer se combine en plusieurs proportions avec l'oxygène, et donne lieu aux composés suivants :

Le protoxyde. . . . . FeO $\Big\}$ Oxydes basiques.
Le sesquioxyde. . . . . Fe^2O^3
L'oxyde salin ou oxyde magnétique. $Fe^3O^4 = FeO + Fe^2O^3$.

490. Protoxyde de fer (FeO). — Le protoxyde de fer est une base puissante qui sature les acides les plus forts ; mais il est tellement avide d'oxygène qu'il se suroxyde aussitôt qu'il est mis en liberté ; aussi n'a-t-on pu l'obtenir jusqu'ici à l'état de pureté.

EXPÉRIENCE : On peut juger de l'affinité de ce composé pour l'oxygène en versant quelques gouttes de potasse dans une dissolution de sulfate de protoxyde de fer.

Il se produit un précipité blanc d'*hydrate* de protoxyde de fer, qui passe immédiatement au *vert* et ensuite au *iaune de rouille*. Le précipité vert est de l'oxyde magné-

tique hydraté, et celui couleur rouille est du peroxyde
également hydraté.

491. Sesquioxyde de fer (Fe^2O^3), appelé aussi **peroxyde.** — Cet oxyde peut s'obtenir à l'état anhydre ou
hydraté.

Anhydre : par la calcination du sulfate de protoxyde
qui se décompose (fig. 120). Il se dégage de l'acide sul-

Fig. 120.

fureux et sulfurique, et il reste une poudre rouge de
peroxyde anhydre appelée *colcotar* (n° 181).

$$2(FeO,SO^3) \quad = \quad SO^2 \quad + \quad SO^3 \quad + \quad Fe^2O^3$$

Sulfate de protoxyde de fer.	Acide sulfureux.	Acide sulfurique.	Protoxyde de fer.

L'expérience peut être faite sur un charbon avec le
chalumeau. — On obtient un résidu noir qui, écrasé sur
le papier, fournit une poussière rouge, comme toutes les
variétés de peroxyde de fer anhydre.

20

Hydraté : on verse dans la dissolution d'un sel de peroxyde un excès de potasse ou d'ammoniaque :

$$Fe^2Cl^3 + 3AzH^3 + 4HO = 3(AzH^3,HCl) + Fe^2O^3,HO$$

Perchlorure de fer.   Ammoniaque.   Eau.   Chlorhydrate d'ammoniaque.   Peroxyde de fer hydraté.

Le peroxyde, en se précipitant, absorbe une grande quantité d'eau et donne lieu à un précipité brun jaunâtre gélatineux, analogue (sauf la couleur) à celui d'alumine hydratée.

Le sesquioxyde de fer est une base moins énergique que le protoxyde, aussi les sels qu'il forme ont-ils tous une réaction acide.

D'après M. P. Thénard, le peroxyde de fer gélatineux broyé avec du jus de fumier forme, comme l'alumine hydratée, une véritable *laque* avec la matière colorante et fertilisante de ce liquide ; seulement la laque ferrugineuse paraît être moins stable que celle à base d'alumine.

Répéter l'expérience indiquée n° 450.

492. État naturel de ces deux oxydes. — Ces deux oxydes sont très-répandus dans la nature : le protoxyde, combiné aux acides silicique, carbonique, se trouve dans un certain nombre de roches, et associé souvent, comme nous l'avons dit (n° 476), aux sels de protoxyde de manganèse.

Le peroxyde de fer existe dans la nature, à l'état anhydre et hydraté. *Anhydre,* il constitue l'*hématite,* le *fer oligiste* et un grand nombre d'autres minerais qui sont tous à *poussière rouge.* Les ocres rouges, les briques, les tuiles et les poteries, après leur cuisson, lui doivent leurs teintes. A l'état *hydraté,* le peroxyde de fer est peut-être encore plus répandu, car il constitue aussi un grand nombre de minerais à *poussière jaune,* tels que l'*hématite brune,* la *limonite,* etc.; c'est lui qui colore les ocres jaunes. Ces deux oxydes se trouvent dans tous les sols ; les couches arables qui n'ont pas encore été exposées à l'action de l'air renferment généralement du protoxyde, tandis que celles qui ont été atteintes par les labours contiennent du peroxyde plus ou moins hydraté.

Certaines argiles blanches, ramenées à la surface du sol par un sondage ou un déblai, ne tardent pas à se colorer en bleu à l'air. M. Boussingault explique ce fait, dont il a été témoin dans le Bas-Rhin, en admettant que le fer contenu à l'état de protoxyde dans ces argiles ne tarde pas à se peroxyder en absorbant de l'oxygène. Cette suroxydation du fer est généralement accompagnée d'une production d'ammoniaque qui se condense dans les pores mêmes du peroxyde.

493. Action sur la végétation. — Le peroxyde de fer est le principe colorant des terres, et, comme les sols de couleur foncée s'échauffent plus vite que ceux de couleur blanche, il en résulte que les terres ferrugineuses sont généralement plus *hâtives.*

On retrouve une petite quantité de peroxyde de fer dans les cendres de tous les végétaux, et la présence de ce composé est importante à signaler, surtout depuis les derniers travaux de M. Verdeil. Ce chimiste a constaté, en effet, que le fer était nécessaire à la formation de la *chromule,* matière verte des plantes, dont la composition paraît fort analogue à celle de l'*hématosine,* principe colorant du sang, qui renferme lui-même une notable proportion de fer. Le peroxyde de fer hydraté contenu dans les terres arables doit jouer encore un rôle important dans la végétation, en raison de son aptitude à former des *laques* avec les éléments fertilisateurs du fumier ; mais nous ne reviendrons pas sur ce fait, que nous avons étudié en détail en parlant de l'alumine.

494. Usages des deux oxydes. — Le protoxyde de fer colore les fondants en vert foncé, et c'est à sa présence que le verre à bouteilles doit sa couleur (n° 473).

Le peroxyde a de nombreux usages : *anhydre* ou *hydraté*, il constitue la majeure partie des minerais d'où l'on extrait le fer employé dans les arts. Le *colcotar*, appelé encore *rouge de Prusse, rouge d'Angleterre,* est employé dans la peinture à l'huile ; il sert aussi à polir l'argenterie et les glaces.

495. Usages médicaux. — L'hydrate de peroxyde, récemment préparé, peut être administré, comme la magnésie, pour combattre les empoisonnements par l'acide arsenieux ; ce composé, appelé autrefois *safran de mars apéritif*, sert aussi en médecine humaine et vétérinaire. D'après M. Ch. Faber, l'eau rouillée, donnée comme boisson habituelle aux grands ruminants, est un des meilleurs préservatifs de la *péripneumonie* contagieuse ; elle serait sans doute utile aussi, dit M. Tabourin, pour prévenir la pourriture des moutons.

496. Oxyde salin ou oxyde magnétique (Fe^3O^4). — Cet oxyde se rencontre dans la nature à l'état cristallisé ou en masses compactes très-considérables ; il est alors exploité comme un excellent minerai de fer. Nous le retrouverons en minéralogie.

On l'obtient dans les laboratoires en faisant passer de la vapeur d'eau sur du fil de fer incandescent (n° 482),

ou en déterminant la combustion du fer dans l'oxygène
(fig. 121).

Son nom d'*oxyde magnétique* lui vient de ce que l'aimant naturel est presque exclusivement formé de cet oxyde.

PRINCIPAUX CARACTÈRES DISTINCTIFS DES SELS DE PROTOXYDE ET DE PEROXYDE DE FER.

497. Les sels de protoxyde sont ordinairement *vert clair,* les sels de peroxyde *brun jaunâtre ;* ils ont tous une saveur astringente et métallique. Voici les principales réactions qui permettent de distinguer ces deux séries de sels.

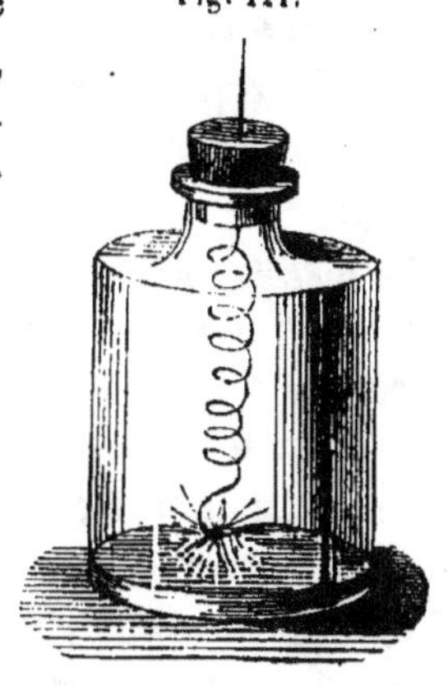

EXPÉRIENCES :

Réactifs.	Sels de protoxyde.	Sels de peroxyde.
Potasse.	Précipité blanc, passant rapidement au vert et ensuite au jaune rouille.	Précipité brun jaunâtre.
Prussiate jaune de potasse.	Précipité blanc, bleuissant peu à peu à l'air.	Précipité bleu de Prusse.
Prussiate rouge.	Précipité bleu foncé.	Pas de précipité, la liqueur verdit.
Infusion de noix de galle.	Pas de précipité.	Précipité bleu noir foncé (encre).
Sulfhydrate d'ammoniaque.	Précipité noir.	Précipité noir.

20.

Remarque. — Les sels de protoxyde étant rarement purs, c'est-à-dire renfermant toujours un peu de sesquioxyde, les réactions relatives aux sels de la première série ne sont pas toujours très-nettes.

PRINCIPAUX SELS DE FER.

498. Sulfate de protoxyde de fer (FeO, SO^3, $7HO$).
Synonymie. — Vitriol vert, couperose verte.

Préparation. — On traite directement le fer par l'acide sulfurique, ou bien on laisse s'oxyder à l'air le sulfure naturel; on reprend par l'eau et l'on fait cristalliser.

Propriétés physiques et chimiques. — Pur, ce sel est vert clair; mais ordinairement le sulfate de fer du commerce est recouvert de sous-sulfate de peroxyde qui lui donne une teinte ocreuse. Il est soluble dans l'eau, mais sa dissolution ne tarde pas à s'altérer par suite de la formation du même sous-sulfate qui se dépose.

Chauffé au rouge sombre, il se décompose et laisse un résidu de peroxyde de fer anhydre (*colcotar*) (n° 491).

499. Usages. — C'est le plus important des sels de protoxyde, en raison de ses nombreux usages. Il sert principalement en teinture; on l'emploie aussi pour fabriquer l'acide sulfurique de Nordhausen, le bleu de Prusse, le colcotar, l'encre, etc. C'est un bon désinfectant des matières fécales.

Usages médicaux. — Le sulfate de protoxyde de fer est un des ferrugineux les plus employés en médecine vétérinaire, il agit comme astringent et comme tonique puissant. Dans ces derniers temps, ce sel a été préconisé en Allemagne, en Belgique et en France, comme un des meilleurs préservatifs ou curatifs de la *péripneumonie* du gros bétail ; on l'emploie également contre la *cachexie* aqueuse des ruminants.

Action sur la végétation. — M. E. Gris et, après lui, beaucoup d'autres personnes ont constaté que ce sel, administré à dose très-faible aux végétaux, avait la propriété de favoriser d'une manière remarquable la production ou la réapparition de la *chromule* dans les plantes atteintes de *chlorose*. En agriculture, le sulfate de fer est employé comme amendement, ou du moins il agit comme tel dans les lignites pyriteux ou cendres pyriteuses dont on fait usage dans certaines localités ; mais il ne faut pas que ce sel se trouve en trop forte proportion dans un sol, car autrement il le rendrait tout à fait stérile.

M. J. Guyot conseille, dans les pays où la maladie de la vigne est à craindre, de semer, aussitôt le premier binage terminé, 20 kilogrammes de soufre par hectare le long des lignes de vigne, et de mettre au pied de chaque cep 2 grammes de sulfate de protoxyde de fer.

Enfin, on a conseillé également d'ajouter ce sel dans les fosses à purin, ou d'arroser de sa dissolution les tas de fumier, afin d'empêcher la déperdition du carbonate d'ammoniaque volatile qui se trouverait ainsi transformé en sulfate d'ammoniaque fixe. Mais M. Boussingault a fait observer que, par cette addition, on transformait également le bicarbonate de potasse des urines, sel si favorable à la végétation, en sulfate de potasse, qui paraît être un composé à peu près inerte ; et que par suite le remède devenait pire que le mal.

500. Carbonate de protoxyde de fer (FeO, CO^2). — On le rencontre fréquemment dans la nature, cristallisé ou amorphe; il constitue un minerai de fer très-estimé que nous étudierons en minéralogie.

Obtenu par double décomposition, c'est un sel insoluble, brun jaunâtre, qui se transforme à l'air en sesquioxyde hydraté; il fait généralement partie constitutive de la rouille à l'origine de sa production.

Le carbonate de protoxyde de fer existe dans les sols. Soluble dans l'eau à la faveur de l'acide carbonique, ce sel se retrouve dans la plupart des *eaux ferrugineuses*, qui laissent déposer du *peroxyde de fer hydraté* à mesure que l'acide carbonique se dégage; ce dépôt est quelquefois une cause d'obstruction pour les travaux de drainage.

Le carbonate de fer est très-employé en médecine humaine et même vétérinaire; c'est un tonique puissant.

501. Prussiate jaune et prussiate rouge. — Les prussiates jaune et rouge de potasse sont deux sels employés fréquemment en chimie comme réactifs; nous devons en dire quelques mots ici.

Le *prussiate jaune* a pour formule brute (K^2Cy^3Fe); il renferme donc du potassium, du cyanogène et du fer; on l'appelle aussi *cyanoferrure de potassium*. Ce sel se présente dans le commerce sous forme de gros cristaux d'un beau jaune et transparents; sa saveur est d'abord sucrée, ensuite amère et salée.

La dissolution de prussiate jaune donne, avec presque tous les sels métalliques solubles, des précipités souvent caractéristiques par leur couleur. Nous avons dit qu'avec les sels de fer au maximum d'oxydation on obtenait un composé insoluble appelé *bleu de Prusse* (n° 497).

Le *prussiate rouge* a pour formule brute $(K^3Cy^6Fe^2)$; on l'appelle aussi *cyanoferride de potassium*.

Ce sel se trouve dans le commerce sous forme de cristaux d'un rouge foncé. Nous avons vu précédemment que sa dissolution pouvait, comme celle du prussiate jaune, servir à distinguer les sels de protoxyde des sels de peroxyde.

Usages. — Le prussiate jaune est le plus employé, il sert à préparer le cyanure de mercure, le prussiate rouge, l'acide cyanhydrique médicinal, etc. La dorure galvanique, la fabrication du bleu de Prusse et la teinture directe des étoffes en bleu en consomment de grandes quantités. Ces deux prussiates constituent des réactifs journellement employés dans les laboratoires.

502. Bleu de Prusse. — Le véritable bleu de Prusse est le précipité qui se forme quand on verse du prussiate jaune de potasse dans un sel de peroxyde de fer ; il renferme 9 équivalents de cyanogène et 7 équivalents de fer.

On le trouve dans le commerce en masses plus ou moins compactes, d'un bleu foncé avec des reflets rougeâtres. Ce composé sert beaucoup en peinture, on l'emploie aussi à la fabrication des papiers peints et pour l'impression des indiennes, des lainages et des soieries ; enfin, il est la base de l'encre bleue.

Nous passerons sous silence les autres composés de fer, qui sont peu intéressants pour nous.

503. Encre ordinaire. — L'encre ordinaire est essentiellement composée de deux sels de fer, le *tannate* et le *gallate de peroxyde de fer*.

On la fabrique en mélangeant une décoction de noix de galle (qui tient alors en dissolution les deux acides organiques *tanni-*

que et *gallique*) avec une solution de couperose verte ou sulfate de protoxyde de fer, préalablement épaissie avec de la gomme arabique. Le mélange est abandonné au contact de l'air, qui détermine la suroxydation du sel de protoxyde, et quand le liquide est devenu suffisamment *noir*, on le soutire.

On peut employer 100 grammes de noix de galle concassée, 50 grammes de vitriol vert, 50 grammes de gomme et 1 litre d'eau pour chaque dissolution.

CHAPITRE XXIII.

SUITE DES MÉTAUX PROPREMENT DITS.

———

CHROME, ZINC, NICKEL, COBALT, ÉTAIN, ANTIMOINE.

CHROME.

$Cr = 26$.

504.. Le chrome est un métal qui, libre ou combiné, nous offre très-peu d'intérêt, aussi n'en dirons-nous que quelques mots.

Ce métal forme avec l'oxygène une série de combinaisons qui correspondent à celles du manganèse et parmi lesquelles nous citerons l'*acide chromique*.

L'acide chromique (CrO^3) a une belle couleur *rouge*, il est très-soluble et donne une dissolution d'un jaune orangé. Avec la potasse, il peut former deux combinaisons, qui sont : le *chromate neutre de potasse*; 2° le *bi-chromate de potasse*.

Le *chromate neutre de potasse* (KO,CrO^3) se présente dans le commerce sous forme de beaux cristaux jaunes, solubles à froid dans la moitié de leur poids d'eau, et doués d'un pouvoir colorant très-considérable. Sa dissolution donne avec les sels métalliques des précipités, dont les couleurs sont souvent caractéristiques.

Expériences : Avec les *sels de plomb*, précipité jaune

de chromate de plomb, employé en peinture sous le nom de *jaune de chrome.*

Le bichromate donne le même précipité.

Avec les *sels de mercure*, précipité rouge orangé ;

Avec les *sels d'argent*, précipité rouge brique.

Le *bichromate de potasse* $(KO, 2CrO^3)$ se présente sous forme de beaux cristaux rouges solubles dans 10 parties d'eau froide.

Ces deux chromates sont très-employés pour la teinture et la fabrication des toiles peintes.

ZINC.

$$Zn = 32.$$

505. Propriétés physiques et chimiques. — Le zinc, chimiquement pur, ne peut s'obtenir que par voie de distillation, celui du commerce renferme toujours du charbon ou des métaux étrangers, tels que du plomb, du cuivre, du fer, du manganèse, etc., qui modifient beaucoup les propriétés du zinc pur. Ce métal est blanc bleuâtre, à texture lamelleuse ; il est assez mou pour *graisser* les limes.

Densité du zinc fondu, 6,8 ; du zinc forgé, 7,2.

Les corps, associés au zinc du commerce, rendent ce métal cassant à la température ordinaire ; mais un peu au-dessus de 100 degrés, il devient malléable et ductile, pour redevenir cassant à 200 degrés.

Le zinc du commerce fond vers 500 degrés, on peut alors le verser dans un vase plein d'eau froide, afin de le transformer en *grenaille* ; à la chaleur blanche (1300 degrés), il entre en ébullition et peut être distillé.

A l'air humide, le zinc s'oxyde rapidement ; mais nous avons dit déjà que l'oxydation s'arrêtait à la surface, la

première couche d'oxyde formée préservant le reste du
métal (n° 292). On peut s'en assurer en enlevant cette
première couche avec une lime, on retrouve alors du
zinc brillant.

Chauffé à l'air au delà de 500 degrés, ce métal prend
feu et brûle avec une vive lumière, dont l'éclat est dû à
ce que dans la flamme se trouvent des molécules d'oxyde
de zinc fixes et portées au blanc (fig. 122).

Le zinc appartient à la classe des métaux qui décomposent l'eau au rouge. Ce métal se dissout facilement
dans les acides chlorhydrique et sulfurique, et dégage de
l'hydrogène.

Fig. 122.

EXPÉRIENCE : Répéter la préparation de l'hydrogène
(p. 36) à l'aide de l'appareil de la figure 123.

506. Etat naturel. — Le zinc ne se rencontre pas à

l'état natif, mais combiné à l'oxygène, au soufre, ainsi qu'aux acides carbonique et silicique. Le minerai de zinc

Fig. 123.

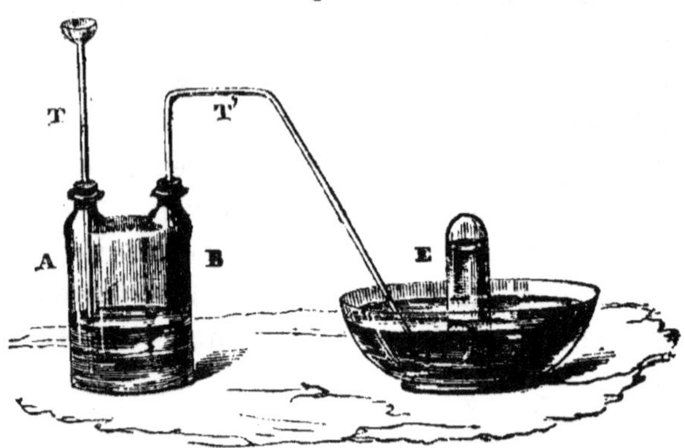

le plus important est la *calamine*, qui est un carbonate de zinc souvent associé à de l'oxyde et à du silicate du même métal. On retire encore le zinc de la *blende,* qui est un sulfure de zinc naturel, mais beaucoup moins abondant que la calamine.

507. Usages. — Depuis que les propriétés du zinc sont mieux connues, que l'on sait à quelle température ce métal est malléable et ductile, ses usages sont devenus très-nombreux.

Laminé en feuilles minces, on l'emploie pour couvrir les toits des maisons et fabriquer des baignoires, des gouttières et divers objets d'ornement pour les constructions, etc. Ce métal entre aussi dans la composition de certains alliages, tels que le fer galvanisé, le laiton, ainsi que de certains produits utilisés dans les arts.

508. Fer galvanisé. — Le fer galvanisé est du fer recouvert à la surface d'une légère couche d'un alliage de zinc et de fer (n° 288). On le fabrique en trempant dans du zinc fondu le fer préalablement *décapé*, c'est-à-dire désoxydé à la surface, à l'aide d'une dissolution acide très-étendue. Le fer galvanisé a l'avantage d'être à l'abri de la rouille, mais il est moins tenace que le fer seul. L'action préservatrice du zinc est due à ce que, dans le contact des deux métaux, *fer* et *zinc*, c'est ce dernier qui joue le rôle de corps électro-positif, et sur lequel se porte par conséquent l'oxygène de l'air, corps essentiellement électro-négatif. — Le zinc ne s'oxydant qu'à la surface, le fer est donc préservé.

COMBINAISON DU ZINC AVEC L'OXYGÈNE.

599. Oxyde de zinc (ZnO).

SYNONYMIE. — Blanc de zinc, laine philosophique, etc.

Préparation et propriétés. — On peut obtenir cet oxyde anhydre ou hydraté. *Anhydre* (fig. 122) : en chauffant du zinc à l'air jusqu'à ce qu'il s'enflamme. On obtient alors une masse blanche, floconneuse, dont une partie est entraînée par le courant d'air.

Hydraté. — EXPÉRIENCE : En versant, dans une dissolution de sulfate de zinc, de la potasse ou de l'ammoniaque, qui y détermine un précipité blanc, gélatineux d'oxyde de zinc hydraté, *soluble dans un excès de réactif.* — Par la chaleur, l'oxyde de zinc hydraté est ramené à l'état anhydre.

L'oxyde de zinc anhydre est blanc, pulvérulent, absolument fixe. Chauffé fortement, il passe au jaune pour reprendre sa couleur blanche par refroidissement.

EXPÉRIENCE (fig. 124) : On chauffe au chalumeau, sur un charbon, un petit morceau de zinc, qui se transforme à l'air en *oxyde* composé fixe qui reste sur le charbon ; jaunâtre à chaud, la masse devient blanche en se refroidissant.

Fig. 124.

510. Etat naturel. — Cet oxyde se trouve quelquefois libre dans la nature, mais plus souvent combiné aux acides *carbonique* et *silicique*.

511. Usages. — Depuis quelques années, on consomme une grande quantité de cet oxyde, sous le nom de *blanc de zinc*, pour la peinture en bâtiments. — Ce composé, mêlé à des huiles siccatives, donne une couleur blanche que l'on a essayé de substituer à celle fournie par le blanc de plomb ou *céruse*. Cette substitution offrait deux avantages importants : 1° la fabrication du blanc de zinc n'a point d'action délétère sur la santé des ouvriers, ce qui n'a pas lieu avec la céruse ; 2° les peintures au blanc de zinc ne *noircissent pas* sous l'influence des émanations sulfureuses, comme celles au blanc de plomb. Mais ce qui a empêché la substitution d'être radicale, c'est que la céruse couvre mieux, et donne un blanc plus agréable à l'œil.

EXPÉRIENCE : On prend deux soucoupes renfermant, l'une de la *céruse* ou *carbonate* de plomb, l'autre de l'*oxyde de zinc*, et on ajoute sur ces deux composés quelques gouttes de dissolution d'*acides ulfhydrique* ou de *sulfhydrate d'ammoniaque*. L'oxyde de zinc reste *blanc*, la céruse devient *noire*.

PRINCIPAUX CARACTÈRES DISTINCTIFS DES SELS DE ZINC.

512. Les sels de zinc sont incolores quand leur acide n'est point coloré, leur saveur est styptique, amère et nauséabonde.

EXPÉRIENCES :

Ammoniaque, potasse ou soude.	Précipité blanc, gélatineux, soluble dans un excès de réactif.
Sulfhydrate d'ammoniaque.	Précipité blanc de sulfure de zinc.
Au chalumeau.	Les sels de zinc, mêlés avec du carbonate de soude et exposés à la flamme de réduction, couvrent le charbon d'un sublimé jaune d'*oxyde de zinc* qui devient blanc par refroidissement.

SELS DE ZINC.

Le seul dont nous parlerons ici est le sulfate de zinc.
513. Sulfate de zinc $(ZnO, SO^3, 7HO)$.

SYNONYMIE. — Vitriol blanc, couperose blanche.

Préparation. — On peut obtenir facilement ce sel dans les laboratoires, en faisant cristalliser le liquide qui provient de la préparation de l'hydrogène (fig. 17).

Propriétés. — Ce sel se présente sous forme de prismes renfermant 7 équivalents d'eau et solubles dans deux à trois fois leur poids de ce liquide, à la **température ordinaire**.

A 100 degrés, ce sel perd 6 équivalents d'eau ; à 200, il perd le 7e, et au rouge il se décompose en acide sulfureux, oxygène et oxyde de zinc.

514. Usages. — Les fabricants d'indienne en font aujourd'hui une grande consommation sous le nom de *vitriol blanc*.

Il est également employé en médecine vétérinaire. A l'intérieur, on ne l'administre guère que comme vomitif ; à l'extérieur, on l'emploie comme astringent, comme dessiccatif et comme antiputride.

Ce sel est un agent antiophthalmique très-précieux.

NICKEL ET COBALT.

515. Ces deux métaux ne donnant lieu à aucune application importante, au point de vue de l'agriculture ou de la médecine vétérinaire, nous ne ferons que les indiquer.

Le cobalt et le nickel sont d'un blanc grisâtre, ils ont à peu près la même densité, 8,6, et le même point de fusion, 1500 degrés ; tous deux sont magnétiques, et presque autant que le fer.

Les sels de cobalt sont ordinairement rouge groseille ou couleur fleur de pêcher ; ceux de nickel sont d'un beau vert.

Dans les arts, on fait entrer le nickel dans la préparation d'un alliage appelé *maillechort*, *pacfong*, *argentan*, etc., dont nous avons donné la composition (n° 288), et qui sert à fabriquer divers objets d'ornement. Le gouvernement belge vient de créer une monnaie de billon dans laquelle le nickel est allié au cuivre.

L'oxyde de cobalt est employé dans la peinture sur verre et sur porcelaine, il fournit une très-belle couleur *bleue*, qui résiste aux plus hautes températures.

ÉTAIN ET ANTIMOINE.

ETAIN.

$$Sn = 59.$$

516. Propriétés physiques et chimiques. — Dans le commerce, on trouve l'étain en baguettes, saumons, feuilles, etc., mais il n'est jamais pur.

Ce métal est blanc d'argent avec un reflet légèrement jaunâtre, il est doué d'une saveur et d'une odeur particulières, sensibles surtout après le frottement entre les doigts.

$D = 7,3$. Cette densité est à peine augmentée par le martelage. L'étain n'est pas sonore, parce qu'il est dépourvu d'élasticité. Une baguette de ce métal se plie avec facilité en faisant entendre un petit bruit appelé *cri de l'étain*, phénomène qui tient à ce que le métal possède à l'intérieur une structure cristalline. L'étain est très-malléable surtout à 100 degrés, il est beaucoup moins ductile et très-peu tenace. Il fond vers 230 degrés seulement.

A la température ordinaire, l'étain ne s'altère pas sensiblement à l'air; à la température de fusion, il s'oxyde au contraire très-rapidement et la surface du bain se recouvre d'une pellicule grisâtre, qui est du bioxyde d'étain (SnO^2) (fig. 125).

L'étain décompose l'eau à la chaleur rouge, mais il ne la décompose pas en présence des acides énergiques (n° 289).

L'acide chlorhydrique concentré et chaud attaque énergiquement l'étain qu'il dissout en donnant lieu à un

Fig. 125.

dégagement d'hydrogène, il se forme en même temps du *protochlorure d'étain.*

L'eau régale transforme ce métal en *bichlorure.* L'acide azotique étendu oxyde très-énergiquement l'étain et le transforme en *acide métastannique* (n° 160).

517. Etat naturel. — L'étain se rencontre dans la nature combiné à l'oxygène, quelquefois au soufre ; mais le seul minerai d'étain est le *bioxyde*, dont les principaux gisements sont en Saxe, en Angleterre, en Bohême et dans les Indes.

518. Usages. — Les usages de l'étain sont très-multipliés : on l'emploie pour la confection des vases, couverts, ustensiles destinés aux usages domestiques ; pour l'étamage des glaces, de la tôle, des vases en cuivre. Il entre encore dans la composition d'un grand nombre d'alliages, tels que la soudure des plombiers, le bronze, le métal des cloches (n° 288), ainsi que de plusieurs autres produits employés en industrie.

519. De l'étamage. — L'étamage a pour but de recouvrir un métal, facilement oxydable, par une couche d'étain, métal beaucoup moins oxydable qui forme avec le premier un alliage superficiel. Les métaux que l'on étame le plus ordinairement sont le fer et le cuivre.

EXPÉRIENCE : Pour étamer le cuivre, on commence par le décaper, en le frottant à chaud avec du sel ammoniac ; on coule ensuite sur le métal de l'étain fondu dont on enlève l'excès avec une étoupe.

520. Du fer-blanc. — Le fer-blanc est du fer étamé que l'on prépare en plongeant des feuilles de tôle parfaitement décapées dans un bain d'étain fondu. Pour que l'étamage ait toute son efficacité, il faut que la couche d'étain ne présente aucune solution de continuité, car autrement le fer étamé se rouillerait plus vite que le fer non étamé ; ce qui tient à ce que, dans le contact des deux métaux, fer et étain, c'est le fer qui joue ici le rôle de corps *électro-positif*. Nous avons vu que dans le fer zingué c'est le contraire qui a lieu. Le fer-blanc a presque la même ténacité que le fer, mais l'étamage tient beaucoup moins que le zincage.

521. Combinaisons de l'étain avec l'oxygène. — L'étain peut former avec l'oxygène deux oxydes : le protoxyde (SnO) et le bioxyde (SnO^2).

Protoxyde d'étain (SnO). — EXPÉRIENCE : On ajoute de l'ammoniaque au protochlorure d'étain, et l'on obtient un précipité blanc de *protoxyde d'étain hydraté*. Ce protoxyde à l'état hydraté se combine facilement avec les alcalis et joue vis-à-vis d'eux le rôle d'un acide.

Bioxyde d'étain (SnO^2). — EXPÉRIENCE : On chauffe au chalumeau, sur un charbon, un fragment d'étain qui se transforme en un composé blanc jaunâtre pulvérulent qui est du bioxyde d'étain (SnO^2), appelé aussi *acide stannique.*

Quand on traite l'étain par l'acide azotique étendu, on obtient une matière blanche, pulvérulente, insoluble dans les acides étendus : c'est du bioxyde d'étain hydraté, appelé aussi *acide métastannique* (n° 160). Ce composé est la base des émaux (n° 473).

522. Combinaisons de l'étain avec le soufre. — L'étain forme avec le soufre plusieurs combinaisons, parmi lesquelles nous citerons seulement le *bisulfure d'étain* ($Sn\,S^2$), qui correspond au bioxyde. Ce composé, appelé vulgairement *or mussif*, se présente dans le commerce sous forme de paillettes micacées douces au toucher et couleur jaune de bronze. Il est employé dans les arts pour frotter les coussins des machines électriques, dorer sur bois et bronzer certains objets en plâtre.

523. Combinaisons de l'étain avec le chlore. — On connaît deux chlorures d'étain, le *protochlorure* ($Sn\,Cl$) et le *bichlorure* ($SnCl^2$) (n° 516).

Ces deux sels se retrouvent dans le commerce à l'état hydraté, et les teinturiers en font une grande consommation.

Le protochlorure est employé comme mordant incolore ou comme rongeur de certaines couleurs ; le bichlorure sert à rehausser l'éclat de certaines teintes rouges.

CARACTÈRES DISTINCTIFS DES COMPOSÉS D'ÉTAIN.

524. Le *sulfhydrate d'ammoniaque* donne, dans les sels de protoxyde ou les composés correspondants, un précipité *brun chocolat* de protosulfure, et dans ceux de bioxyde, un précipité *jaune* de bisulfure d'étain; ces deux précipités sont solubles dans un excès de réactif.

Au chalumeau, un composé d'étain, mêlé avec du carbonate de soude et mieux avec du cyanure de potassium, donne un culot blanc, fusible, malléable, mais se ternissant rapidement aussitôt que l'on cesse de chauffer à la flamme désoxydante; pas d'auréole.

ANTIMOINE.

$$Sb = 61.$$

525. Propriétés physiques et chimiques. — L'antimoine se trouve dans le commerce sous forme de pains dont la surface supérieure offre ordinairement des cristallisations qui ressemblent à des feuilles de fougère.

Ce métal est blanc d'argent, légèrement bleuâtre et très-brillant. $D = 6,8$. Il est très-cassant et peut facilement être réduit en poudre; il fond vers 450 degrés, et émet des vapeurs sensibles à la chaleur blanche. L'antimoine se ternit légèrement dans l'air humide, mais quand on le chauffe à une haute température, il brûle avec flamme et répand des fumées blanches d'oxyde d'antimoine.

Comme l'étain, l'antimoine décompose l'eau au rouge, mais ne la décompose pas en présence des acides énergiques (n° 289).

Presque tous les métalloïdes peuvent se combiner avec

l'antimoine, et nous avons vu que ce métal en poudre se combinait à froid avec le chlore, en produisant chaleur et lumière (n° 62).

L'acide chlorhydrique, l'eau régale, l'acide azotique, même assez étendu, agissent sur l'antimoine comme sur l'étain.

L'antimoine peut s'allier avec tous les métaux, il communique de la dureté aux alliages dont il fait partie.

526. Etat naturel. — L'antimoine se rencontre quelquefois à l'état natif, mais plus souvent combiné à l'arsenic, au soufre ou à d'autres métaux, tels que l'argent, le plomb, etc. Le minerai d'antimoine le plus commun est le sulfure.

527. Usages. — Ce métal est principalement employé pour la confection de certains alliages, tels que les caractères d'imprimerie, le métal d'Alger, la poterie d'étain, etc., dont nous avons donné la composition (n° 288). Il entre aussi dans la composition de plusieurs médicaments employés en médecine, et dont nous parlerons plus loin.

528. Combinaisons de l'antimoine avec l'oxygène. — On connaît deux combinaisons oxygénées de l'antimoine :

Le *protoxyde* (Sb^2O^3) ; l'*acide antimonique* (Sb^2O^5).

Protoxyde d'antimoine (Sb^2O^3). — Le protoxyde d'antimoine prend naissance lorsque l'on calcine le métal à l'air, c'est une base très-faible.

EXPÉRIENCE : Un fragment d'antimoine, chauffé au chalumeau sur un charbon (voir fig. 124, p. 364), brûle avec une flamme légèrement bleuâtre, en produisant des fumées blanches d'oxyde d'antimoine dont une partie se dépose sur le charbon sous forme de grande *auréole blanche.* On peut aussi l'obtenir *hydraté*, en le précipitant à froid de la dissolution de chlorure d'antimoine par du carbonate de soude.

EXPÉRIENCE : On prend la dissolution de protochlorure d'antimoine obtenue dans la préparation de l'acide sulfhydrique (p. 117), en traitant le sulfure d'antimoine naturel par l'acide chlorhydrique, et l'on y ajoute du carbonate de soude dissous.

Cet oxyde est blanc grisâtre, fusible à la chaleur, rouge et volatil à une température plus élevée. A l'état hydraté, il se combine facilement (comme le protoxyde d'étain) avec les alcalis et joue vis-à-vis d'eux le rôle d'acide.

Ce protoxyde, en se combinant à *l'acide tartrique* (acide organique) et au *tartrate de potasse,* forme un sel double appelé dans les arts *émétique* ou *tartre stibié* et qui, à petite dose, est employé en médecine comme vomitif et purgatif. Nous l'étudierons en chimie organique.

L'acide antimonique (Sb^2O^5) est une poudre blanche, insoluble, que l'on obtient en attaquant l'antimoine par l'acide azotique (n° 160).

529. Combinaisons de l'antimoine avec le soufre. — On connaît deux combinaisons de soufre et d'antimoine qui correspondent aux deux combinaisons oxygénées de ce métal; mais nous ne parlerons que de la première.

Sulfure d'antimoine (Sb^2S^3). — On peut distinguer le sulfure naturel et le sulfure artificiel.

1° *Sulfure naturel.* — Ce composé se présente ordinairement cristallisé en aiguilles prismatiques brillantes, douées d'un éclat métallique très-prononcé et d'une couleur gris d'acier. En poudre, il est noir bleuâtre et tache aux doigts. Ce sulfure est fusible au-dessous du rouge, on peut le vérifier à l'aide du chalumeau.

2° *Sulfure artificiel.* — EXPÉRIENCE : On peut le préparer par voie humide, en faisant passer un courant d'acide sulfhydrique dans une dissolution de chlorure d'antimoine (Sb^2Cl^3).

$$Sb^2Cl^3 + HO + 3SH = Sb^2S^3,HO + 3ClH$$

Chlorure d'antimoine.	Eau.	Acide sulfhydrique.	Sulfure d'antimoine hydraté.	Acide chlorhydrique.

On obtient alors un précipité *orangé* de sulfure d'antimoine hydraté qui, desséché, se transforme en sulfure gris anhydre.

État naturel. — Le sulfure d'antimoine naturel se trouve en filons dans les terrains anciens ; on en rencontre des gisements plus ou moins abondants dans le Cantal, le Puy-de-Dôme et l'Ardèche.

Usages. — Nous avons dit que ce composé était le minerai principal d'antimoine. Dans les laboratoires, il sert à préparer l'acide sulfhydrique, et dans les arts on l'emploie à la fabrication de certains produits utilisés en médecine et dont nous allons dire quelques mots.

530. Foie d'antimoine, crocus, verre d'antimoine. — Le sulfure d'antimoine naturel, grillé à l'air, perd une partie de son soufre et passe à l'état d'*oxysulfure* (combinaison d'oxyde et de sulfure) qui fond et prend l'aspect vitreux en se refroidissant. Suivant la température et la durée du grillage, l'oxysulfure obtenu varie de couleur et de composition, et on lui donne dans le commerce les noms de *foie d'antimoine*, de *crocus* ou de *verre d'antimoine.*

Ces composés étaient employés autrefois comme *diaphorétiques* (sudorifiques faibles) et vomitifs, en médecine humaine et vétérinaire ; mais aujourd'hui on y substitue le kermès.

531. Du kermès et du soufre doré. — Le kermès est un composé de sulfure d'antimoine hydraté, mêlé ou combiné avec de l'oxyde d'antimoine. Il se présente sous forme d'une poudre *brun jaunâtre*, inodore, à saveur faiblement métallique.

On peut l'obtenir en faisant bouillir du sulfure d'antimoine délayé dans l'eau avec du carbonate de soude anhydre ; la liqueur filtrée laisse déposer le kermès en se refroidissant.

Si l'on ajoute un acide dans les eaux mères de ce kermès, on obtient un nouveau précipité, plus rouge que le kermès, et que l'on appelle *soufre doré*.

Le *kermès* est employé en médecine comme diaphorétique et expectorant ; à haute dose, il est purgatif et vomitif.

Le *soufre doré* peut s'employer dans les mêmes circonstances que le kermès, mais il est peu usité.

532. Combinaisons de l'antimoine avec le chlore. — On connaît deux chlorures d'antimoine qui correspondent, comme les sulfures, aux deux combinaisons oxygénées de ce métal.

Le premier (Sb^2Cl^3) peut s'extraire, par la concentration, du résidu qui provient de la préparation de l'acide sulfhydrique (p. 117), quand on traite le sulfure d'antimoine par l'acide chlorhydrique.

$$Sb^2S^3 \quad + \quad 3HCl \quad = \quad Sb^2Cl^3 \quad + \quad 3SH$$

Sulfure d'antimoine.	Acide chlorhydrique.	Chlorure d'antimoine.	Acide sulfhydrique.

Le protochlorure d'antimoine est pâteux ; il fut nommé autrefois pour cette raison *beurre d'antimoine*. Il est inodore, d'une saveur amère et caustique et déliquescent à l'air humide. Il fond à 100 degrés et se volatilise sans se décomposer au rouge obscur.

Il est soluble dans un peu d'eau et décomposable par un excès de ce liquide ; il se forme alors un précipité d'*oxychlorure*, appelé autrefois *poudre d'algaroth*. L'eau acidulée par l'acide chlorhydrique ou l'acide tartrique dissout ce chlorure sans le décomposer.

Usages. — Le protochlorure est employé en industrie pour bronzer les métaux ; appliqué sur le fer, il les recouvre d'une pellicule mince d'antimoine qui les préserve de la rouille.

En médecine vétérinaire, il est employé comme caustique ; son action est prompte et énergique. Il est très-propre à cautériser les plaies produites par la morsure des chiens enragés et les piqûres des insectes venimeux.

533. Le **perchlorure d'antimoine** (Sb^2Cl^5) est le composé qui prend naissance quand on projette de l'antimoine en poudre dans un flacon de chlore sec (n° 62) ; mais il est sans intérêt pour nous.

CARACTÈRES DISTINCTIFS DES COMPOSÉS D'ANTIMOINE.

534. Le **sulfhydrate d'ammoniaque** donne dans les sels d'antimoine solubles un précipité *orangé* de *sulfure d'antimoine* soluble dans un excès de réactif.

Au chalumeau, un composé d'antimoine mêlé avec du carbonate de soude donne, à la flamme intérieure, de petits *grains cassants d'antimoine métallique* (voir fig. 94, p. 220) et quand l'essai est retiré du feu, il se dégage des vapeurs d'antimoine qui se réoxydent à l'air et dont une partie se dépose sur le charbon sous forme d'enduit blanc.

REMARQUE. — Il peut arriver que l'on n'obtienne que l'enduit blanc sur le charbon sans culot métallique d'antimoine ; dans ce cas, on ajoutera au mélange un peu de cyanure de potassium pour faciliter la réduction.

CHAPITRE XXIV.

CUIVRE, PLOMB, BISMUTH.

CUIVRE.

$$Cu = 31,75.$$

535. Propriétés physiques et chimiques. — Le cuivre est un métal qui paraît avoir été connu de toute antiquité, car chez les anciens les instruments de guerre et les outils de tout genre étaient en cuivre ou en bronze.

Ce métal a une belle couleur rouge caractéristique ; par le frottement entre les doigts, il acquiert une odeur désagréable et une saveur particulière. Sa densité varie entre 8,78 et 8,96, suivant qu'il a été fondu ou travaillé. Le cuivre est très-ductile, mais encore plus malléable ; on peut le réduire en feuilles tellement minces, qu'il devient transparent à la lumière et prend alors une teinte verte. Après le fer, le cuivre est le plus tenace de tous les métaux. Ce métal fond vers 1100 degrés, et à la chaleur blanche il donne des vapeurs qui brûlent à l'air avec une flamme verte.

Inoxydable dans l'air sec et froid, le cuivre s'altère, au contraire, très-rapidement dans l'air humide et se recouvre d'une matière verte appelée communément *vert-*

de-gris, qui est un *carbonate de cuivre basique et hydraté*. Cette altération s'arrête à la surface du métal et protége le reste de la masse contre une destruction plus profonde.

Chauffé à l'air, le cuivre absorbe de l'oxygène et passe successivement à l'état de protoxyde et de bioxyde.

Il ne décompose l'eau qu'à la chaleur blanche et faiblement ; en présence des acides, il ne la décompose pas (n° 289).

L'action des acides sur ce métal nous est déjà connue ; l'acide sulfurique étendu n'agit pas sur le cuivre, mais concentré et chaud, il l'attaque énergiquement (voir *Préparation de l'acide sulfureux*).

L'acide azotique dissout facilement ce métal (voir *Préparation du bioxyde d'azote*) ; l'eau régale a une action encore plus énergique.

Un grand nombre d'autres composés, mis en contact avec le cuivre, jouissent aussi de la propriété d'attaquer ce métal : tels sont l'ammoniaque, les corps gras, les acides organiques, les dissolutions étendues de sel marin, etc. Or, tous les sels de cuivre étant vénéneux, on voit qu'il est important de ne point laisser séjourner dans des ustensiles en cuivre mal étamés des *graisses*, des *huiles* ou des aliments pouvant donner lieu, par leur altération, à la production d'acides organiques, tels que les acides lactique, acétique, etc.

536. Etat naturel. — Le cuivre se rencontre quelquefois à l'état natif, mais le plus souvent combiné avec l'oxygène et le soufre, ou à l'état de carbonate.

En Europe, le minerai de cuivre le plus important est la *pyrite cuivreuse*, qui est un sulfure double de cuivre et de fer.

537. Usages. — Le cuivre est, après le fer, le métal

le plus employé dans les arts. Il sert à fabriquer des chaudières de toutes formes et de toutes dimensions, des alambics, des ustensiles de ménage, des doublages pour les vaisseaux, des fils, des clous, etc. Il entre dans la composition d'un grand nombre d'alliages, tels que le laiton, le bronze, les monnaies de billon, d'or et d'argent, etc. Enfin, il fait partie de plusieurs composés très-employés dans les arts.

538. Combinaisons du cuivre avec l'oxygène. — Le cuivre forme avec l'oxygène plusieurs combinaisons parmi lesquelles nous citerons :

Le *protoxyde de cuivre* (Cu^2O) ;

Le *bioxyde de cuivre* (Cu^2O^2), ou CuO [1].

PROTOXYDE DE CUIVRE. Cu^2O.

539. Propriétés, etc. — Ce composé est *rouge rosé*, mais chauffé à l'air il se transforme rapidement en bioxyde.

On peut l'obtenir : 1° en chauffant à l'air et au rouge sombre une lame de cuivre bien décapée ; le métal se recouvre d'une couche rougeâtre de protoxyde (fig. 128) ; 2° en faisant bouillir une dissolution d'un sel de cuivre avec du sucre glucose.

EXPÉRIENCE : On introduit dans un petit ballon une dissolution étendue de sulfate de cuivre, un peu de sucre glucose et un léger excès de dissolution de potasse. Le mélange, porté à l'ébullition, se décolore peu à peu en laissant déposer du *protoxyde de cuivre* rouge qui résulte

---

[1] Quelques chimistes donnent le nom de *sous-oxyde* ou d'*oxydule* à la combinaison (Cu^2O) et réservent celui de *protoxyde* à la combinaison CuO.

de la désoxydation particlle du bioxyde par les éléments
du glucose (fig. 129).

Fig. 128.

Nous aurons occasion de rappeler ce second mode de

Fig. 129.

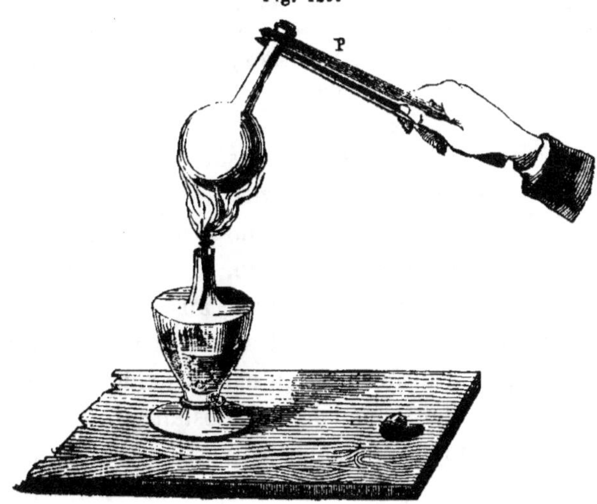

préparation quand nous traiterons des sucres en chimie
organique.

Le protoxyde de cuivre existe dans la nature ; les minéralogistes le nomment *oxydule de cuivre*.

Ce composé sert principalement à colorer le verre en
rouge.

BIOXYDE DE CUIVRE. CuO.

540. Préparation. — EXPÉRIENCE : **On peut obtenir**
cet oxyde à l'état anhydre ou hydraté : *anhydre*, en décomposant par la chaleur l'*azotate de cuivre* obtenu
dans la préparation **du bioxyde d'azote (p. 127)** ; c'est
alors une poudre *noire ; hydraté*, en versant de la potasse dans un sel de bioxyde.

$$CuO, SO^3 \quad + \quad KO\,HO \; = \quad CuO, HO \quad + \quad KO, SO^3$$

Sulfate	Potasse.	Bioxyde	Sulfate
de cuivre.		de cuivre hydraté.	de potasse.

Le précipité obtenu est bleu grisâtre.

544. Propriétés. — Le bioxyde anhydre est la base
des sels ordinaires de cuivre ; une forte chaleur lui fait
perdre une partie de son oxygène. Il est facilement réduit par l'hydrogène et le carbone ; aussi est-il employé
pour l'analyse élémentaire des matières organiques
qu'il brûle, en transformant en eau et acide carbonique
l'hydrogène et le carbone de ces substances.

Le bioxyde de cuivre colore en vert les matières vitri-
fiables. A l'état *hydraté*, le bioxyde est *bleu grisâtre*,
mais une faible chaleur le ramène facilement à l'état
d'oxyde anhydre et *noir*.

Ce composé se dissout facilement dans l'ammoniaque

et donne une dissolution d'un beau bleu légèrement pourpré, appelée *eau céleste des pharmaciens.*

Le docteur Schwertzer a découvert récemment que ce liquide jouissait de la propriété remarquable de dissoudre la *cellulose*, principe essentiel du tissu végétal.

EXPÉRIENCE : On commence par mettre en digestion de la tournure de cuivre dans l'ammoniaque, en ayant soin de remuer la masse de temps en temps ; au bout de quelques heures on décante la liqueur bleue. Dans ce liquide décanté on ajoute un peu de coton (cellulose presque pure) qui s'y dissout; on peut ensuite repréciter la cellulose avec l'acide acétique.

PRINCIPAUX CARACTÈRES DISTINCTIFS DES SELS DE BIOXYDE.

542. Les sels de protoxyde étant sans application, nous ne parlerons ici que des sels de bioxyde.

Les sels de cuivre sont *bleus* ou *verts* à l'état hydraté, et leurs dissolutions présentent les mêmes teintes. Ils sont tous vénéneux et doués d'une saveur fortement styptique.

EXPÉRIENCES :

Potasse ou soude.	Précipité bleu grisâtre qui ne se redissout que dans un grand excès de la dissolution alcaline très-concentrée.
Ammoniaque.	Même précipité, soluble dans un petit excès de réactif (eau céleste).
Sulfhydrate d'ammoniaque.	Précipité noir de *sulfure de cuivre* insoluble dans un excès.

| Prussiate jaune. | Précipité *marron*. Ce réactif permet de reconnaître des traces de cuivre. |
| Lame de fer bien décapée. | Précipitation d'une couche adhérente de cuivre. |

543. Contre-poisons des sels de cuivre. — Pour combattre l'action vénéneuse des sels de cuivre, on peut administrer de la *limaille de fer*, qui précipite le cuivre à l'état métallique, ou le *blanc d'œuf*, qui donne, avec l'oxyde, un composé insoluble d'*albuminate de cuivre*.

ÉTUDE DES PRINCIPAUX SELS DE CUIVRE.

544. L'azotate de cuivre prend naissance dans la préparation du bioxyde d'azote, mais comme il n'a d'autre application que de servir à fabriquer le bioxyde de cuivre, nous ne nous y arrêterons pas.

545. Sulfate de cuivre $(CuO, SO^3 + 5HO)$.

SYNONYMIE. — Vitriol bleu, couperose bleue.

Propriétés. — Ce sel se présente dans le commerce sous forme de beaux cristaux bleus hydratés, solubles dans 4 parties d'eau froide et 2 parties d'eau bouillante. A l'air sec, ces cristaux s'effleurissent légèrement.

Chauffé, ce sel se déshydrate progressivement et devient blanc bleuâtre ; à une température élevée, il se décompose en bioxyde de cuivre, acide sulfureux et oxygène.

546. Préparation. — Dans les laboratoires, on obtient ce sel quand on chauffe de la tournure de cuivre avec de l'acide sulfurique concentré pour obtenir l'acide sulfureux (fig. 55); mais la presque totalité du sulfate de cuivre du commerce provient des ateliers où l'on opère l'affinage des matières d'or et d'argent, c'est-à-dire où l'on sépare, à l'aide de l'acide sulfurique, le cuivre allié dans ces matières aux métaux précieux.

Les pyrites cuivreuses, grillées à l'air et reprises par l'eau, fournissent encore du sulfate de cuivre ; mais ce dernier est moins pur que le précédent, car il renferme toujours du sulfate de fer.

547. Usages. — Ce sulfate est le plus important des sels de cuivre, en raison de ses nombreuses applications. Il sert en médecine humaine et vétérinaire ; en agriculture, pour chauler les blés ; en teinture, pour teindre en noir, en violet et en lilas ; enfin, il sert à préparer deux couleurs très-employées en peinture, le *vert de Scheele* et le *vert de Schweinfurt*.

548. Usages médicaux. — Le sulfate de cuivre fait partie d'un grand nombre de préparations astringentes ou caustiques employées en chirurgie vétérinaire à l'extérieur, et parmi lesquelles nous citerons la suivante :

Sulfate de cuivre. . . 10   Acide sulfurique. . . 12
Vinaigre. 80

Cette liqueur est recommandée par Veyret, son inventeur, contre le piétin, le crapaud, les crevasses, les eaux aux jambes, les dartres humides, etc.

En Allemagne et surtout en Angleterre, les vétérinaires emploient assez fréquemment ce sel à l'intérieur ; ils le donnent en breuvage contre certaines affections, telles que la morve et le farcin.

549. Chaulage, ou mieux, **vitriolage des blés** [1]. — On commence par faire dissoudre 1 kilogramme de sul-

[1] Voir *le Bon fermier*.

fate de cuivre dans 1 hectolitre d'eau, on met ensuite 1 hectolitre de grain dans un panier que l'on plonge complétement dans la dissolution ; on le retire, on laisse le liquide en excès s'écouler et on jette le grain mouillé sur le sol. Au bout de douze à vingt-quatre heures, on peut procéder à l'ensemencement.

On trouve dans le commerce un sel appelé *sulfate mixte*, et qui n'est autre chose qu'un mélange de sulfate de cuivre et de sulfate de fer. Ce sel est beaucoup moins efficace que le sulfate de cuivre pur et ne doit pas être employé ; on le reconnaît facilement, du reste, car les cristaux tirent d'autant plus sur le vert clair qu'ils renferment plus de sulfate de fer.

550. Le *vert de Scheele* est un arsénite de cuivre. Il est employé en peinture et dans la fabrication des papiers peints.

Le *vert de Schweinfurt* est une combinaison d'acétate et d'arsénite de cuivre, également employée en peinture.

On trouve encore dans la nature :

1° Deux *hydrocarbonates de cuivre* : l'un bleu, appelé *azurite* ; l'autre vert, nommé *malachite* ;

2° Des *sulfures de cuivre* associés ordinairement au *sulfure de fer*, et appelés *cuivre pyriteux, pyrite cuivreuse*, etc.

Nous étudierons ces divers composés naturels en minéralogie.

ALLIAGES DU CUIVRE AVEC LE ZINC ET L'ÉTAIN (n° 288).

551. On appelle **laiton** ou **cuivre jaune** un alliage de cuivre et de zinc en proportions très-variées. Le laiton proprement dit se compose, comme nous l'avons vu déjà, de 65 de cuivre et 35 de zinc. Ainsi constitué, cet alliage sert à fabriquer le fil de laiton et les épingles. Il fond vers 850 degrés.

On ajoute souvent à ces deux métaux une petite quantité de plomb et d'étain, qui empêche le laiton de graisser les limes, tout en rendant l'alliage plus dur et plus facile à être travaillé au tour.

Le *chrysocale*, qui sert à la fabrication des faux bijoux, renferme 90 de cuivre et 10 de zinc.

Le *bronze* est essentiellement composé de cuivre et d'étain, mais il renferme presque toujours accessoirement quelques centièmes de zinc, de fer et de plomb.

La composition du bronze varie suivant les usages auxquels on le destine ; on peut en juger en se reportant au tableau des alliages (n° 288).

Le bronze des canons fond vers 900 degrés.

L'étain donne de la dureté au cuivre, et le bronze qui résulte de l'alliage de ces deux métaux est plus fusible que le cuivre seul. Le bronze offre aussi la propriété remarquable de devenir malléable par la trempe, effet tout opposé à celui que l'on observe pour l'acier.

Le bronze, suivant sa composition, sert à la fabrication des canons, des cloches, des statues, des monnaies, des médailles, des cymbales, des tam-tams, etc.

L'airain des anciens n'était autre chose que du bronze.

Enfin, le cuivre allié à l'aluminium fournit un bronze qui, d'après les récentes expériences de M. Ch. Christofle, paraît, en raison de sa dureté et de sa ténacité, devoir être employé avec succès.

PLOMB.

$$Pb = 103,5.$$

552. Propriétés physiques et chimiques. — Le plomb fraîchement coupé est blanc bleuâtre et doué d'un éclat métallique assez vif; mais il se ternit assez rapidement à l'air, en se recouvrant d'une mince couche d'oxyde. D=11,4.

Par le frottement, il acquiert une légère odeur; il est assez mou pour être entamé par l'ongle et laisser sur le papier des taches grisâtres.

Ce métal est beaucoup plus malléable que ductile, c'est le moins tenace de tous les métaux usuels. Il fond vers 330 degrés et émet des vapeurs sensibles à la chaleur blanche. Maintenu en fusion au contact de l'air, le plomb s'oxyde rapidement, il s'oxyde également au contact de l'air humide et des vapeurs acides.

L'eau *pure* aérée attaque le plomb et dissout une certaine quantité de ce métal à l'état d'oxyde hydraté; il faut donc éviter de conserver des eaux pluviales (qui sont des eaux presque pures) dans des réservoirs en plomb, quand on doit les utiliser comme boissons ou pour certaines préparations culinaires, car les composés de plomb sont tous vénéneux. Si les eaux renferment des matières salines en dissolution, elles n'exercent aucune action dissolvante sur le plomb; on peut donc sans inconvénient faire circuler les eaux de source, de puits ou de rivière, dans des conduites fabriquées avec ce métal.

EXPÉRIENCE : On prend deux flacons, **A** et **B**, renfermant, le premier, de l'*eau distillée, mais aérée;* le second, de l'eau ordinaire, et l'on introduit dans chacun une lame brillante. On voit bientôt la lame du flacon A se recouvrir d'une croûte blanchâtre et le liquide se troubler, tandis que dans le flacon B la lame se ternit simplement, et l'eau reste limpide.

On peut ensuite filtrer les deux liqueurs et les essayer avec le sulfhydrate d'ammoniaque.

L'acide chlorhydrique concentré et bouillant n'attaque le plomb que très-faiblement, *l'acide sulfurique* concentré et chaud agit sur lui comme sur le cuivre; *l'acide azotique*, au contraire, le dissout à froid et le transforme en azotate de plomb soluble.

553. Etat naturel. — Le plomb est un métal assez abondamment répandu dans la nature; on le rencontre le plus souvent combiné avec le soufre, il constitue alors la *galène;* d'autres fois il est à l'état de *carbonate, phosphate, sulfate,* etc.

La *galène* ou *sulfure de plomb* est à peu près le seul minerai de plomb exploité.

554. Usages. — Le plomb a de nombreux usages qui sont dus à sa grande malléabilité, sa mollesse et son point de fusion peu élevé.

On le lamine en feuilles qui servent à la couverture des édifices, au doublage des chambres dans lesquelles on fabrique l'acide sulfurique, à la construction de bassins, chaudières, tuyaux de conduite, gouttières, etc. On le moule en balles, on le convertit en grains de diverses grosseurs, employés sous le nom de *plomb de chasse.* Depuis quelques années, les jardiniers et les horticulteurs font un grand usage de fils de plomb qui présentent l'avantage de ne point entamer le tissu des végétaux comme les fils de fer; ils fabriquent aussi des étiquettes économiques avec ce métal.

Enfin, le plomb entre dans la composition de divers alliages, ainsi que de certains produits utilisés dans les arts.

555. Combinaisons du plomb avec l'oxygène. — En se combinant avec l'oxygène, le plomb donne naissance aux oxydes suivants :

Le protoxyde. . . . . PbO ;
Le bioxyde. . . . . . PbO^2 (acide plombique);
Le minium, qui est une combinaison des deux oxydes précédents.

556. Protoxyde de plomb (PbO).

Préparation et propriétés. — Le protoxyde de plomb porte dans les arts le nom de *massicot* ou de *litharge*, suivant son mode de préparation.

Le *massicot* s'obtient à l'état anhydre en chauffant le plomb à l'air, mais à une température insuffisante pour fondre l'oxyde formé. On obtient alors une poudre *jaune* ou *jaune rougeâtre*.

La *litharge* est du massicot qui, après avoir été fondu, a cristallisé en petites lamelles micacées et rougeâtres.

On peut obtenir de l'*oxyde de plomb hydraté* en versant de la potasse ou de l'ammoniaque dans un sel soluble de plomb.

Expérience : Avec l'azotate de plomb.

Le protoxyde de plomb est le seul des oxydes de ce métal qui puisse s'unir aux acides pour donner des sels. Il est sensiblement soluble dans l'eau pure, les alcalis et les huiles grasses. En présence du charbon ou de l'hydrogène, il se réduit facilement à l'état métallique.

Oxydation et désoxydation du plomb au chalumeau (fig. 130).

Oxydation. — Expérience : 1º Un fragment de plomb, chauffé sur un charbon à la flamme oxydante du chalumeau, se transforme en une matière *rouge orangé* qui n'est autre chose que la *litharge*, et en même temps le charbon se recouvre d'une auréole jaune rougeâtre.

Fig. 130.

2° *Réduction*. — Cette litharge, mélangée à un peu de carbonate de soude sec et exposée à la flamme désoxydante du chalumeau, donne un petit globule de plomb métallique qui s'écrase sans se briser sous le choc du marteau (fig. 131).

557. Usages. — Ce composé sert à la préparation des sels de plomb, du minium ; il entre dans la composition du cristal, de certaines couleurs jaunes ; on l'emploie aussi pour rendre certaines huiles plus siccatives et composer certaines préparations destinées à l'usage externe,

Fig. 131.

telles que le diachylon, le diapalme, l'onguent de la mère, etc.

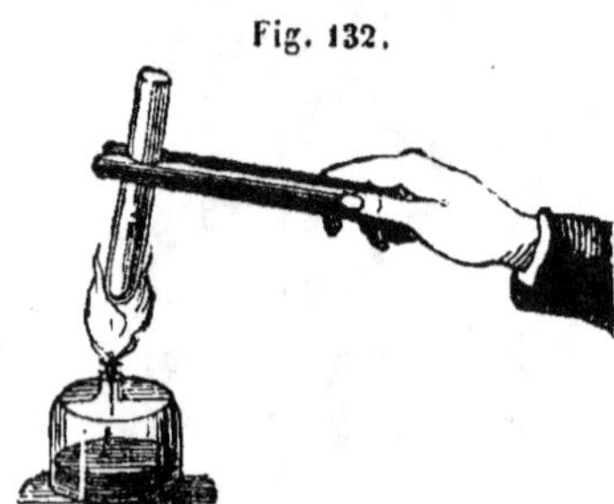

Fig. 132.

558. Le **bioxyde de plomb** ou **acide plombique** (PbO^2) est appelé souvent *oxyde puce de plomb*, à cause de sa couleur; on l'obtient en traitant le *minium* par l'acide azotique (fig. 132).

$$Pb^3O^4 \;+\; 2AzO^5HO \;=\; 2(PbO,AzO^5) \;+\; PbO^2 \;+\; 2HO$$

Minium.   Acide azotique.   Azotate de plomb.   Oxyde puce.   Eau.

Ce composé est sans intérêt pour nous.

559. Minium (Pb^3O^4). — Le minium peut être considéré comme une combinaison de 2 équivalents de protoxyde de plomb et 1 équivalent de bioxyde : $Pb^3O^4 = (PbO)^2 + PbO^2$.

Cet oxyde est d'un *rouge brillant légèrement orangé ;* il est insoluble, inodore et sans saveur.

On le fabrique en chauffant le massicot à l'air et à une température qui ne doit pas dépasser 300 degrés.

560. Usages. — En raison de sa belle couleur, le minium est employé pour colorer les papiers de tenture, la cire à cacheter ; on s'en sert aussi quelquefois comme couleur à l'huile. Le fer qui doit être peint est ordinairement recouvert d'abord d'une couche de minium qui rend la seconde peinture plus solide. Beaucoup de mastics employés en industrie sont à base de minium. Il sert enfin à la fabrication du cristal (n° 547) et a sur la litharge l'avantage de donner des verres plus incolores.

PRINCIPAUX CARACTÈRES DISTINCTIFS DES SELS DE PLOMB.

561. Les sels de plomb solubles ont tous une saveur sucrée, puis astringente et métallique ; ils sont vénéneux à faible dose. Ces sels sont incolores quand leur acide n'est pas coloré.

EXPÉRIENCES :

Acide sulfurique ou sulfates solubles.	Précipité blanc de sulfate de plomb.
Acide chlorhydrique et chlorures solubles.	Précipité blanc de chlorure de plomb.
Sulfhydrate d'ammoniaque.	Précipité brun noir de sulfure de plomb insoluble dans excès.
Iodure de potassium.	Précipité jaune d'iodure de plomb soluble à chaud, et se déposant en belles paillettes par refroidissement.

Au chalumeau.	Les sels de plomb chauffés avec du carbonate de soude donnent un culot gris blanc de plomb très-malléable, et laissent sur le charbon une auréole jaune rougeâtre (PbO).

ÉTUDE DES PRINCIPAUX SELS DE PLOMB.

562. Le **nitrate de plomb** (PbO, AzO^5) est un sel cristallisé, soluble dans 7 parties d'eau froide, et dont on peut se servir pour reconnaître l'acide sulfurique ou un sulfate soluble, quand on n'a pas un sel de baryte à sa disposition.

563. Le **sulfate de plomb** (PbO, SO^3) est un sel blanc pulvérulent, insoluble, indécomposable par la chaleur; il est sans application.

564. Carbonate de plomb (PbO, Co^2).

SYNONYMIE. — Blanc de plomb, céruse, etc.

Propriétés. — Sel blanc, pulvérulent, à peu près insoluble dans l'eau, facilement décomposable par la chaleur en acide carbonique qui se dégage et protoxyde de plomb qui reste. La céruse pure se dissout complétement dans l'acide azotique.

Préparation. — Pour le besoin des arts, on fabrique ce produit par divers procédés qui ont toujours pour résultat final de faire agir le gaz acide carbonique sur de l'acétate de plomb basique.

$$(PbO)^3,A \quad + \quad 2CO^2 \quad = \quad 2(PbO,CO^2) \quad + \quad PbO,A$$

Acétate de plomb tribasique.	Acide carbonique.	Carbonate de plomb.	Acétate monobasique.

L'expérience peut être faite avec l'appareil de la

figure 133. Le flacon F s'échappe au courant d'acide carbonique qui se rend dans la dissolution d'acétate contenue dans le verre V.

Fig. 133.

565. Usages. — On fait une grande consommation de céruse pour la peinture en bâtiments ; elle est employée mélangée à des huiles siccatives ou des vernis à l'alcool ou l'essence. Nous avons vu (n° 511) que ces peintures avaient l'inconvénient de noircir sous l'influence des émanations sulfureuses et que l'on avait essayé d'y substituer les peintures au blanc de zinc. On utilise aussi la céruse pour la préparation des couvertes dans les fabriques de faïence ; enfin, le mastic des vitriers n'est autre chose que de la céruse broyée avec un peu d'huile.

566. Action de la céruse sur l'économie animale. — Nous avons dit que tous les sels de plomb sont vénéneux, mais nous ajouterons que la céruse exerce une influence très-pernicieuse sur la santé des ouvriers employés à sa fabrication. Ceux-ci sont atteints, par suite de l'absorption continuelle de ce produit, de coliques dites *coliques de plomb*, qui occasionnent souvent leur mort.

567. Sulfure de plomb. — Ce composé peut être obtenu artificiellement en fondant du plomb et du soufre, ou bien en précipitant une dissolution d'un sel de plomb par l'acide sulfhydrique. On trouve ce sulfure abondamment répandu dans la nature; il a alors la couleur du plomb, l'aspect métallique, et porte le nom de *galène ;* c'est à peu près le seul minerai de plomb exploité ; nous l'étudierons en minéralogie.

568. Alliages de plomb. — Le plomb entre dans la composition d'un certain nombre d'alliages employés dans les arts, et dont les principaux sont : *l'alliage des caractères d'imprimerie;* le *métal d'Alger*, employé à faire des couverts ou autres ustensiles de ménage ; la *soudure des plombiers*, celle *des ferblantiers*, la *poterie d'étain*, etc. Nous avons indiqué leur composition au tableau général des alliages (n° 288).

BISMUTH.

$Bi = 210.$

569. Ce métal est d'un blanc gris avec reflet rougeâtre.

Il fond vers 247 degrés, il est cassant et pulvérisable comme l'antimoine.

Le bismuth cristallise très-facilement en cubes qui se disposent en trémies, et qui sont ordinairement recouverts d'une couche très-mince d'oxyde donnant au métal des teintes bleues, vertes et rouges, d'un très-bel effet.

Ce métal est employé surtout comme élément constitutif des alliages fusibles.

CHAPITRE XXV.

FIN DES MÉTAUX PROPREMENT DITS.

MERCURE, OR, ARGENT, PLATINE.

MERCURE.

$$Hg = 100.$$

570. Propriétés physiques et chimiques. — Le mercure ou vif-argent est le seul métal liquide à la température ordinaire ; il est d'un blanc d'argent très-brillant. A — 40 degrés, il se solidifie ; vers 350 degrés du thermomètre à air, il entre en ébullition et peut alors être distillé.

Le mercure liquide a pour densité 13,596.

Quand ce métal est impur, il perd de sa fluidité, et si on le fait rouler sur une surface horizontale, il s'y dispose en globules allongés. On dit alors que le mercure *fait la queue.*

Chauffé à l'air, à une température voisine de son point d'ébullition, ce métal absorbe peu à peu l'oyygène et se transforme en *oxyde rouge de mercure.*

Presque tous les métalloïdes se combinent directement avec le mercure ; l'acide sulfurique concentré l'attaque à chaud comme le cuivre, l'acide azotique le dissout à froid.

Enfin, ce métal s'allie avec un grand nombre de métaux et donne des *amalgames.*

A la longue, le mercure exerce une action délétère sur l'économie animale ; les personnes qui manient souvent ce liquide, ou qui en respirent fréquemment les vapeurs, sont sujettes à une salivation abondante, à des tremblements, et même à la paralysie et à la nécrose des os.

571. État naturel. — Le mercure se rencontre dans la nature à l'état natif, ou bien combiné au chlore, à l'argent ou au soufre. Le sulfure de mercure (cinabre) est à peu près le seul minerai exploité.

572. Usages. — Le mercure sert à la construction des instruments de physique, tels que baromètres, thermomètres, manomètres ; en chimie, on l'emploie pour recueillir les gaz solubles dans l'eau. Les amalgames d'or et d'argent servent à dorer ou à argenter les autres métaux ; le *tain* des glaces est un amalgame d'étain.

Ce métal fait encore partie d'un grand nombre de composés, utilisés en industrie ou en médecine, et dont nous parlerons plus loin.

573. Usages médicaux. — Le mercure métallique forme la base de plusieurs préparations pharmaceutiques, employées ordinairement pour l'usage externe par les vétérinaires. L'onguent gris est formé de 1 partie de mercure et 2 parties d'axonge ; l'onguent napolitain renferme ces deux corps à parties égales. Ces médicaments sont des fondants et des résolutifs puissants ; on les emploie aussi contre certaines affections cutanées ou vermineuses.

574. Combinaisons du mercure avec l'oxygène. — Le mercure forme avec l'oxygène les deux combinaisons suivantes :

Le protoxyde. . . . . Hg^2O ;
Le bioxyde. . . . . . (Hg^2O^2) ou HgO [1].

[1] Quelques chimistes appellent la première combinaison (Hg^2O)

575. Protoxyde de mercure (Hg^2O). — Ce composé est très-peu stable, mais il forme néanmoins, avec les acides, des sels parfaitement caractérisés.

EXPÉRIENCE : On peut l'entrevoir en versant de la potasse dans une dissolution d'*azotate de protoxyde de mercure*, préparé comme il est dit plus loin. On obtient un précipité *noir* qui se décompose spontanément en bioxyde et mercure métallique.

576. Bioxyde de mercure (HgO).

SYNONYMIE. — Précipité rouge, précipité *per se*.

Préparation et propriétés.—Cet oxyde peut s'obtenir :

1° *Par voie sèche*, en chauffant longtemps du mercure à l'air à une température un peu inférieure à son point d'ébullition, ou mieux en décomposant l'*azotate de bioxyde* par la chaleur. On obtient alors un composé d'aspect cristallisé et qui est *rouge orangé* ou *rouge brique*.

EXPÉRIENCE : On introduit quelques cristaux de ce sel dans un tube d'essai, et l'on chauffe modérément à la lampe.

2° *Par voie humide*.

EXPÉRIENCE : On verse de la potasse dans une dissolution d'un sel de bioxyde (azotate ou bichlorure), on obtient alors un précipité *amorphe et jaunâtre*.

Vers 400 degrés, la chaleur décompose ce bioxyde en mercure et oxygène (n° 295). Ce composé est un peu soluble dans l'eau.

577. Usages. — Cet oxyde est la base des sels de bioxyde de mercure. On l'emploie en médecine vétérinaire pour l'usage externe ; il entre dans la composition

oxydule ou *sous-oxyde de mercure*, et la seconde (HgO) *protoxyde*.

de certains collyres irritants, ainsi que de plusieurs pommades ou onguents antipsoriques ou antiophthalmiques.

PRINCIPAUX CARACTÈRES DES SELS DE MERCURE.

578. Caractères communs aux deux classes de sels (protoxyde et bioxyde).

EXPÉRIENCES : Une *lame de cuivre*, plongée dans la dissolution d'un sel de mercure, prend une couleur grise en s'amalgamant avec le métal.

Fig. 134.

Au chalumeau, tous les sels de mercure sont vola-tils et répandent d'épaisses vapeurs blanches dont une partie se dépose sur le charbon. Chauffés dans un petit tube d'essai avec de la chaux, ils laissent dégager du mercure qui se condense à la partie supérieure du tube (fig. 134).

Caractères distinctifs des deux classes de sels.
EXPÉRIENCES :

Réactifs.	Sels de protoxyde.	Sels de bioxyde.
Acide chlorhydrique.	Précipité blanc.	Rien.
Potasse.	Précipité noir.	Jaune rougeâtre.
Sulfhydrate d'ammoniaque.	Précipité noir.	Précipité noir avec un excès de réactif.
Iodure de potassium.	Précipité verdâtre.	Rouge écarlate.

Les sels de mercure ont une saveur piquante ; ils exci-tent fortement la salive et sont tous vénéneux.

Le meilleur contre-poison de ces sels est le *blanc d'œuf,*

qui précipite la base à l'état d'*albuminate de mercure* insoluble.

EXPÉRIENCE : On délaye un blanc d'œuf dans de l'eau distillée, et l'on verse cette liqueur dans une dissolution de *bichlorure de mercure* ou *sublimé corrosif*. On obtient immédiatement un précipité blanc, floconneux, d'*albuminate de mercure*, l'albumine étant la matière albuminoïde renfermée dans le blanc d'œuf.

ÉTUDE DES PRINCIPAUX COMPOSÉS DE MERCURE.

579. Azotates de mercure. — L'acide azotique peut donner avec le mercure deux *azotates* : l'*azotate de protoxyde* et celui de *bioxyde*.

Azotate de protoxyde (Hg^2O, AzO^5). —Ce sel s'obtient en traitant un excès de mercure par l'acide azotique.

EXPÉRIENCE : On met dans un verre à pied 20 grammes de mercure et 10 grammes d'acide azotique pur : la réaction a lieu à froid, et l'on obtient bientôt une masse blanche cristalline. Si l'on fait tomber le sel formé dans de l'eau distillée, celui-ci se décompose en partie, mais quelques gouttes d'acide azotique redissolvent le précipité, et l'on obtient alors une dissolution d'*azotate de protoxyde de mercure*.

Azotate de bioxyde (HgO, AzO^5). — Ce sel se prépare en traitant à chaud le mercure par un excès d'acide azotique. La liqueur abandonne, par refroidissement, des cristaux d'azotate de bioxyde.

Usages. — Ces deux sels de mercure, et surtout le dernier, sont des caustiques coagulants très-énergiques.

Le nitrate acide entre dans la composition de la *pom-*

made citrine, très-employée en médecine vétérinaire contre la gale et les dartres. Cette pommade est ainsi constituée :

Mercure. . . . . 32 grammes.   Axonge. . . . 250 grammes.
Acide azotique. . 48   —   Huile d'olive.. 250   —·

Combinaisons du mercure avec le soufre. — Aux deux oxydes correspondent deux sulfures, mais le bisulfure est le seul qui nous intéresse.

580. Bisulfure de mercure ($Hg\,S$).

SYNONYMIE.— Cinabre, vermillon.

Ce composé se rencontre dans la nature en masses fibreuses ou lamelleuses d'une belle couleur *rouge violacé.* C'est le *cinabre* des minéralogistes.

On le prépare artificiellement en chauffant en vase clos du *soufre* et du *mercure* et en faisant sublimer le sulfure produit. Ce cinabre artificiel, réduit en poudre fine dans l'eau, fournit le *vermillon.*

Le bisulfure de mercure est inodore, insipide, insoluble et volatil.

Usages. — Le cinabre naturel est à peu près le seul minerai de mercure. Le vermillon est employé en peinture, en raison de sa belle couleur rouge. Enfin le sulfure artificiel est administré quelquefois en médecine vétérinaire.

Combinaisons du mercure avec le chlore. — Le mercure donne avec le chlore deux combinaisons qui correspondent également aux deux oxydes.

581. Protochlorure de mercure ($Hg^2\,Cl$).

SYNONYMIE. — Mercure doux, calomel, etc.

Propriétés.—Sel blanc, cristallisable, insoluble dans l'eau, volatil sans décomposition. Il noircit à la lumière ; aussi le conserve-t-on dans des flacons *noirs* ou *violets.*

Quelques gouttes d'ammoniaque le noircissent également. Les chlorures alcalins, en présence des matières organiques, le font passer à l'état de *bichlorure soluble*, circonstance dont il faut tenir compte quand on l'emploie en médecine ; car le bichlorure est un poison violent.

582. Usages. — Le calomel est employé en médecine humaine, comme vermifuge ou purgatif. Les vétérinaires français ne l'emploient guère qu'aux mêmes titres ; mais en Allemagne, et surtout en Angleterre, on en fait en outre un grand usage, comme fondant ou agent antiplastique.

583. Bichlorure de mercure ($HgCl$).

SYNONYMIE. — Sublimé corrosif.

Propriétés. — Sel cristallisable, d'un blanc satiné, transparent, soluble dans l'eau, d'une saveur fortement métallique et désagréable : il est encore plus volatil que le protochlorure. Le sublimé corrosif est un poison violent : quelques centigrammes suffisent pour donner la mort.

Usages.—Il est employé pour la conservation des pièces anatomiques qu'il rend imputrescibles, des collections d'insectes, des herbiers ; on l'a proposé aussi pour préserver les bois de construction des ravages des insectes. Le sublimé corrosif est un médicament très-énergique : en médecine vétérinaire, il entre dans la préparation de plusieurs caustiques coagulants ; de tous les escarotiques, c'est le plus énergique et le plus sûr, ce qui tient à sa grande affinité pour les matières albuminoïdes (nº 578). On l'emploie aussi dans certains cas à l'intérieur ; ses propriétés fondantes sont très-énergiques.

ARGENT. $Ag = 108$.

584. Propriétés physiques et chimiques. — L'argent est le plus blanc de tous les métaux et celui qui peut prendre le plus bel éclat métallique. Il occupe le second rang pour la malléabilité et la ductilité, mais le quatrième seulement pour la ténacité.

Sa densité est 10, 5. Ce métal fond à 1000 degrés et émet beaucoup de vapeurs à une température plus élevée. Après l'or et le platine, l'argent est le plus inaltérable des métaux ; il est inoxydable dans l'air sec ou humide, à froid ou à chaud. A l'état de pureté, ce métal est plus dur que l'or, mais moins que le cuivre.

L'acide azotique dissout facilement l'argent à froid, l'acide sulfurique concentré et bouillant agit sur lui comme sur le cuivre et le mercure.

L'argent noircit au contact des vapeurs sulfureuses, nous l'avons dit (n° 150) en étudiant les propriétés de l'acide sulfhydrique. On peut nettoyer l'argent sulfuré en le frottant avec un linge imbibé d'ammoniaque caustique.

Il faut éviter de laisser séjourner des objets en argent en contact avec du sel marin, parce que ce composé attaque aussi le métal et le noircit à la longue.

585. Etat naturel. — L'argent existe dans la nature sous un assez grand nombre de formes, parmi lesquelles nous citerons le *sulfure d'argent*, l'*argent natif* et le *chlorure*, d'après l'ordre de leur abondance relative ; on trouve aussi des *galènes argentifères*.

586. Usages. — L'argent allié au cuivre sert à fabriquer des monnaies, des médailles, de la vaisselle, des bijoux, des ustensiles divers. Dans l'art de l'argenture, on applique ce métal sur le bois, le cuivre, le laiton, etc., on s'en sert aussi pour fabriquer le nitrate d'argent.

587. Combinaison de l'argent avec l'oxygène. — L'argent forme avec l'oxygène plusieurs combinaisons, parmi lesquelles nous citerons le *protoxyde d'argent*, qui est le seul oxyde salifiable.

PROTOXYDE D'ARGENT.

$$AgO.$$

588. Préparation et propriétés.

EXPÉRIENCE : On verse un excès de potasse dans un sel d'argent soluble, tel que le *nitrate d'argent*, et l'on obtient un précipité *brun clair* qui, sous l'influence d'une chaleur très-modérée, devient *vert olive* en se déshydratant.

Cet oxyde perd son oxygène à une température peu élevée et même à froid sous l'action de la lumière solaire ; néanmoins, c'est une *base puissante* qui sature les acides les plus énergiques. Le protoxyde d'argent n'est employé qu'en combinaison avec l'acide azotique.

PRINCIPAUX CARACTÈRES DISTINCTIFS DES SELS D'ARGENT.

589. Les sels d'argent solubles ont une saveur métallique désagréable et sont très-vénéneux. Ils noircissent tous à la lumière solaire en se décomposant.

EXPÉRIENCES :

Sulfhydrate d'ammoniaque.	Précipité noir insoluble dans un excès de réactif.

Acide chlorhydrique et chlorures solubles.
{ Précipité blanc caillebotté de chlorure d'argent (Ag Cl) insoluble dans l'acide nitrique, très-soluble au contraire dans l'ammoniaque. Ce précipité, exposé à la lumière, devient d'abord *violet* et ensuite *noir*.

Au chalumeau.
{ Les sels d'argent, chauffés avec du carbonate de soude sur un charbon, donnent des globules brillants et malléables *d'argent métallique*.

EXPÉRIENCE : Avec l'azotate d'argent (fig. 135).

Fig. 135.

Sels d'argent.

Parmi les sels d'argent, le seul qu'il importe d'étudier ici est l'azotate d'argent.

590. Azotate ou nitrate d'argent (AgO, AzO^5).

Propriétés. — Ce sel se présente sous forme de lames cristallisées, transparentes et solubles dans l'eau. Il noircit peu à peu à la lumière en se décomposant, aussi le conserve-t-on dans des flacons en verre noir. Le nitrate d'argent produit sur la peau des taches violettes que l'on peut faire disparaître avec du cyanure ou de l'iodure de potassium. Cette coloration sur la peau provient de ce que la dissolution de ce sel se décompose rapidement au contact des matières organiques.

Ce sel, fondu et coulé en petits lingots ou cylindres, constitue la *pierre infernale*. Chauffé à une température trop élevée, il se décompose.

Préparation. — On fait dissoudre de l'argent dans l'acide nitrique, on évapore et l'on fait cristalliser.

591. Usages. — En chimie, la dissolution de ce sel est le réactif de l'*acide chlorhydrique* et des *chlorures solubles* (n° 144).

La propriété que possède cette dissolution, de se décomposer au contact des matières organiques, l'a fait employer pour marquer le linge et teindre les cheveux.

Les médecins prescrivent ce sel à l'intérieur contre l'épilepsie, mais il a l'inconvénient de donner aux malades un teint verdâtre ; les vétérinaires l'emploient à l'extérieur en injections ou en pommades pour certaines maladies des yeux, des oreilles, etc. Enfin, la pierre infernale est utilisée souvent en médecine humaine ou vétérinaire : elle sert à ronger les chairs baveuses, cautériser les plaies venimeuses et les inoculations de virus.

592. Alliages d'argent. — C'est avec le cuivre que l'argent forme les alliages les plus importants ; nous en avons donné la composition (n° 288).

OR.

$$Au = 98.$$

593. Propriétés physiques et chimiques. — L'or est d'une couleur jaune un peu rougeâtre, c'est le plus malléable et le plus ductile de tous les métaux, mais il n'occupe que le cinquième rang pour la ténacité. D=19,3. Ce métal est moins fusible que l'argent et le cuivre, mais plus fusible que le platine ; sa température de fusion est d'environ 1250 degrés du thermomètre à air. L'or est un des métaux les moins altérables ; il ne peut être oxydé directement ni à froid ni à chaud, il ne noircit point au contact des vapeurs sulfureuses, et résiste à l'action des acides sulfurique, nitrique et chlorhydrique ; l'eau régale seule le dissout et le transforme en chlorure (n° 162).

594. Etat naturel. — L'or se rencontre toujours à l'état natif.

595. Usages. — L'or allié au cuivre ou à l'argent sert à la fabrication des monnaies, des médailles, des bijoux et à la confection d'un grand nombre d'objets d'art ou d'instruments et d'ustensiles. Dans l'art de la dorure, on l'applique sur la porcelaine, le carton, le bois, le cuivre, le laiton, l'argent.

596. Alliages d'or. — L'or a encore plus besoin d'être allié au cuivre que l'argent, parce qu'il est *plus mou* que ce dernier.

Le cuivre rehausse en outre la couleur de l'or, le rend plus fusible, mais diminue sa malléabilité et sa ductilité. La composition des principaux alliages d'or nous est connue (n° 288) ; dans les arts on allie aussi ce métal à l'argent.

L'*or vert*, qui est l'alliage le plus employé en bijouterie, renferme 700 parties d'or pour 300 parties d'argent.

Le *vermeil* est de l'argent doré.

Nous ne dirons rien des sels d'or, parce qu'ils n'ont aucune application au point de vue de l'agriculture ou de la médecine vétérinaire.

LPATINE.

$$Pt = 98,5.$$

597. Propriétés physiques et chimiques. — Le platine est un métal presque aussi blanc que l'argent, mais moins brillant, il est très-ductile, très-malléable et occupe le troisième rang pour la ténacité.—C'est le moins dilatable et le plus lourd de tous les métaux ; sa densité est 21,5 environ.

Ce métal, considéré longtemps comme infusible aux feux de forge les plus violents, M. Deville est parvenu cependant à le fondre à une température qui peut être évaluée à 2000 degrés. A la chaleur blanche, le platine se ramollit et peut se souder à lui-même.

Le platine est inaltérable à l'air, aux températures les plus élevées ; il résiste, comme l'or, à l'action de tous les acides les plus concentrés, excepté de l'*eau régale* (n° 162).

On peut encore obtenir le platine à l'état d'*éponge* ou de *noir de platine*, c'est-à-dire extrêmement divisé et jouissant de la propriété de condenser énergiquement les gaz et de déterminer souvent leur combinaison. Nous en reparlerons plus loin.

598. Etat naturel. — Le platine se trouve dans la nature, allié avec un assez grand nombre d'autres métaux rares dont nous n'avons pas à nous occuper. Ce métal est disséminé en petits grains irréguliers appelés *pépites*, au milieu des sables et des terres d'alluvion où le mineur trouve également l'or et le diamant.

599. Usages.—En Russie, le platine sertcomme mon·naie. L'industrie fabrique avec ce métal des cornues destinées à la concentration de l'acide sulfurique, des creusets, des capsules, des fils, des lames, etc., employés dans les laboratoires ou pour les arts.

600. Bichlorure de platine ($PtCl^2$). — Le platine dissous dans l'*eau régale* se transforme en *bichlorure de platine*, sel amorphe dont la solution est *jaune foncé*.

Ce bichlorure, maintenu à 200 degrés tant qu'il se dégage du chlore, se transforme en *protochlorure* ($PtCl$).

601. Éponge ou mousse de platine.

EXPÉRIENCE : On entoure l'extrémité d'un fil de fer avec une bandelette de papier à filtre et on la plonge dans une dissolution de bichlorure de platine. Ce papier est ensuite brûlé à la flamme d'une lampe à alcool et il reste une cendre légère, formée de platine extrêmement divisé, et qui porte le nom d'*éponge* ou de *mousse de platine*.

Noir de platine. — EXPÉRIENCE : Dans un petit ballon renfermant une dissolution concentrée de potasse, on introduit du *protochlorure de platine* et l'on fait bouillir la liqueur en ajoutant peu à peu de l'alcool. De l'acide carbonique se dégage avec effervescence, en même temps que le platine se précipite à un état de division extrême sous lequel il porte le nom de *noir de platine*.

602. Propriétés remarquables du platine divisé. — Le platine, à l'état d'*éponge* et mieux encore de *noir* de platine, exerce sur les gaz une action *absorbante* des plus remarquables. Ce métal jouit de la propriété de condenser les corps gazeux dans ses pores, et de déterminer entre leurs molécules un contact tellement intime, que ceux-ci peuvent entrer en combinaison.

EXPÉRIENCES: (*A*) Si l'on approche de l'orifice *a* (fig. 136) d'un tube qui dégage de l'hydrogène un peu d'*éponge de platine* préparée comme il a été dit (n° 600), le jet de gaz s'enflamme spontanément.

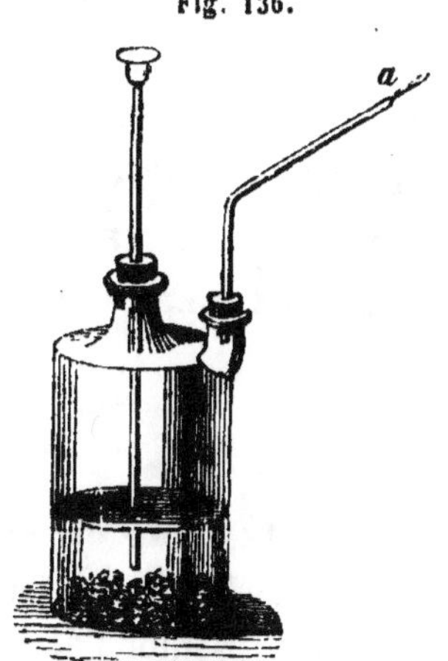
Fig. 136.

Ce phénomène résulte de ce que l'oxygène de l'air et l'hydrogène du flacon, se condensant dans les pores de l'éponge de platine, se combinent avec une énergie suffisante pour amener le corps poreux à l'*incandescence* et déterminer par suite l'inflammation du gaz combustible.

(*B*) Si, dans une éprouvette renfermant un mélange de 2 volumes d'hydrogène et 1 d'oxygène, on introduit un peu d'éponge de platine fixée à l'extrémité d'un fil métallique, on détermine instantanément l'inflammation du mélange explosif.

Nous verrons dans le chapitre suivant les applications, importantes au point de vue agricole, qui découlent des réactions que nous venons d'exposer.

CHAPITRE XXVI.

———

603. Oxygène électrisé ou ozone.—Nous avons dit (n° 86) que le phosphore n'était pas le seul corps susceptible de présenter l'état *allotropique*, mais que l'*oxygène* jouissait aussi de la propriété de se constituer à un état particulier, sous lequel on lui avait donné le nom d'*ozone*. L'ozone, dont la découverte est due à M. Schœnbein, n'est autre chose que de l'oxygène électrisé, mais à cet état ce gaz acquiert des propriétés toutes nouvelles et fort remarquables.

604. Propriétés de l'ozone. — 1° L'ozone possède une *odeur* forte et particulière qui rappelle celle des corps énergiquement électrisés ;

2° Il jouit à froid de propriétés chimiques qui n'appartiennent pas à l'oxygène ordinaire et parmi lesquelles nous citerons les suivantes :

Il décolore rapidement le tournesol bleu.

Il oxyde l'argent, il brûle le gaz ammoniac et le transforme en acide nitrique.

Il décompose les iodures alcalins et met l'iode en liberté.

Sous l'influence des bases fortes, telles que la potasse, il se combine avec l'azote et forme du nitrate de potasse.

En résumé, l'ozone est un oxydant des plus énergiques.

605. Réactif de l'ozone. — Ce réactif est fondé sur la décomposition immédiate de l'*iodure de potassium* que l'ozone peut produire à la température ordinaire, et la coloration bleue (n° 74) que fournissent l'iode et l'amidon mis en présence.

Préparation.—On fait un empois clair avec 50 grammes d'amidon et 1 litre d'eau. On y ajoute 5 grammes d'iodure de potassium, et quand ils sont dissous, on trempe dans cette liqueur du papier à filtre qu'on laisse sécher ensuite dans un lieu fermé, puis que l'on découpe en bandelettes.

Ces bandes exposées à l'action de l'*ozone* se colorent en jaune plus ou moins foncé, mais trempées ensuite dans l'eau, elles prennent une couleur *bleue violette* par suite de l'action que l'iode libre exerce sur l'amidon.

606. Production de l'ozone dans les laboratoires.

1° *Emploi du phosphore humide.*

M. Schœnbein a indiqué le procédé suivant (fig. 137) :

Dans un ballon en verre B de 10 à 15 litres de capacité, on met un peu d'eau et des bâtons de phosphore d'un centimètre de diamètre, de manière qu'ils ne plongent qu'à moitié dans le liquide ; on maintient la température de 12 à 20 degrés, et au bout de quelques heures l'air du ballon est *ozonisé*.

A est un tube ouvert et effilé ; C un tube renfermant de l'eau destinée à laver le gaz ; D un vase qui renferme une dissolution d'iodure de potassium et d'amidon. A l'extrémité du tube *t* on adapte un aspirateur.

Pour constater l'ozonisation, il suffit de faire fonction-

Fig. 137.

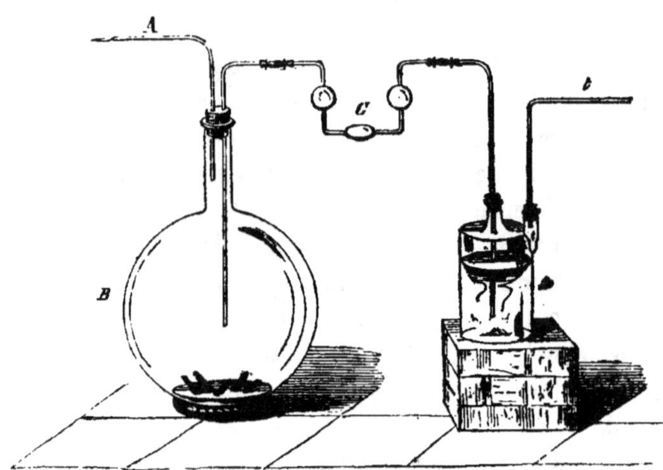

ner l'aspirateur ; l'air du ballon, étant alors aspiré, se rend dans le flacon D, et l'on voit le liquide réactif prendre une teinte *bleue*.

2° *Décomposition de l'eau par la pile.*

On met de l'eau, fortement acidulée d'acide sulfurique, dans le flacon à trois tubulures F (fig. 138), et l'on fait plonger dans le liquide deux lames de platine, qui communiquent avec les fils conducteurs d'une pile composée de cinq éléments Bunsen.

Dans la fiole V se trouve du liquide réactif de l'ozone.

La cuve B est pleine d'eau destinée à refroidir le flacon. Sous l'influence électrique, l'eau se décompose en hydrogène et oxygène dont une partie est à l'état électrisé ou d'*ozone*. Les deux gaz se dégagent par le tube T et l'on voit le liquide bleuir dans le vase V.

Fig. 138.

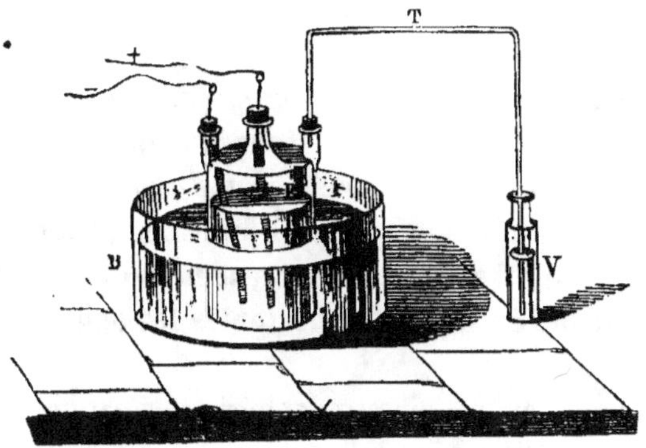

3° *Décomposition du bioxyde de barium par l'acide sulfurique monohydraté.*

Fig. 139.

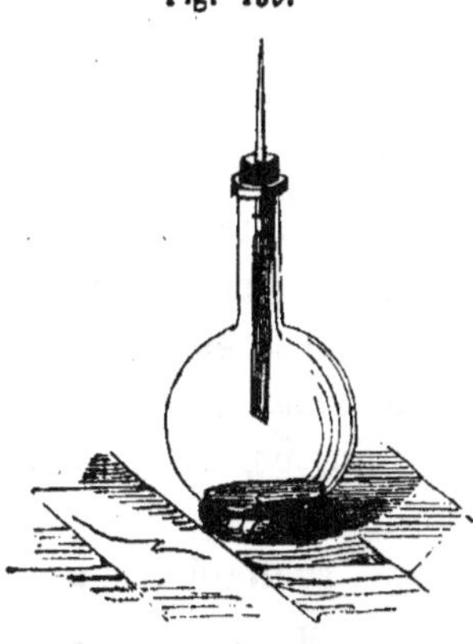

On introduit dans un ballon de 2 litres environ du *bioxyde de barium* (BaO^2) (n° 387) et par-dessus de l'acide sulfurique monohydraté, puis on ferme avec un bouchon traversé par un tube effilé, à la partie inférieure duquel est fixée une bandelette humide de papier réactif. On voit bientôt le papier passer au bleu [1].

[1] On peut aussi employer un ballon à deux tubulures, dans lequel on verse d'abord de l'acide sulfurique concentré. A l'une des tubulures on adapte un tube recourbé destiné à conduire le gaz dans une éprouvette pleine d'eau distillée. La seconde tubulure sert à introduire des fragments de *bioxyde de barium*; on la ferme ensuite par un bouchon de liége.

RÉACTION :

$$BaO^2 \quad + \quad SO^3HO \quad = \quad BaO,SO^3 \quad + \quad O$$

| Bioxyde de barium. | Acide sulfurique monohydraté. | Sulfate de baryte. | Oxygène. |

Il se dégage donc à froid de l'*oxygène*, mais ce gaz jouit des propriétés de l'*ozone*. M. Houzeau, qui est l'auteur de ce dernier procédé, a appelé ce gaz *oxygène naissant*, mais il est présumable que, s'il jouit des propriétés de l'*ozone*, c'est qu'il est devenu *oxygène électrisé* par suite de l'électricité qui se dégage dans toutes les actions chimiques.

4° L'oxygène ou l'air atmosphérique s'ozonise quand il est soumis dans nos laboratoires à une suite de décharges électriques.

607. Production d'ozone dans la nature. — 1° De nombreuses expériences ont démontré que, pendant les temps d'orage, les papiers ozonoscopiques se coloraient fortement, ce qui prouve que l'électricité atmosphérique est aussi une cause de production d'*ozone*.

2° L'électricité jouant un rôle dans toutes les compositions ou décompositions des corps, on peut admettre que, dans toute réaction où il y a dégagement d'oxygène à l'*état naissant*, il y a formation d'*ozone*. La découverte de M. Houzeau rend cette hypothèse parfaitement acceptable.

3° D'après M. Schœnbein, l'ozone se manifeste toutes les fois que de la matière organique entre en putréfaction, dans une terre humide convenablement aérée.

4° MM. Scoutetten et de Luca ont constaté que l'oxygène, qui se dégage des feuilles des plantes par l'action de la lumière, est électrisé.

DE LA NITRIFICATION.

608. Nitrification des pays chauds. — Dans certains pays des régions tropicales, on trouve, à la surface du sol, des quantités considérables de nitrates alcalins (potasse ou soude) que l'on peut recueillir par la lixiviation.

Quelle est l'origine de ces nitrates ?

Nous avons vu (n° 50) que, sous l'influence de l'électricité, on pouvait déterminer la combinaison d'un mélange d'azote et d'oxygène à l'état humide et obtenir de *l'acide azotique*. — Or, on peut admettre, d'après les indications ci-dessus, que l'oxygène une fois électrisé, c'est-à-dire devenu *ozone*, acquiert une affinité beaucoup plus grande pour *l'azote* et peut alors se combiner avec ce corps.

C'est en s'appuyant sur cette réaction que l'on peut expliquer la formation de la plus grande partie des azotates que l'on rencontre si abondamment dans les régions intertropicales, où les décharges électriques sont si fréquentes. L'acide azotique formé dans l'atmosphère, et ramené sans cesse à la surface de la terre par les pluies ou par l'air lui-même, y rencontre des bases avec lesquelles il se combine et se transforme en *nitrate*.

609. Nitrification des pays tempérés. — 1° Le nitre se forme continuellement dans les lieux exposés aux émanations des animaux, aussi les plâtras, les débris des vieux bâtiments, le sol des écuries, des étables, les murailles des caves renferment des quantités plus ou moins considérables de ce sel, associé à des nitrates de chaux, de magnésie, etc. ;

2º Toutes les terres arables convenablement fumées contiennent des nitrates dont la proportion varie avec les saisons et les conditions atmosphériques ;

3º Les composts, le terreau des maraîchers, etc., sont de véritables nitrières ;

4º Dans les pays tempérés, où le nitre ne se produit pas naturellement, on y supplée en construisant des nitrières artificielles, comme nous allons l'indiquer.

On fait un mélange de terre végétale avec : 1º des matières riches en azote, telles que du sang, de l'urine, etc.; 2º des matières alcalines et terreuses, telles que les cendres neuves ou lessivées, de la chaux éteinte, de la marne. Toutes ces matières étant mises en tas et placées à l'abri de la pluie, on introduit dans la masse des bâtons pour faciliter la circulation de l'air, et on a soin d'arroser le tout, de temps en temps, d'abord avec du jus de fumier et à la fin avec de l'eau pure.

Au bout de six mois ou d'un an, on lessive la masse, et les eaux de lavage, suffisamment concentrées, renferment une forte proportion de *nitrates* de potasse, de soude, de chaux, de magnésie, etc.

610. Théorie de la nitrification. — En s'appuyant sur les faits indiqués au numéro 607, la production de l'acide nitrique, et par suite des nitrates, dans les diverses circonstances que nous venons d'énumérer, peut s'expliquer comme il suit :

1º *Toute matière organique azotée, en se décomposant, produit de l'ammoniaque et de l'oxygène à l'état naissant* (ozone);

2º *Les matières poreuses, telles que vieux plâtras, calcaires, substances organiques elles-mêmes, etc., agissant à la manière de la mousse de platine* (nº 602), *condensent de l'ammoniaque et de l'ozone et tendent à les faire entrer en combinaison ;*

3° *L'oxydation de l'ammoniaque est facilitée par la présence des bases fortes : potasse, soude, chaux, renfermées dans les sols, les composts, les nitrières artificielles*, etc. ;

4° *En définitive, on obtient la réaction suivante :*

$$\mathrm{AzH^3} \;+\; \mathrm{O^8} \;+\; \mathrm{KO} \;=\; \mathrm{KO,AzO^5} + \mathrm{3HO}$$

Ammoniaque.	Oxygène.	Base, telle que potasse.	Azotate de potasse.	Eau.

614. Nitrification en l'absence des matières organiques azotées. — M. de Luca a trouvé qu'il y avait formation d'*acide nitrique* lorsqu'on faisait passer, dans une dissolution de potasse, un courant d'air privé d'ammoniaque, exempt de poussière et pris dans une serre où végétaient un grand nombre de plantes de toute nature.

Ce résultat démontre que, même en l'absence de matières organiques pouvant fournir de l'ammoniaque, il peut y avoir *nitrification*, sans doute par suite de la combinaison de l'azote, avec l'ozone renfermé dans l'air; combinaison favorisée par la présence d'une base forte.

La théorie de la nitrification que nous venons d'exposer n'est pas admise par tous les chimistes, mais nous l'avons adoptée parce que, dans l'état actuel de nos connaissances, c'est celle qui nous paraît la plus simple pour expliquer la majorité des faits acquis à la science sur ce sujet. Quand les savants qui s'occupent de cette grave question se seront mis d'accord, quand ils auront formulé une autre théorie, reposant sur des faits aussi simples et aussi concluants que celui de la transformation instantanée de l'*ammoniaque* en *acide nitrique*, en présence de l'*ozone*; alors nous nous empresserons d'accepter les résultats de leurs travaux, mais jusque-là nous croyons convenable de nous tenir sur la réserve.

612. Circonstances qui limitent la production des nitrates. — La transformation des matières azotées en nitrates a une limite : quand ces matières sont trop abondantes, il n'y a plus de *nitrification*.

M. Pelouze a constaté que le salpêtre disparaissait lentement dans une dissolution de blanc d'œuf, et que l'acide de ce sel se changeait en *ammoniaque*.

Cette réaction explique pourquoi l'on ne trouve que des traces de nitrates dans les eaux croupissantes, dans le fumier pris à la partie supérieure des fosses, et qu'on ne rencontre même plus aucune trace de ces sels au fond des fosses ou dans les purinières.

Ce fait expliquerait également pourquoi, dans la conduite des nitrières artificielles, on substitue, dans les derniers mois, l'eau pure au jus de purin, quand on arrose les matières entassées.

M. Bineau a également reconnu que les *conferves* qui naissent spontanément dans l'eau de pluie en font disparaître une partie des nitrates, et que, lorsqu'un cours d'eau se jette dans un lac où végètent des plantes aquatiques, l'eau courante est plus riche en nitrate que celle du lac.

613. Mode d'action des nitrates sur la végétation. — M. Kuhlmann attribue aux nitrates un rôle considérable dans la végétation, il les regarde comme d'*excellents engrais*, mais il explique leur action favorable en admettant que ces sels sont uniquement une source d'*ammoniaque* pour les plantes. Suivant cet agronome, les nitrates, mêlés à une matière organique en voie de décomposition, éprouveraient tous l'influence de *l'hydro-gène naissant* que dégagent ces matières (n° 269), une ré-duction analogue à celle que subit le *sulfate de chaux* dans des circonstances semblables (n° 151), et il se produi-rait une réaction inverse à celle relative à la nitrification.

$$\underbrace{Az O^5} \quad + \quad \underbrace{H^8} \quad = \quad \underbrace{Az H^3} \quad + \underbrace{5 HO}$$

Acide azotique.   Hydrogène.   Ammoniaque.   Eau.

Ainsi, d'après M. Kuhlmann, un engrais enfoui dans le sol commencerait par produire de *l'ammoniaque*, dont une partie serait assimilée par les plantes, tandis que l'autre, parvenue dans les couches supérieures de la terre, se changerait en acide nitrique sous l'influence de l'oxygène et de la *porosité* de certains éléments. Cet acide nitrique serait ensuite ramené par les pluies dans les couches plus profondes de la terre où il se transforme-rait de nouveau en ammoniaque sous l'influence réduc-trice de l'hydrogène naissant, dégagé par les matières organiques en voie de décomposition.

Cette théorie n'a point été vérifiée par des expériences directes.

MM. Gilberts et Lawes, en Angleterre; MM. Boussin-gault, Isidore Pierre, G. Ville, en France, ont constaté les bons effets des nitrates sur la végétation, mais leurs tra-vaux ne permettent pas de dire d'une manière positive si les nitrates sont absorbés en nature et concourent di-rectement à la nutrition des plantes, ou bien si leur in-fluence favorable est due aux produits de leur décom-position préalable.

M. Boussingault a de plus constaté :

1° Que les nitrates alcalins ajoutés au sol activaient la

végétation avec autant de promptitude et peut-être avec plus d'énergie que les sels ammoniacaux ;

2° Que l'action de ces nitrates se manifestait, sans qu'il fût nécessaire d'ajouter au sol une matière organique putrescible ;

3° Qu'un nitrate ne saurait toutefois être regardé comme un engrais complet, parce qu'il apporte seulement de l'*azote* et un *alcali*, et qu'il convient de l'associer à du *phosphate de chaux.*

614. Origine de l'azote renfermé dans les végétaux. — Les savants sont loin d'être d'accord sur le mode d'assimilation de l'*azote* par les végétaux, des opinions diamétralement opposées ont même pris naissance dans ces derniers temps.

Suivant une école, à la tête de laquelle marche M. Ville, les plantes peuvent assimiler l'*azote* gazeux de l'atmosphère et le faire concourir à la production des substances *albuminoïdes ;* suivant une autre, qui compte dans son sein MM. Boussingault, Liebig et beaucoup d'autres savants, il n'y a d'*azote assimilable* dans l'atmosphère que celui qui se trouve engagé dans une combinaison *nitrique* ou *ammoniacale.* A cette première source d'azote pour les plantes (l'atmosphère), viendrait s'en joindre une autre bien plus importante, ayant son siége dans le sol : nous voulons parler des matières organiques azotées qui *fournissent* en se décomposant des sels ammoniacaux et des nitrates, composés pouvant offrir aux végétaux ce que M. Boussingault appelle de l'*azote assimilable*, pour le distinguer de l'azote atmosphérique.

Juge impartial dans la question, nous avouerons que les expériences entreprises jusqu'ici pour démontrer l'assimilation de l'*azote gazeux*, nous paraissent insuffisantes, et qu'au contraire les travaux de M. Boussingault, comme les faits pratiques, paraissent établir d'une manière certaine la vérité de sa théorie.

D'ailleurs, ce savant agronome a constaté, par des expériences directes, que des graines semées dans un sol **stérile** (*c'est-à-dire dépourvu de toutes matières azotées assimilables, mais renfermant du phosphate de chaux et des silicates ou carbonates alcalins*), fonctionnant en présence de l'acide carbonique répandu dans l'air ou dissous dans l'eau, avaient présenté la *végétation la plus chétive* en n'empruntant aux principes azotés de l'air que 2 à 3 milligrammes seulement.

D'après ce qui précède, la terre étant le véritable réservoir où les plantes doivent puiser leur *azote*, il nous paraît utile d'étudier les divers états sous lesquels ce gaz peut se trouver engagé dans les sols.

615. Azote renfermé dans les terres arables. — On peut distinguer dans les sols :

1° *L'azote des substances organiques indécomposées ou celui formant, avec les éléments minéraux des terres, des composés insolubles ;*

2° *L'azote minéral, c'est-à-dire sous forme d'ammoniaque ou d'acide azotique ;*

3° *L'azote des composés organiques solubles.*

Nous allons nous occuper successivement de ces trois états différents de l'azote.

616. — I. **Azote des substances organiques indécomposées,** etc. — Dans cette première classe, nous rangeons les substances azotées renfermées dans les litières, les débris des récoltes, les déjections animales, etc., qui n'ont point encore subi la fermentation, ou qui, l'ayant éprouvée, ont fourni des composés azotés solubles, dont certains éléments du sol, tels que l'alumine, le peroxyde de fer, se sont emparés pour former de véritables laques (n° 545).

Quand on dose l'*azote organique* renfermé dans une terre, et que l'on rapporte le résultat de l'analyse au poids d'un cube de terre ayant une superficie d'un hectare et une profondeur de 20 à 30 centimètres environ, on est étonné des résultats auxquels on est conduit.

M. Boussingault a trouvé, dans un kilogramme de terre sèche :

Terres.	Azote entrant dans la constitution de matières organiques.
1. Terreau de maraîchers.	10^{gr},503
2. — neuf de Verrières. . . .	5 ,281
3. Terre légère de Bischviller. . . .	2 ,951
4. — — de Liebfrauenberg. .	2 ,594
5. — forte de Bechelbronn. . .	1 ,397

De la proportion d'azote contenu dans la terre n° 4, il résulte qu'un cube de cette terre, ayant 1 hectare de superficie et 33 centimètres de profondeur, contenait plus de 11,000 kilogrammes d'azote faisant partie de composés d'origine organique.

M. Isidore Pierre, ayant analysé dans le voisinage de Caen un sol argilo-calcaire un peu siliceux et profond, a trouvé :

A 20 centimètres de profondeur. . . .	1^{gr},659 d'azote
De 20 à 40 centimètres.	1 ,157 —

par kilogramme de terre sèche.

En admettant que la terre tassée, qui n'a pas été labourée de l'année, pèse deux fois son volume d'eau, c'est-à-dire 2,000 kilogrammes le mètre cube, la couché de la terre analysée, pour 1 hectare de superficie, renfermait donc :

Sur 20 centimètres de profondeur. . 6,636 kilogrammes d'azote
De 20 à 40 centimètres. . . . . . . 4,628 — —

Nous pourrions citer des résultats analogues, obtenus dans notre laboratoire, en analysant les terres du domaine de la Saulsaie ; mais ils n'ajouteraient rien de plus aux faits précédents.

Des chiffres ci-dessus, on peut tirer la conclusion suivante :

Les terres arables renferment presque toujours une proportion d'azote capable de subvenir plus de cent fois aux exigences des plantes les plus épuisantes, telles que le blé, par exemple.

En effet, nous verrons, par la suite, qu'une récolte par hectare de 30 hectolitres de blé et de 5,000 kilogrammes de paille renferme en moyenne 66 kilogrammes d'azote.

617. — II. **Azote minéral.**—L'*azote minéral* est celui qui provient de la décomposition des matières organiques azotées et qui se retrouve dans le sol, tantôt à l'état de *sels ammoniacaux*, tantôt à l'état de *nitrates*.

Les analyses suivantes, effectuées par M. Boussingault, démontrent que les terres renferment de l'ammoniaque et de l'acide nitrique :

Terres.	Pour 1 kilogramme de terre sèche.	
	Ammoniaque toute formée.	Nitrates équivalents à nitrate de potasse.
Terreau des maraîchers.	$0^{gr},118$	$1^{gr},071$
— neuf de Verrières. . . .	0 ,084	0 ,940
Terre légère de Bischviller. . . .	0 ,020	1 ,526
— de Liebfrauenberg. .	0 ,020	0 ,175
— forte de Bechelbronn. . . .	0 ,009	0 ,015

24.

En ne considérant que les résultats relatifs à la terre de Liebfrauenberg, M. Boussingault a trouvé qu'à la même époque cette terre renfermait par hectare :

Azote organique, plus de. . . 1,100 kilogrammes.
Ammoniaque toute formée. . 95 —
Nitrates. . . . . 27 —

On voit quelle énorme disproportion il y a entre l'azote organique et l'azote minéral.

M. Boussingault a également étudié la marche de la *nitrification* dans cette même terre de Liebfrauenberg, et il a trouvé :

NITRATES EXPRIMÉS EN NITRATE DE POTASSE.

Par mètre cube.

5 août 1857.. . . 12^{gr},5
17 août.. . . . . 81 ,6
2 septembre. . . 233 ,5
17 septembre.. . 280 ,3
2 octobre.. . . . 268 ,6

C'est donc avec raison que nous avons dit précédemment que les terres arables convenablement fumées étaient de véritables nitrières.

618.—III. **Azote des composés organiques solubles.** — Quand on traite par de l'eau distillée un échantillon de terre préalablement desséchée, l'eau légèrement jaunâtre qui passe à travers un filtre laisse, après évaporation au *bain-marie* (c'est-à-dire au-dessus d'un vase renfermant de l'eau en ébullition), un résidu dont la nature est à la fois *minérale et organique.* Si l'on introduit ce résidu dans un tube d'essai et qu'on le fasse bouillir avec un peu de dissolution de potasse, il est facile de s'assurer qu'il y a dégagement d'*ammoniaque ;* donc ce résidu est *azoté.*

La matière organique azotée soluble, qui existe dans l'extrait de terre, passe-t-elle directement dans le végétal, et contribue-t-elle, par son azote, à la formation des substances albuminoïdes; ou bien cette matière a-t-elle besoin d'une transformation préalable pour remplir ce but ? La science n'a pas encore répondu à ce point d'interrogation.

619. Conclusions. — De ces trois états différents sous lesquels on peut rencontrer l'azote dans les sols, il résulte que l'on s'exposerait à commettre une grave erreur, si l'on voulait juger de la fertilité d'une terre d'après sa *teneur* en azote, sans se préoccuper de la forme revêtue par ce corps. On doit, en effet, distinguer, dans les terres arables, l'*azote assimilable* de l'*azote en réserve.*

L'azote immédiatement assimilable par les végétaux est l'*azote minéral* et peut-être celui des *composés organiques solubles ;* l'*azote en réserve* est celui renfermé dans les matières organiques non décomposées ou engagé dans les *laques.*

Ainsi, bien que les terres renferment presque toujours une proportion d'azote capable de satisfaire plus de cent fois aux exigences d'une *récolte de blé,* par exemple, la distinction que nous venons d'établir entre l'*azote assimilable* et l'*azote en réserve* explique pourquoi il est nécessaire, dans la culture intensive, de renouveler convenablement les fumures, si l'on veut obtenir des produits satisfaisants. Les expériences de M. Boussingault ayant démontré (n° 617) que, sur la masse d'azote renfermée dans les sols, il n'y en a jamais qu'une très-faible proportion qui soit immédiatement assimilable, on est forcé d'en conclure que, dans la décomposition des engrais, une fraction de la substance fertilisante se constitue dans un état *passif* qui lui permet de résister à l'action assimilatrice des végétaux.

L'azote tenu en réserve dans une terre représente le *capital dormant d'engrais*, ou ce que les agriculteurs nomment la *vieille force* d'un sol; l'azote immédiatement assimilable constitue au contraire sa *fécondité immédiate*.

Du reste, cette passivité de la matière organique n'est pas définitive ; car, sous l'influence de circonstances atmosphériques favorables, des opérations mécaniques dont les sols sont l'objet, et de la sollicitation même des racines des plantes, ces substances redeviennent le siége d'une nouvelle fermentation qui met en liberté de nouveaux produits assimilables.

L'expérience suivante, relative à la terre de Liebfrauenberg, démontre clairement ce fait :

	Ammoniaque, par hectare.	Nitrates.
Juin 1859............	95 kilogrammes.	27 kilogrammes.
Septembre............	»	758 —

Or, comme 95 kilogrammes d'ammoniaque ne sauraient produire 758 kilogrammes d'acide nitrique, on est forcé d'admettre qu'il y a eu, de juin en septembre, transformation en azote assimilable d'une partie de l'azote en réserve.

620. Mode d'action des sels ammoniacaux sur la végétation. — Nous avons dit (chap. XVIII) que les sels ammoniacaux avaient été expérimentés comme engrais et que ces composés avaient généralement fourni de bons résultats, mais que la durée de leur action paraissait être très-limitée.

De plus, il résulterait d'expériences spéciales, faites par M. Boussingault, que le *carbonate d'ammoniaque* serait apte à remplir deux rôles parfaitement distincts dans les phénomènes chimiques de la végétation. Dans l'un, ce sel agirait en procurant à la plante de l'*azote assimilable* ; il concourrait alors, comme les nitrates, à la formation des matières *albuminoïdes*. Dans l'autre, il interviendrait comme *engrais minéral*, abandonnant sa base aux acides végétaux, qui donneraient alors des sels ammoniacaux. Quant aux autres sels d'ammoniaque à *acides fixes* (chlorhydrate, sulfate), les résultats d'analyse conduisent à admettre qu'ils ne pénètrent point en nature dans les plantes, mais qu'ils se transforment préalablement en *carbonate d'ammoniaque* sous l'influence du *carbonate de chaux* que les sols renferment toujours naturellement ou que l'agriculture y introduit [1].

624. Enfin, pour terminer ce chapitre, si important au point de vue agricole, nous rapporterons trois autres conclusions relatives à la question qui nous occupe et qui sont encore le résultat des remarquables travaux de M. Boussingault :

1° *Le phosphate de chaux, les sels alcalins ou terreux, indispensables à la constitution des plantes, n'exercent*

---

[1] Cette réaction se produirait toutes les fois que les deux sels se trouveraient dans le sol à l'état solide et humide, mais en présence d'une quantité d'eau insuffisante pour les dissoudre. Si, au contraire, l'eau était en excès, la double décomposition n'aurait pas lieu, car on sait qu'en versant une dissolution de carbonate d'ammoniaque dans une autre renfermant du sulfate de chaux, on obtient du carbonate de chaux et du sulfate d'ammoniaque, c'est-à-dire une transformation inverse.

néanmoins une action efficace sur la végétation qu'autant qu'ils sont associés à des matières capables de fournir de l'azote assimilable;

2° *Réciproquement, une substance riche en azote assimilable peut favoriser la végétation, mais elle ne fonctionne réellement comme engrais qu'avec le secours des phosphates et des sels alcalins et terreux;*

3° *Le salpêtre, associé au phosphate de chaux et au silicate de potasse, agit comme un engrais complet.*

CHAPITRE XXVII.

DES MARNES
ET DES MOYENS D'EN DÉTERMINER LA COMPOSITION.

---

622. Composition. — On donne en général le nom de *marne* à un mélange naturel, et en proportions très-variables de *carbonate de chaux* et d'*argile*. A ces deux substances se trouvent associés souvent du *sable*, de l'*oxyde de fer*, du *carbonate de magnésie ;* quelquefois aussi du *sulfate de chaux*, des *phosphates*, des *carbonates alcalins* et des *matières organiques*.

On ne peut regarder les marnes comme des combinaisons chimiques, et cependant les éléments qui les composent sont tellement unis entre eux, qu'il est impossible de fabriquer artificiellement un mélange jouissant des mêmes propriétés.

623. Gisement. — L'étude de la géologie nous apprend que les marnes sont abondamment répandues dans la croûte du globe ; on en trouve de nombreuses variétés depuis les terrains dits *carbonifères* jusque dans les dépôts les plus récents. Quelquefois, les bancs marneux se trouvent à la surface du sol, ce dont on est averti presque toujours par la présence de certaines plantes, telles que les *sauges*, le *tussilage* ou *pas-d'âne*, les *plantains*, les *ronces*, qui se développent vigoureusement en cet endroit. Quand ces bancs sont situés plus profondément, certains travaux, comme le creusage des fossés de drainage ou autres, celui des puits, les tranchées pratiquées pour l'établissement des routes ou des chemins de fer, viennent déceler leur existence aux cultivateurs.

On nomme *marnière* l'endroit d'où l'on extrait la marne.

624. Propriétés physiques et chimiques des marnes. — La couleur des marnes est très-variable, suivant la nature des substances étrangères qu'elles renferment. Le plus souvent, elles ont une teinte blanche, blanche grisâtre, ou jaune sale, mais d'autres fois aussi elles sont grises, bleuâtres, verdâtres et même marbrées de diverses teintes.

La qualité des marnes varie beaucoup avec la nature, les proportions et l'état physique des éléments qui les composent. Les unes, pulvérulentes ou facilement friables, se divisent promptement et naturellement par l'exposition à l'air et à l'humidité ; les autres, plus consistantes, se délitent peu ou point après leur extraction.

Suivant la nature et la proportion des éléments renfermés dans les marnes, on peut distinguer les variétés suivantes :

1° *Marnes calcaires* ; 2° *marnes argileuses* ; 3° *marnes sablonneuses ou siliceuses* ; 4° *marnes magnésiennnes* ; 5° *marnes gypseuses* ; 6° *marnes humeuses*.

1° Les *marnes calcaires* renferment au moins 50 pour 100 de calcaire ; elles sont ordinairement blanches, font une vive effervescence avec les acides, adhèrent légèrement à la langue et donnent avec l'eau une pâte d'autant plus courte qu'elles sont plus riches en carbonate de chaux. Cette pâte, exposée à une douce chaleur, se dessèche rapidement et reprend alors l'état pulvérulent.

2° Les *marnes argileuses* contiennent au moins 50 pour 100 d'argile, le reste étant du calcaire mélangé à une certaine proportion de sable. Ces marnes font avec les acides moins d'effervescence que les précédentes, elles happent à la langue et donnent avec l'eau une pâte liante et d'autant plus dure, après dessiccation, qu'elle contient plus d'argile.

3° Les *marnes siliceuses* renferment de 30 à 70 pour 100 de sable, le reste étant de l'argile et du calcaire. Ces marnes, généralement friables, donnent avec l'eau une pâte dépourvue de liant et qui, après dessiccation, s'écrase sous la moindre pression. L'effervescence avec les acides est d'autant plus faible que ces marnes renferment plus de sable.

4° Les *marnes magnésiennes* sont celles dans lesquelles les éléments habituels de la marne sont associés à une proportion notable de *carbonate de magnésie*. Suivant M. Is. Pierre, on reconnaît ordinairement, dans une marnière, que la marne est assez fortement *magnésienne*, à ce que les flaques d'eau qui se trouvent à la surface de la couche restent constamment laiteuses, tandis que, dans le cas contraire, elles s'éclaircissent rapidement.

Les marnes magnésiennes jouissent à peu près des mêmes propriétés physiques que les marnes calcaires, elles sont du reste assez rares.

5° Les *marnes gypseuses*, encore plus rares que les précédentes, sont celles qui renferment une notable proportion de sulfate de chaux ou gypse.

6° Les *marnes humeuses*, également assez rares, sont des marnes qui contiennent une assez forte proportion de matières végétales, dans un état de décomposition plus ou moins avancé.

625. Action des marnes sur les sols. — L'action des marnes sur les sols est à la fois *mécanique et chimique*.

L'action mécanique consiste dans les modifications que subissent les terres dans leurs propriétés physiques, par suite de leur mélange avec les éléments constitutifs des marnes.

L'action chimique résulte de l'introduction dans les sols d'éléments assimilables par les plantes, tels que carbonates de chaux et de magnésie, et quelquefois aussi sulfate de chaux, carbonates alcalins, phosphates, etc.

Nous étudierons en détail cette double action, quand nous traiterons des amendements. Pour le moment, nous nous proposons seulement d'indiquer comment on peut se rendre compte de la composition d'une marne, afin de fournir aux terres arables, d'une part, la proportion de calcaire qui leur fait défaut; de l'autre, la variété de marne la plus convenable pour modifier certaines de leurs propriétés physiques.

ESSAI DES MARNES.

626. Du délitement. — Quelle que soit la composition d'une marne, il est une propriété dont toutes les variétés doivent jouir sans exception, *celle de se déliter à l'air.*

Le délitement d'une marne consiste dans sa désagrégation et sa transformation en matière pulvérulente sous l'influence des agents atmosphériques. Plus le délitement est parfait, plus l'incorporation au sol des particules marneuses s'effectue d'une manière facile et complète. Pour ce motif, les marnes sont ordinairement exposées en tas ou *marnons* sur les terres, à l'automne, afin qu'elles puissent, en raison de leur texture poreuse, se laisser pénétrer par les pluies. Quand arrive l'époque des gelées, l'augmentation de volume de cette eau, qui se solidifie, détermine l'écartement des molécules terreuses, et la marne tombe ensuite en poussière, aux premières sécheresses. Assez souvent, comme nous l'avons dit au commencement de ce chapitre, les marnes calcaires ou argileuses sont entièrement constituées de parties friables et facilement délitables ; mais d'autres fois aussi, l'on rencontre des marnes qui renferment des *noyaux cohérents*, peu poreux, et n'éprouvant aucune modification de la part des agents atmosphériques. Ces noyaux, une fois incorporés au sol, doivent avoir une action à peu près nulle ; c'est, du reste, ce que l'expérience a démontré.

Les considérations précédentes démontrent l'utilité de soumettre les marnes à deux sortes d'essai, l'un *mécanique* et l'autre *chimique*. Nous allons les décrire successivement.

I. ESSAI MÉCANIQUE D'UNE MARNE.

687. L'essai mécanique d'une marne a pour objet de juger de son aptitude au délitement et de déterminer la proportion de noyaux cohérents qu'elle peut renfermer. — Avant de procéder à aucun essai, on doit commencer par se procurer un échantillon moyen de la marne que l'on veut étudier, ce que l'on obtiendra par le mélange intime de plusieurs portions prises en divers endroits de la couche. — On effectue ensuite la dessiccation de cet échantillon au bain-marie (n° 618), ou dans un four, jusqu'à ce qu'il cesse de diminuer de poids.

La perte de poids représente la quantité d'eau que renfermait la marne humide, soit 12 pour 100.

628. Noyaux cohérents. — Pour déterminer ensuite la proportion de noyaux cohérents que peut renfermer cette marne, on opère de la manière suivante :

On introduit dans une terrine 1 kilogramme de marne sèche, qu'on laisse en digestion dans l'eau pendant un quart d'heure ; on délaye ensuite la masse avec une baguette de verre, puis on décante l'eau bourbeuse qui se produit. On remet alors dans la terrine une nouvelle portion d'eau qu'on laisse agir pendant le même temps, et que l'on décante ensuite comme la première fois. Cette opération étant répétée jusqu'à ce que l'eau s'écoule à peu près limpide, on examine ensuite s'il reste dans la terrine quelques fragments durs et non délités. S'il y en a, on les fait sécher, puis on les pèse, et l'on détermine la proportion pour 100 que la marne en renferme.

Application. — Si l'on avait deux marnes également riches en carbonate de chaux à l'état sec, la première sans noyaux cohérents, la seconde renfermant 15 pour 100, par exemple, de ces parties non délitables, on devrait employer 115 parties de la seconde marne contre 100 parties de la première.

II. ESSAI CHIMIQUE D'UNE MARNE.

629. L'essai chimique d'une marne a pour principal objet de déterminer la proportion de carbonate de chaux qu'elle renferme. — Parmi les divers procédés à l'aide desquels on peut effectuer cette détermination, celui qui repose sur l'analyse chimique est évidemment le plus exact, mais il exige des opérations trop longues et trop minutieuses, des balances d'une trop grande précision, pour être accessible à des agriculteurs.

Il en est un autre, cité dans beaucoup d'ouvrages agricoles comme très-simple et très-rapide, et dont nous dirons quelques mots ici. Ce procédé consiste :

1° A déterminer le poids d'un petit vase en verre renfermant un volume quelconque d'eau acidulée; soit P ce poids.

2° A projeter peu à peu dans ce liquide un poids déterminé p de marne sèche. L'acide carbonique du calcaire, déplacé par l'acide renfermé dans le vase, se dégage; et quand l'effervescence a cessé, on pèse de nouveau le vase; soit P′ ce poids.

3° La différence entre $P + p$ et P′ donne évidemment le *poids d'acide carbonique dégagé*. A l'aide des équivalents, on détermine alors, par une simple proportion, le poids de chaux combinée à l'acide, et par suite le poids de carbonate de chaux renfermé dans la marne.

Ce procédé est, comme on le voit, rapide et simple ; mais, par malheur, il ne fournit que des résultats très-inexacts (à moins que l'on ne dispose d'une balance de précision), et si nous en avons parlé, c'est pour recommander à nos lecteurs de ne point s'en servir. — Nous allons décrire la méthode suivie habituellement par nos élèves, et indiquée du reste dans les récents ouvrages de chimie agricole. Si elle n'est pas aussi exacte que la méthode analytique, elle fournit du moins des résultats assez rapprochés de la vérité pour-pouvoir servir de guide à la pratique agricole.

630. Méthode expéditive pour doser le carbonate de chaux d'une marne. — Cette méthode consiste à traiter un poids déterminé de marne sèche par une liqueur acidulée d'acide chlorhydrique, qui dissout le carbonate de chaux de la marne sans attaquer sensiblement les autres éléments dont on détermine le poids.

En retranchant du poids de la marne employée le poids du résidu insoluble, on obtient le poids du carbonate de chaux.

Marne	Traitée par	Donne		
CaO,CO^2 (calcaire)		CaO,ClH {	Chlorhydrate de chaux. }	Soluble.
Argile et sable.	HCl étendu.	CO^2 (acide carbonique). Se dégage.		
		Argile et sable. }	Inattaqués et insolubles.	

Entrons maintenant dans le détail des opérations :

I. On pèse 10 grammes de marne sèche et on les introduit dans un verre à pied, d'une capacité d'un quart de litre environ. On verse sur cette marne 100 centimètres cubes d'eau distillée ou de pluie, et l'on agite le tout avec une baguette de verre: On ajoute ensuite, par très-petites portions, 20 à 25 centimètres cubes d'acide chlorhydrique, en ayant bien soin que l'effervescence due au dégagement de l'acide carbonique soit très-lente et que l'écume s'élève peu au-dessus du liquide. Pour plus d'exactitude, on fera bien de recouvrir le vase avec une plaque de

verre (fig. 140) ; après chaque addition d'acide, et à la
fin de l'opération, la surface humide de
cette plaque sera lavée, en ayant soin de
faire tomber l'eau de lavage dans le
verre. Quand l'effervescence a cessé, on
remue encore une fois avec l'agitateur ;
on le retire du verre en le lavant, on
remet la plaque de verre, et l'on abandonne le liquide au repos, pour que les
particules marneuses non attaquées se déposent.

Fig. 140.

II. Pendant que la clarification du liquide s'effectue,
on coupe dans une même feuille de papier deux filtres,
de 7 à 8 centimètres de rayon, que l'on place l'un dans
l'autre et que l'on introduit dans un entonnoir en verre,
de manière que les bords de ces filtres viennent af-
fleurer ceux de l'entonnoir [1]. Le liquide éclairci est alors

[1] La figure ci-dessous indique la marche à suivre pour fabriquer
un filtre.

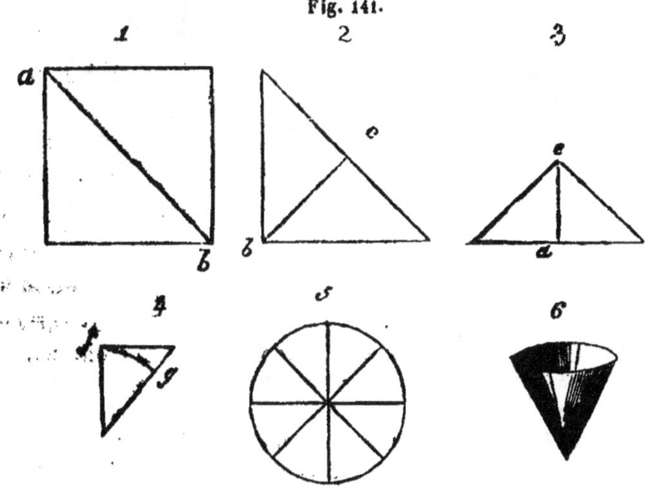

On prend un carré de papier non collé (fig. 1), et on le plie

versé sur ce double filtre, et ensuite le résidu insoluble,

Fig. 142.

successivement suivant les lignes ponctuées *ab, be, ae* des figures (1), (2) et (3). On le coupe ensuite avec des ciseaux suivant la ligne *fg*, de manière que le filtre déplié donne un cercle (fig. 5). Ce disque de papier est alors replié en cône (fig. 6) et placé dans l'entonnoir. — Quand on veut faire des filtres tels que celui indiqué (fig. 38), il faut doubler le nombre de plis ; mais toutes les descriptions que nous pourrions donner pour les établir ne vaudraient pas une seule démonstration expérimentale.

que l'on fait tomber en rinçant à plusieurs reprises, avec de l'eau, le verre qui le renferme.

On lave ensuite le dépôt resté sur le filtre, jusqu'à ce que le liquide qui s'écoule de l'entonnoir ne colore plus en rouge une bandelette de papier de tournesol bleu. Tous ces lavages peuvent s'effectuer à l'aide d'une petite fiole, dont on se sert comme l'indique la figure 142.

III. On enlève de l'entonnoir le double filtre et le dépôt qu'il contient, et on sèche le tout à l'étuve ou au bain-marie jusqu'à ce qu'il n'y ait plus de perte de poids. On sépare ensuite les deux filtres, et on les place sur les plateaux de la balance, puis on détermine l'équilibre avec des poids qui représentent la quantité de matière insoluble restée sur le filtre.

La différence entre ce poids et celui de la marne employée fournit la proportion de carbonate de chaux.

Application.

Poids de la marne sèche. . . . . $10^{gr},00$
Poids du résidu insoluble. . . . . 4 ,50
____
Poids du carbonate de chaux. . . $5^{gr},50$

La marne renfermait donc 55 pour 100 de calcaire.

Si l'on veut tenir compte de l'humidité primitive, que nous avons supposé être de 12 pour 100, on cherchera combien (100-12) ou 88 de cette marne renferme de calcaire, ce qui sera indiqué par la proportion :

$$100 : 55 :: 88 : x.$$
$$x = 48,40.$$

D'où il résulte que la composition pour 100 de cette marne

25.

à l'état normal serait représentée par les nombres suivants :

Eau.	12,00
Carbonate de chaux.	48,40
Argile et sable. . .	39,60
	100,00

Si maintenant l'on veut tenir compte de la proportion de noyaux renfermés dans cette marne humide, proportion que nous avons supposé être de 15 pour 100 dans la marne sèche, on posera la nouvelle proportion :

$$100 : 15 :: \frac{(100-12)}{88} : x \ (12 \text{ est le chiffre d'humidité}).$$

$$x = 13,2.$$

On devra donc employer 113 de cette marne *humide* pour introduire dans le sol autant de calcaire actif qu'en aurait fourni 100 de cette même marne dépourvue de noyaux.

Observation. — Le procédé que nous venons de décrire donne toujours des résultats un peu au-dessus de la vérité, ce qui tient à ce que l'acide chlorhydrique dissout, en outre du calcaire, un peu d'oxyde de fer et d'alumine, mais l'erreur qui en résulte est tout à fait négligeable dans la pratique. Pour s'assurer de la dissolution de ces deux oxydes, il suffit d'ajouter dans la liqueur filtrée (L) d'abord du chlorhydrate d'ammoniaque, et ensuite de l'ammoniaque, jusqu'à ce que la liqueur soit alcaline. Au bout d'un instant, on verra apparaître dans cette liqueur un léger précipité, mélange d'alumine et de peroxyde de fer.

631. Marnes argileuses et sablonneuses. — Après avoir dosé la proportion de calcaire contenue dans une marne, on peut désirer connaître celle d'argile et de sable renfermée dans le résidu insoluble.

Cette détermination peut s'effectuer facilement, en soumettant ce résidu à un lavage semblable à celui opéré pour séparer les noyaux cohérents des parties délitables. L'argile est entraînée par décantation, et l'on détermine le poids du sable après l'avoir séché préalablement. Nous reviendrons sur ce sujet, quand nous traiterons de l'analyse mécanique des terres arables.

632. Marnes magnésiennes. — Dans le procédé précédent, le carbonate de magnésie qu'une marne peut renfermer est toujours considéré comme du carbonate de chaux. Mais, si l'on voulait constater la présence de cette base et juger approximativement de son abondance dans la marne, on ferait l'essai suivant : la liqueur filtrée L serait évaporée à sec dans une capsule de porcelaine, de façon à chasser l'excès d'acide ; le résidu (mélange de chlorure de calcium et de chlorure de magnésium) serait repris par l'eau et la liqueur filtrée, si la dissolution n'était pas parfaitement limpide. — On verserait alors dans cette liqueur de l'*eau de chaux* (n° 214) qui donnerait un précipité blanc, floconneux, d'autant plus abondant que la marne serait plus riche en carbonate de magnésie.

633. Marnes gypseuses. — Pour reconnaître si la marne, dans laquelle on a dosé le calcaire, renferme du gypse, il suffit d'ajouter dans la liqueur L du *chlorure de baryum* qui donnera, avec l'acide sulfurique du sulfate de chaux, un précipité blanc de *sulfate de baryte* (n° 180).

Pour doser la proportion de ce sulfate, on fera bouillir 20 grammes de marne sèche, pendant un quart d'heure, avec 200 centimètres cubes d'eau pure, et l'on décantera le liquide clair sur un double filtre, comme il a été dit précédemment. On ajoutera ensuite sur le résidu le même volume d'eau, on fera bouillir le même temps et l'on décantera une seconde fois le liquide clair. Enfin, l'on fera tomber le résidu sur le filtre, et on le lavera à l'eau chaude jusqu'à ce qu'une goutte de liquide, filtrée et recueillie sur une lame mince en platine, ne laisse pas de dépôt après son évaporation (fig. 143). Le poids de ce résidu sec sera déterminé comme il a été dit précé-

Fig. 143.

demment, et en le retranchant du poids de marne employé, on aura celui du *sulfate de chaux* renfermé dans les 20 grammes de marne, et par suite la proportion pour 100.

634. Marnes humeuses. — Ces marnes sont facilement reconnaissables, en raison des débris organiques qu'elles renferment.

Il peut être intéressant de déterminer dans ces marnes :

1° La *proportion de matières organiques qu'elles contiennent;*

2° La *richesse en azote de ces matières.*

Mais comme les marnes humeuses sont assez rares, nous croyons pouvoir sans inconvénient renvoyer l'étude de cette question au chapitre qui traitera de l'analyse des terres arables.

DOSES DE MARNE QU'IL CONVIENT D'EMPLOYER.

635. D'après M. Puvis, il suffit d'introduire, dans un sol entièrement privé de calcaire, 3 pour 100 de carbonate de chaux, pour que ce sol acquière les propriétés favorables des terres qui renferment ce principe. En prenant cette donnée comme base, on voit que la dose de marne à introduire dans un sol dépend :

1° De la *teneur de la marne en calcaire* ;
2° De la *quantité de calcaire qui existe déjà dans le sol;*
3° De l'*épaisseur de la couche labourée.*

Si l'on admet, ce qui est suffisamment exact dans la pratique, que la densité de la marne soit égale à celle de la terre que l'on veut amender, on pourra facilement déterminer le volume de marne à incorporer dans la couche arable, en se servant de la formule suivante :

$$v = \frac{3V}{R-3},$$

dans laquelle V représente, en mètres cubes, le volume de terre remuée par la charrue, volume correspondant à un prisme ayant pour base 1 hectare et pour hauteur la profondeur du labour. (On aura immédiatement la valeur de V en ajoutant deux zéros au nombre qui indique la profondeur du labour.)

v, volume de la marne à incorporer au sol.

R, la richesse pour 100 de cette marne en carbonate de chaux.

3 est un chiffre introduit dans la formule en supposant que le sol ne renferme point de calcaire. S'il n'en était point ainsi, ce chiffre serait remplacé par la différence obtenue, en retranchant de 3 la richesse en carbonate de chaux du sol que l'on veut marner.

636. Applications. — 1° *Supposons une terre ne renfermant point de calcaire labourée à 20 centimètres de profondeur, et dans laquelle on veut incorporer de la marne dosant 70 pour 100 de calcaire.*

Nous avons alors :

$$V = 2000. \quad R = 70;$$

d'où $v = \dfrac{3 \times 2000}{70-3} = \dfrac{6000}{67} = 80$ mètres cubes ou 800 hectolitres.

2° *Supposons une terre renfermant 1 pour 100 de calcaire labourée à 18 centimètres de profondeur, et dans laquelle on veut introduire de la marne dosant 72 pour 100 de calcaire.*

Nous aurons :

$$V = 1800. \quad R = 72;$$

d'où $v = \dfrac{3 \times 1800}{72-2} = \dfrac{3600}{70} = 51$ mètres cubes ou 510 hectolitres.

Le plus souvent, c'est par le volume que l'on évalue la marne que l'on transporte sur un champ; mais dans le cas où l'on voudrait faire le calcul par les poids, on pourrait admettre que le mètre cube de marne pèse de 1,500 à 1,600 kilogrammes.

637. Justification de la formule précédente. — Soient les données suivantes :

V, volume de la terre dans laquelle on veut incorporer un volume v de marne, ayant une richesse telle, qu'après le mélange cette terre contienne 3 pour 100 de carbonate de chaux. Après l'incorporation de la marne, il est évident que le volume primitif sera devenu $V + v$; or, si je représente par $\dfrac{R}{100}$ le nombre de centièmes de calcaire renfermé dans la marne et dont j'emploie un volume v, je devrai avoir la relation :

$$\frac{R}{100} v = 0,03 (V + v) = 0,03\, V + 0,03\, v;$$

d'où
$$Rv = 3V + 3v;$$

d'où
$$(R - 3)\, v = 3V;$$

d'où
$$v = \frac{3\,V}{R - 3}.$$

CHAPITRE XXVIII.

———

638. Au point de vue agricole, nous diviserons les eaux en deux grandes classes : les *eaux météoriques* et les *eaux terrestres*.

Les *eaux météoriques* sont celles qui arrivent de l'atmosphère sur le sol, sous forme de pluie, de neige, de brouillard et de rosée, par suite de la condensation de la vapeur aqueuse qui est toujours répandue dans l'air en proportion variable.

Les *eaux terrestres* sont les eaux de source, de fleuve, de rivière, de mer, qui coulent à la surface du globe.

Nous commencerons par étudier les *eaux météoriques*.

EAUX MÉTÉORIQUES.

639. Eléments fixes contenus dans ces eaux. — La vapeur aqueuse de l'atmosphère, en se condensant par suite d'un refroidissement suffisant, entraîne en dissolution ou en suspension certains éléments répandus dans l'air, dont nous allons faire une étude particulière.

En 1825, Brandes, s'étant occupé de l'analyse des eaux de pluie recueillies à Salzuffeln (Autriche), constata que les éléments entraînés en dissolution représentaient un poids de 26 kilogrammes pour 1 million de kilogrammes d'eau. Le résidu de l'évaporation renfermait des *substances organiques*, des *sels ammoniacaux*, des *acides carbonique* et *sulfurique*, du *chlore*, de la *soude*, de la *potasse*, de la *chaux*, de la *magnésie*, des *oxydes de fer* et *de manganèse*.

En 1851, M. Isidore Pierre trouva, dans les eaux pluviales recueillies à Caen, un résidu dont le poids était de 24 kilogrammes et demi pour 1 million de kilogrammes d'eau.

En 1860, M. Barral, ayant recueilli simultanément les eaux pluviales tombées à Paris et à Brunoy (campagne près Paris), a trouvé :

Paris, résidu sec. . . . $22^k,8$ pour 1 million de litres;
Brunoy, résidu sec. . . 7 ,8 — —

Connaissant la hauteur d'eau qui tombe annuellement dans un pays sur la surface d'un hectare, par exemple, il suffit d'ajouter deux zéros à cette hauteur pour avoir le nombre de mètres cubes correspondant. Si donc nous admettons qu'en France cette hauteur moyenne soit de 60 centimètres, on aura alors 6,000 mètres cubes ou 6 millions de kilogrammes. En partant de ce dernier chiffre, on trouve, pour le poids total de matières salines apporté sur le sol par les eaux pluviales :

Brandes. . . . . 156 kilogrammes.
Is. Pierre. 147 1/2
Barral. { Paris. . . . . $136^k,8$
{ Brunoy. . . . 46 ,8

En analysant le résidu fourni par les eaux pluviales,

M. Is. Pierre a trouvé que, dans le voisinage de Caen,
1 hectare de terre reçoit annuellement :

Chlorure de sodium.	$37^k,5$
— de potassium.	8 ,2
— de magnésium.	2 ,5
— de calcium.	1 ,8
Sulfate de soude.	8 ,4
— de potasse.	8 ,0
— de chaux.	6 ,2
— de magnésie.	5 ,9

Ce savant a reconnu en outre des traces évidentes de
sels ammoniacaux, des matières organiques, etc.

Dans le résidu sec fourni par les eaux pluviales recueillies par M. Barral, ce chimiste agronome a effectué le dosage d'un composé fort important au point de vue agricole, *l'acide phosphorique*. Il a trouvé que ces eaux
renfermaient en moyenne $0^{mgr},07$ d'acide phosphorique
par litre, ou 70 grammes par million de litres ; ce qui
donne, pour les 5,700,000 litres qui tombent annuellement
à Paris, 399 grammes ou, en nombre rond, 400 grammes
d'acide phosphorique.

Ammoniaque et acide nitrique. — Parmi les composés ramenés par les eaux pluviales à la surface de la
terre, deux surtout ont été l'objet des recherches de plusieurs chimistes, ce sont *l'ammoniaque* et *l'acide nitrique*.

Comme ces éléments sont fournis aux eaux pluviales
par l'air, nous commencerons par indiquer les résultats
des recherches qui ont été faites pour doser *l'ammoniaque*
renfermée dans l'atmosphère.

640. Nombre de grammes d'ammoniaque par million de kilogrammes d'air.

Localités.	Observateurs.	Ammoniaque en grammes.
Bords de la mer d'Irlande (altitude, 91^m).	Kimp.	3,880^{gr}
Mulhouse.	Grager.	330
Wiesbaden.	Frésénius. . . .	133
Caen (extrémité de la ville), hiver 1852.	Is. Pierre.	3,500
Caen (station plus éloignée des émanations urbaines).	Id.	500
Rhône. { Lyon.	Bineau.	270
Rhône. { Tarare et Caluire.	Id.	170

Malgré la divergence des chiffres renfermés dans le tableau précédent, un fait subsiste néanmoins, c'est la présence constante de l'ammoniaque dans l'atmosphère. Il en résulte que les eaux pluviales doivent toujours renfermer en dissolution ce composé, comme le démontre le tableau suivant :

641. Ammoniaque renfermée dans les eaux pluviales.

Années.	Milligr. d'amm. par litre.	Kilogr. d'amm. pour un hectare.	Observateurs.	Stations.
1851[1]	3,4	15^k,3	Barral.	Paris.
[illegible]	6,8	44 ,4	Bineau.	Lyon.
[illegible]	3,1	22 ,1	Bineau.	La Saulsaie.
1855	4,0	28 ,6	Pouriau.	La Saulsaie.

[1] Les résultats obtenus par M. Barral, pour les six derniers mois de l'année 1851, ont été doublés dans le tableau ci-dessus.

642. Acide nitrique. — Les eaux pluviales renferment également de l'acide nitrique.

Années.	Milligr. d'acide par litre.	Kilogr. d'acide pour un hectare.	Observateurs.	Stations.
1851	13,6	61^k,7	Barral.	Paris.
1853	1,0	7 ,0	Bineau.	Lyon.
1853	3,2	23 ,0	Bineau.	Fort Lamotte près Lyon.
1855	1,1	7 ,0	Pouriau.	La Saulsaie.

On voit, par les deux tableaux précédents, que les proportions d'ammoniaque et d'acide nitrique contenues dans les eaux pluviales sont aussi très-variables ; mais, en joignant aux nombres ci-dessus les résultats obtenus par d'autres expérimentateurs, nous pouvons déduire de l'ensemble des recherches faites sur ce sujet les conclusions suivantes :

Les eaux pluviales les plus riches en ammoniaque sont celles qui surviennent à la suite d'une sécheresse plus ou moins prolongée.

L'eau de pluie recueillie dans les champs renferme notablement moins d'ammoniaque que celle recueillie dans les villes, ce qui est en harmonie avec la richesse ammoniacale de l'atmosphère, moindre dans les campagnes qu'au sein des cités populeuses.

La richesse ammoniacale des petites précipitations aqueuses (rosées, brouillards, givres, etc.) est surtout remarquable.

M. Boussingault a trouvé 3 à 6 milligrammes d'ammoniaque par litre d'eau fournie par deux rosées. M. Bineau a dosé 60 à 78 milligrammes de cet alcali, par litre d'eau provenant de la fusion de givres ou d'aiguilles de glace déposés sur le balcon de l'Observatoire de Lyon.

L'eau de condensation de quatre brouillards a donné à M. Boussingault $2^{mgr},5$, 7 milligrammes, 50 milligrammes, et enfin 130 milligrammes. Les deux derniers brouillards avaient été condensés à Paris, ils avaient duré plusieurs jours et étaient fort épais ; les deux premiers, au contraire, s'étaient produits à la campagne. La richesse ammoniacale des deux brouillards de la ville explique, jusqu'à un certain point, la mauvaise odeur qu'offrent à nos organes quelques-uns de ces météores aqueux.

La neige, comme la pluie, renferme de l'ammoniaque en dissolution ; elle jouit de plus d'une remarquable propriété, celle de condenser dans ses pores l'alcali volatil qui peut se dégager de la surface sur laquelle elle repose, ou que renferment les couches d'air qui sont en contact immédiat avec elle. Les résultats suivants, obtenus par M. Boussingault, rendent le fait évident :

Neige, au moment de la chute, $0^{mgr},68$ par litre.

Cette même neige, prise sur une terrasse, a donné, trente-six heures après sa chute, $1^{mgr},78$ par litre.

La même neige, après le même temps, mais recueillie dans un jardin contigu à la terrasse, a donné $10^{mgr},34$ par litre.

643. Origine des matières contenues dans les eaux pluviales. — Les matières renfermées dans les eaux pluviales ont pour origine :

1° Les poussières enlevées par les vents à l'écorce solide du globe ;

2° Les composés salins tenus en dissolution dans les eaux des mers, des lacs, des fleuves, des rivières, et qui sont entraînés en petite quantité quand ces masses liquides s'évaporent ;

3° Les principes volatils résultant de la décomposition des matières organiques, des émanations des volcans, de la combustion de la houille, etc.;

4° La nitrification qui s'effectue dans l'air sous l'influence des décharges électriques.

644. Conséquences au point de vue agricole. *Ammoniaque et acide nitrique.* — 1,000 kilogrammes de fumier normal à l'état humide renfermant 4 kilogrammes d'azote, il en résulte que :

1 kilogramme d'azote correspond à 250 kilogrammes de fumier ;

1 kilogramme d'ammoniaque correspond à 206 kilogrammes de fumier ;

1 kilogramme d'acide azotique correspond à 64 kilogrammes de fumier.

On voit donc que les eaux pluviales peuvent être considérées comme apportant aux sols une fumure *annuelle* dont on doit tenir compte, surtout dans la pratique de la jachère. En appliquant le calcul des équivalents aux nombres consignés dans les numéros 641 et 642, on trouverait qu'à Paris, Lyon et la Saulsaie, l'ammoniaque et l'acide nitrique contenus dans les eaux pluviales représentent les fumures suivantes :

Paris, 1851. . . . . 7,100 kilogrammes.

Lyon, 1853. . . . . 9,615 —

La Saulsaie $\left\{\begin{array}{c}1853\\1855\end{array}\right\}$ moyenne. . . . . . 5,659 —

A ces nombres, il faudrait ajouter les kilogrammes de fumier correspondant à l'azote renfermé dans les rosées, les brouillards, le givre, etc.

Nous verrons par la suite qu'un hectolitre de blé avec

sa paille représente environ 2 *kilogrammes d'azote*. Or, M. de Gasparin rapporte que, dans le midi de la France, sur les terres calcaires, on récolte après *jachère* 9 hectolitres de blé et la paille correspondante, ce qui représente 18 kilogrammes d'azote ou 4,500 kilogrammes de fumier normal. En comparant ce poids de fumier à ceux que nous venons d'obtenir, on en conclut immédiatement que la fumure introduite dans une jachère par les eaux de Paris, de Lyon et de la Saulsaie, suffirait pour justifier d'un nombre d'hectolitres de blé supérieur même à celui indiqué par M. de Gasparin.

En grande culture *extensive*, l'azote apporté au sol par les engrais étant seulement une fraction de celui absorbé par les récoltes, il faut bien admettre que la principale source du complément des éléments azotés réside dans les eaux pluviales ; ce sont aussi ces eaux qui doivent fournir les éléments de fertilité à toute végétation spontanée, telle que celle qui se développe sur les sommets des montagnes, les plateaux élevés, etc. Au contraire, l'intervention des éléments fertilisants apportés par l'atmosphère ne se fait plus sentir dès qu'il s'agit de *culture intensive;* car alors le sol, recevant du fumier en excès, produit des récoltes dont l'azote n'atteint pas celui des fumures ; de plus, dans les conditions ordinaires de culture, une terre fortement fumée cède à l'eau pluviale qui la traverse plus de principes fertilisants qu'elle n'en reçoit d'elle.

Des expériences rapportées (n° 642) il résulte encore que la neige agit favorablement sur le sol, nonseulement en lui cédant de l'ammoniaque qu'elle a pu dissoudre dans l'atmosphère, mais encore en condensant celle qui tend à s'échapper de la surface qu'elle recouvre.

La richesse ammoniacale de certains brouillards est également chose remarquable, et l'ensemble de ces faits démontre la justesse de ce dicton des habitants des campagnes : *La neige et les brouillards persistants engraissent la terre.*

Composés fixes. — Les travaux de MM. Isidore Pierre et Barral, sur la nature et la proportion des substances salines renfermées dans les eaux pluviales, conduisent encore à des conséquences intéressantes au point de vue agricole.

On voit, en effet, que les eaux pluviales rendent à nos terres arables une partie des matières solubles que ces mêmes eaux peuvent entraîner dans les couches profondes et ensuite dans les rivières, les fleuves, les mers, etc.; elles restituent également aux sols une partie notable des substances .minérales que les récoltes leur enlèvent.

M. Is. Pierre a calculé que si la proportion de matières salines renfermées dans les pluies était partout analogue à celle constatée à Caen, les eaux pluviales fourniraient aux sols plus de *chlorures* et de *sulfates* que l'on en trouve dans les récoltes usuelles, et plus de *chaux* que n'en contiennent, d'après M. Boussingault, les récoltes des racines et des céréales.

Un hectolitre de blé enlevant au sol environ 1 kilogramme d'acide phosphorique, on voit que 9 hectolitres, récolte ordinaire de terres cultivées en jachère, exigent 9 kilogrammes de ce composé. Or, comme M. Barral a trouvé que la quantité moyenne d'acide phosphorique apportée par les pluies de Paris ou des environs est annuellement de 400 grammes par hectare, on voit que, si le sol ne renfermait pas de phosphates, il faudrait laisser reposer les champs plus de *vingt ans* pour qu'ils pussent fournir ensuite, à 9 hectolitres de blé, la proportion d'acide phosphorique nécessaire à leur constitution.

Ce calcul fait voir une fois de plus que le *phosphore* est un des éléments les moins abondamment répandus dans la nature, et qu'il est de toute nécessité d'en mettre une quantité suffisante à la disposition des plantes, à l'aide des engrais.

EAUX TERRESTRES.

645. Les eaux pluviales donnent naissance aux *eaux douces* qui coulent dans les fleuves et les rivières, qui surgissent du sol à l'état de *sources*, ou qui remplissent les lacs, les étangs, les marais, etc.

Quand les précipitations aqueuses sont peu considérables, que la terre n'est pas saturée, l'eau pluviale s'infiltre dans le sol jusqu'à une certaine profondeur et peut ensuite en sortir de trois manières : 1° par évaporation directe ; 2° en pénétrant d'abord dans les végétaux pour s'évaporer ensuite ; 3° en descendant dans le sol jusqu'à ce qu'elle rencontre une couche imperméable où elle forme une *nappe aquifère* qui peut ensuite donner naissance à une *source.*

Si la terre est déjà saturée par de longues pluies ou par la fonte des neiges, si elle est imperméable à une faible profondeur, la majeure partie des eaux météoriques coule à la surface du sol et forme des ruisseaux qui, grossissant les rivières et les fleuves, vont se jeter à la mer.

Les eaux pluviales peuvent tantôt, par suite de leur

évaporation rapide, abandonner aux sols les éléments qu'elles tenaient en dissolution ; tantôt, au contraire, en s'infiltrant dans les couches plus profondes, s'enrichir de nouveaux éléments aux dépens des couches supérieures.

Aussitôt que les eaux terrestres coulent à l'air libre, elles dissolvent de l'*oxygène*, de l'*azote*, de l'*acide carbonique* (gaz répandus dans l'atmosphère) et en même temps des matières organiques et inorganiques que leur cèdent les couches qui leur servent de lit.

La composition des eaux terrestres doit donc être trèsvariable, et, à part les éléments gazeux, cette composition doit dépendre surtout de la constitution géologique des pays qu'elles traversent.

Dans les terrains primitifs, formés de roches non décomposées, elles sont presque pures ; dans les terrains *feldspathiques* où les roches sont en voie de décomposition, elles sont *alcalines ;* dans les terrains calcaires ou gypseux, elles sont riches en *carbonate* ou *sulfate de chaux.*

Pour comprendre les effets favorables ou défavorables des eaux terrestres employées pour l'économie domestique ou pour l'agriculture, nous commencerons par étudier leur composition en passant en revue les résultats des analyses qui ont été faites par divers chimistes sur les eaux des fleuves, des rivières, des sources, des puits, etc.

646. EAUX DES FLEUVES ET DES RIVIÈRES.

Composition pour 100 litres, d'après M. H. Sainte-Claire Deville.

ÉLÉMENTS DISSOUS.	Garonne.	Seine.	Rhin.	Loire.	Rhône.	Doubs.
	gr.	gr.	gr.	gr.	gr.	gr.
Silice..................	4,01	2,44	4,88	4,50 [1]	2,38	1,59
Alumine et oxy. de fer.	0,31	0,30	0,83	1,26	0,39	0,51
Carbonate de chaux...	6,45	16,55	13,56	4,81	7,89	19,10
Carbonate de magnésie	0,34	0,27	0,50	0,61	0,49	0,23
Sulfate de chaux......	»	2,69	1,47	»	5,29 [2]	»
Chlorure de sodium. .	0,32	1,23	0,20	0,48	0,17	0,28 [3]
Carbonate de soude...	0,65	»	»	1,46	»	»
Sulfate de soude.......	0,53	»	1,35	0,34	0,74	0,51
Sulfate de potasse.....	0,76	0,50	»	»	»	»
Nitrates { de potasse .. / de soude.... / de magnésie. }	Traces.	1,46	0,38	»	0,85	0,80
TOTAL......	13,37	25,44	23,17	13,46	18,20	23,02
	litr.	litr.	litr.	litr.	litr.	litr.
Air atmosphérique....	2,86	1,59	2,38	2,03	2,68	2,77
Acide carbonique.....	1,70	1,62	0,76	0,18	0,80	1,78
TOTAL......	4,06	3,21	3,09	2,21	3,48	4,55

Aux chiffres consignés dans le tableau précédent, nous ajouterons les résultats suivants :

Dans les eaux de tous les fleuves nommés ci-contre,

[1] 4gr,50, dont 0gr,44 de silicate de potasse.
[2] 5gr,29, dont 0gr,63 de sulfate de magnésie.
[3] 0gr,28, dont 0gr,05 de chlorure de magnésium.

Eau de la Garonne, prise à Toulouse.	Eau de la Loire, près d'Orléans.
Eau de la Seine, prise à Bercy.	Eau du Rhône, près Genève.
Eau du Rhin, prise à Strasbourg.	Eau du Doubs, près le fort de Rivotte.

M. Deville a constaté la présence d'une *matière orga-nique azotée* entrant pour 3 à 4 dix-millionièmes du poids de l'eau, c'est-à-dire 3 à 4 décigrammes par mètre cube.

MM. Moride et Bohierre ont trouvé dans 100 litres d'eau de la Loire, à Nantes, un résidu salin et orga-nique pesant $11^{gr},70$.

M. Boussingault a dosé à Lyon, en juillet, dans l'eau du Rhône, un résidu de $10^{gr},6$; M. Dupasquier, en fé-vrier, un résidu de $18^{lit},4$, toujours pour 100 litres.

M. Boussingault a également trouvé :

Eaux de la Seltz et de la Saüer, rivières tributaires du Rhin (minimum), $0^{gr},7$ à $0^{gr},8$ de nitrate de potasse par mètre cube [1];

Eaux de la Velse (Champagne), 12 grammes par mètre cube ;

Eaux de la Seine, 9 grammes par mètre cube.

D'après le même agronome, les eaux de rivière con-tiennent rarement au delà de $0^{gr},2$ d'ammoniaque pour le même volume.

647. Conséquences des diverses analyses effec-tuées sur les eaux des rivières ou des fleuves. — Les eaux des fleuves et des rivières renferment le plus ordinairement 1/30 à 1/40 de leur volume en air et 1/50 en acide carbonique. (Si les chiffres de M. Deville con-duisent à des résultats un peu plus faibles, cela tient à ce que les analyses de gaz n'ont pas été faites aussitôt que l'eau avait été puisée.)

L'air dissous dans l'eau présente, comme nous l'a-

---

[1] Le poids d'acide nitrique trouvé a été transformé par le calcul en nitrate de potasse.

vons dit (n° 121), une composition différente de celle de l'atmosphère ; il renferme en moyenne 32 volumes d'oxygène pour 68 volumes d'azote.

C'est à la faveur de l'acide carbonique dissous qu'un certain nombre de composés insolubles, et particulièrement les carbonates de chaux et de magnésie, sont eux-mêmes tenus en dissolution dans les eaux.

Le carbonate de chaux est l'élément minéral qui domine dans les eaux des fleuves, la silice vient ensuite, et ce composé doit encore sa solubilité à l'acide carbonique ou à un carbonate alcalin.

La présence des nitrates et des matières organiques azotées, dans toutes les eaux analysées, est un fait important au point de vue agricole ; nous y reviendrons bientôt. Quant aux autres composés salins, nous ne nous y arrêterons pas pour le moment.

648. Les eaux des sources ont généralement une composition plus complexe que celles des rivières.

EAUX DE SOURCE.

Composition pour 100 litres, d'après M. H. Sainte-Claire Deville.

ÉLÉMENTS DISSOUS.	Sources des environs de Besançon.				Source de Dijon. —— Suzon.	Source d'Arcueil [1].
	Mouillière.	Billécul.	Arcier.	Brégille.		
	gr.	gr.	gr.	gr.	gr.	gr.
Silice................	2,50	2,46	3,90	3,48	1,82	0,66
Alumine.............	0,43	0,43	0,90	0,65	0,10	0,53 [2]
Carbonate de soude...	»	»	0,69	»	0,21	»
Carbonate de chaux...	25,73	25,61	21,39	20,79	23,00	19,99
Carbonate de magnésie	»	0,46	0,78	0,43	0,36	[illegible]
Chlorure de sodium...	»	»	0,20	0,32	0,32	2,76
Chlorure de calcium..	0,07	0,71	»	0,11		»
Chlorure de magnésium	0,20	0,40	»	0,27	[illegible]	[illegible]
Sulfate de soude......	»	»	0,45	»	0,27	0,54
Sulfate de chaux......	0,51	1,00	»	0,74	»	18,39 [3]
Nitrates de soude, de potasse, chaux, magnésie.............	1,41	2,00	Traces.	1,52	0,27	5,70
TOTAUX.....	30,85	33,07	28,31	27,99	26,07	54,36
	litr.	litr.	litr.	litr.	litr.	litr.
Air atmosphérique....	2,19	1,43	2,10	2,16	2,40	1,78
Acide carbonique.....	3,89	2,75	2,10	2,24	2,39	2,55

Aux chiffres du tableau précédent, nous ajouterons les résultats suivants :

M. Boussingault a trouvé dans l'eau de la source de Roye, près de Lyon, pour 100 litres, un résidu sec de 26^{gr},4 ;

M. Dupasquier, dans une autre source, à Lyon, 26^{gr},6 ;

Le même, dans la source du Jardin des Plantes, à Lyon, 90^{gr},8.

Dans ce dernier poids, il y avait 7^{gr},6 de nitrates.

[1] Eau amenée à Paris par l'aqueduc d'Arcueil.

[2] Alumine avec phosphate.

[3] 18^{gr},39, dont 2^{gr},01 de sulfate de potasse.

M. Boussingault a encore examiné les eaux de quatorze sources, au point de vue du *nitrate de potasse* qu'elles pouvaient contenir, et il a trouvé par mètre cube :

Deux sources, les plus pauvres, sortant du grès des Vosges, 130 et 140 milligrammes.

Dans le Bas-Rhin et le Haut-Rhin :

Deux sources, les plus riches, 11 et 14 grammes.

Maximum d'ammoniaque renfermée dans ces mêmes sources, 20 milligrammes.

649. Conséquences des analyses effectuées sur les eaux des sources. — La proportion d'acide carbonique est généralement plus considérable dans les eaux des sources que dans celles des rivières ; par suite, la richesse des premières en carbonates terreux est notablement plus grande.

Le poids du résidu salin est souvent le double ; les nitrates et la silice en font partie, comme pour les eaux de rivière.

Enfin, les eaux des sources, comme celles des fleuves, sont plus riches en nitrates qu'en ammoniaque, ce qui est le contraire de ce que l'on observe dans les eaux pluviales, recueillies à une grande distance des lieux habités.

EAUX DES PUITS.

650. Les eaux de beaucoup de puits renferment encore plus de matières en dissolution que celles des fleuves ou des sources. On en jugera par les analyses suivantes :

EAUX DE QUELQUES PUITS, PRISES A BESANÇON.

Composition pour 100 litres, d'après M. H. Sainte-Claire Deville.

ÉLÉMENTS DISSOUS.	Grand'Rue, 42.	Rue de la Préfecture, 21.	Faculté des sciences.
	gr.	gr.	gr.
Silice......................	3,14	2,97	5,51
Alumine....................	0,94	0,62	0,30
Carbonate de chaux........	21,56	20,17	23,31
Carbonate de magnésie.....	0,85	2,07	0,76
Sulfate de chaux..........	8,59 [1]	6,63	26,60
Chlorure de sodium........	5,57	0,15	»
Chlorure de calcium.......	»	2,38	1,99
Chlorure de magnésium.....	0,72	2,55	6,15
Azotates (potasse, soude, chaux)...................	12,03	16,56	21,45
Total............	53,40	54,10	86,16
	litr.	litr.	litr.
Air atmosphérique..........	2,14	1,97	2,46
Acide carbonique..........	2,01	2,63	3,49

Composition pour 100 litres.

Eléments dissous.	Puits artésien de Londres (Grabam).	Puits d'Alsace (Boussingault).
Carbonate de soude..	13gr,60	» »
Sulfate de soude.	28 ,18	20gr,20
— de magnésie.	» »	11 ,80
Chlorure de sodium..	14 ,85	6 ,90
Carbonate de chaux..	7 ,19	35 ,30
— de magnésie.	1 ,25	3 ,70
Phosphates de chaux et de fer.	0 ,53	traces
Silice.	0 ,46	2 ,08
	66gr,06	79gr,90

651. Des deux tableaux précédents il résulte :
Que le poids du résidu sec fourni par les eaux des

[1] 8gr,59, dont 0gr,57 de sulfate de potasse.

puits est souvent bien supérieur à celui des eaux de rivière ou de source ;

Que ces eaux sont généralement riches en carbonates et sulfates terreux, qu'elles renferment toutes de la *silice*, comme les précédentes.

Enfin, la proportion de *nitrates* indiquée dans les analyses de M. Deville est vraiment remarquable.

652. Nitrates renfermés dans les eaux des puits, d'après les analyses de M. Boussingault. — Ce savant agronome a trouvé plus de nitrates dans les puits forés dans les villages et les exploitations rurales que dans les sources et les rivières, mais les proportions sont des plus variables.

Eau des puits de Bechelbronn[1], indices.

Eau des puits de Wœrth et de Freischwiller (Bas-Rhin) établis dans les marnes du Lias, 66 et 91 grammes par mètre cube.

Mais, comme l'avait constaté déjà M. Deville à Besançon, c'est surtout dans les puits des grandes villes que l'on rencontre les plus fortes proportions de nitrates.

Localités.	Equivalent en nitrate de potasse pour un mètre cube.
A Besançon (Deville).	198 gr.
A Paris, moyenne de quatre puits[2]. . . .	231 —
— quartiers plus anciens, moyenne de quatre puits[3].	1,697 —
— deux puits des maraîchers des faubourgs (moyenne).	1,402 —

[1] Cette eau renferme des traces d'huile de pétrole qui peut favoriser la destruction des nitrates.

[2] Rues : Guérin-Boisseau, Saint-Martin, Saint-Georges, des Petites-Ecuries.

[3] Rues : du Fouarre, Foin-Saint-Jacques, Saint-Landry, Traversine.

Une aussi forte proportion d'azotates renfermée dans les eaux des puits des grandes villes est due, sans aucun doute, dit M. Boussingault, aux modifications que subissent les matières organiques dont le sol est constamment imprégné ; c'est donc un inconvénient d'employer ces eaux pour quelque usage domestique que ce soit.

Maintenant que nous connaissons la composition des eaux météoriques et terrestres, nous pouvons les étudier au point de vue de leurs applications ; c'est ce que nous allons faire dans le chapitre suivant.

CHAPITRE XXIX.

DES EAUX CONSIDÉRÉES AU POINT DE VUE DE LEURS APPLICATIONS.

653. Les diverses eaux que nous avons étudiées dans le chapitre précédent peuvent être employées :

1° *Pour les usages domestiques ;*

2° *Pour les besoins de l'agriculture* (alimentation du bétail et irrigations).

Nous allons les envisager successivement à ces deux points de vue.

EAUX EMPLOYÉES POUR LES USAGES DOMESTIQUES.

654. Sous le rapport des usages domestiques, les eaux sont divisées ordinairement en *eaux douces* ou *potables*, et en *eaux crues* ou *dures* (n° 127).

Les eaux potables sont celles qui peuvent être employées pour la boisson, le savonnage, la cuisson des légumes, etc. Pour être potable, une eau doit posséder certaines qualités qui dépendent de ses propriétés physiques et des substances qu'elle tient en dissolution. L'eau destinée aux usages domestiques est de bonne qualité, si elle est bien aérée (n° 121), inodore, limpide, fraîche en été, tiède en hiver, d'une saveur agréable, ni fade, ni piquante, ni salée, ni douceâtre. Elle doit renfermer peu de matières salines en dissolution (3 décigrammes par litre environ), cuire les légumes secs et les viandes sans les durcir, dissoudre le savon sans former de grumeaux.

Une eau est suffisamment aérée quand elle renferme 2 à 3 pour 100 de son volume d'air (2 à 3 litres pour 100 litres), et 1/50 en acide carbonique.

Toutes les eaux regardées comme *potables* ne réunissent pas l'ensemble des propriétés que nous venons d'énumérer ; toutefois, celles qui contiennent plus d'*un gramme* de substances minérales par litre doivent généralement être rejetées.

Les *eaux crues* sont celles qui, tenant en dissolution une trop forte proportion de certains principes minéraux, ne satisfont pas aux conditions qui caractérisent les eaux potables. Ces eaux rendent les digestions difficiles, sont impropres à la cuisson des légumes, qu'elles durcissent en les incrustant de leurs sels ; elles ne dissolvent pas non plus le savon.

Une *eau potable*, et dite *légère* en raison de son aération suffisante, renferme généralement comme principes salins : du *bicarbonate de chaux* et des *chlorures alcalins*. Une eau dite *lourde* ou *crue* peut devoir ses fâcheuses propriétés : 1º à une *aération insuffisante ;* 2º à la présence d'un excès de certains sels terreux, tels que le *bicarbonate de chaux*, les *sulfates de chaux* ou de *magnésie*, les *chlorures de calcium* et de *magnésium*, quelquefois même les *nitrates* de ces mêmes bases. On donne de préférence le nom d'*eaux dures* ou *séléniteuses* aux eaux contenant une proportion notable de *sulfate de chaux* ou de *magnésie*, parce que les chlorhydrates de ces mêmes bases ne sont jamais très-abondants dans ces eaux, et que les nitrates ne s'y trouvent en proportion notable que par de rares exceptions.

655. Action des eaux dures ou crues sur la dissolution de savon. — Une dissolution de savon légèrement alcoolique rend l'eau pure immédiatement mousseuse, tandis qu'elle ne produit de mousse persistante dans les eaux chargées de sels terreux, et particulièrement à bases de *chaux* et de *magnésie*, qu'autant que ces sels ont été neutralisés par une proportion équivalente de savon, et que la liqueur renferme un petit excès de ce dernier.

EXPÉRIENCES : On prend une série de flacons à l'émeri A, B, C, etc., de 60 à 80 centimètres cubes de capacité, et on exécute les essais suivants : 1° dans le flacon A, à moitié rempli d'*eau distillée*, on verse quelques gouttes de dissolution alcoolique de savon, on bouche et l'on agite : une mousse persistante apparaît presque immédiatement.

2° Dans un autre flacon B, renfermant une *eau calcaire*, on verse de même de la dissolution savonneuse, et l'on agite. La liqueur se trouble, devient d'un blanc laiteux, mais ce n'est qu'après une addition plus ou moins considérable de savon que la mousse devient persistante.

Si l'on n'avait pas une eau calcaire à sa disposition, on pourrait la préparer en répétant l'expérience du numéro 219.

3° Dans un troisième flacon C, on introduit d'abord une *eau séléniteuse* (obtenue en faisant digérer de l'eau ordinaire sur du sulfate de chaux), et on y ajoute encore de la dissolution de savon. Cette fois, non-seulement la mousse ne devient persistante qu'au bout d'un certain temps, mais, de plus, on constate l'apparition de *grumeaux* au milieu de la liqueur opaline.

27

Des dissolutions étendues de *chlorures de calcium* ou de *magnésium*, de *sulfate de magnésie*, de *nitrates* de ces mêmes bases, donnent, avec la liqueur alcoolique de savon, des résultats analogues.

Toutes les fois que quelques gouttes de dissolution savonneuse feront naître des grumeaux dans une eau, on pourra en conclure que celle-ci contient un excès de sels terreux.

Nature des grumeaux. — Un savon est un véritable sel, formé d'un *acide gras* et d'une *base alcaline*, un *stéarate de soude*, par exemple, composé d'*acide stéarique* et de *soude*.

Quand on verse une dissolution de savon dans une eau renfermant un excès de *sulfates* ou de *chlorhydrates calcaires* ou *magnésiens*, il se produit une double décomposition entre les deux sels, en vertu de la loi de Berthollet indiquée au numéro 154.

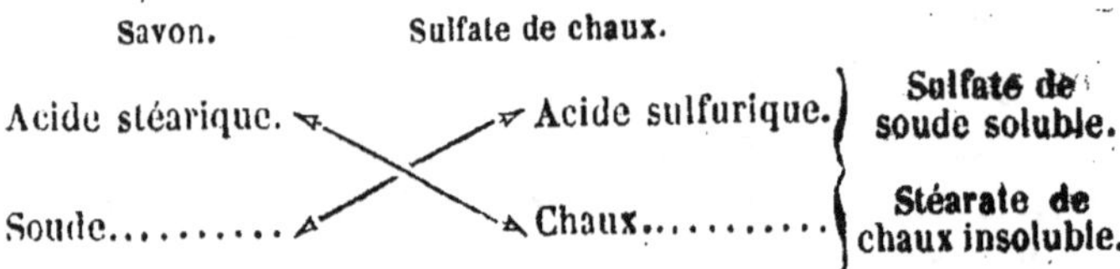

Les grumeaux ne sont donc qu'un *savon insoluble*. Or, en raison de leur insolubilité et de leur nature grasse, ces grumeaux s'attachent au linge, emprisonnent la crasse, et il devient impossible d'opérer un blanchissage satisfaisant. D'après ce qui précède, la quantité de teinture de savon nécessaire pour produire une mousse persistante dans une eau peut donner la mesure de sa dureté. Nous reviendrons sur ce sujet quand nous traiterons de l'analyse chimique appliquée aux questions agricoles.

656. Amélioration des eaux crues. — Pour bonifier les eaux crues et les rendre propres aux usages domestiques, on peut employer les divers moyens qui suivent :

Eaux calcaires. — 1° On les agite au contact de l'air ; 2° on les fait bouillir pendant quelques minutes ; 3° on y verse 1/10 d'eau de chaux. Ces divers procédés ayant pour résultat de précipiter la majeure partie du carbonate de chaux, on laisse reposer ensuite le liquide, et l'on décante l'eau limpide.

Eaux séléniteuses. — 1° On ajoute 1 gramme de carbonate de soude par litre d'eau, on agite et on laisse reposer. L'eau limpide, une fois décantée, peut servir à la cuisson des légumes ou au savonnage.

2° Si l'eau est destinée au blanchissage, on peut y ajouter une certaine quantité de savon qui donne lieu aux grumeaux indiqués. Ceux-ci une fois déposés, l'eau que l'on enlève par décantation est alors propre au savonnage.

657. Des diverses eaux employées comme boissons. — L'eau distillée (n° 120), qui est de l'eau chimiquement pure, n'est point *potable*, non-seulement à cause de son goût fade et douceâtre, mais encore parce qu'elle ne renferme pas les principes salins propres à favoriser les fonctions digestives et à subvenir aux besoins de l'organisme.

L'eau de pluie est légère et moins pure que l'eau distillée. Bien des communes et des habitations rurales n'ont ni eau de source, ni eau de rivière ; elles ont recours alors à l'eau du ciel, qui est recueillie dans des réservoirs spéciaux appelés *citernes*. Celles employées à Venise peuvent servir de *modèles*, tant pour la manière dont elles sont construites que pour le choix des matériaux qu'on y emploie. Nos lecteurs en trouveront la description détaillée dans les *Comptes rendus de l'Académie des sciences*, 1860, t. I, p. 123.

L'eau qui provient de la fonte des neiges ou de la glace est insipide, lourde, elle se digère difficilement en raison de son aération insuffisante ; mais par une agitation convenable ou une exposition à l'air on remédie à ce dernier inconvénient.

Les *eaux des sources et des puits* ont des qualités qui dépendent des terrains qu'elles ont traversés. Les premières gagnent le plus souvent à être bues à une certaine distance du point où elles sourdent, parce qu'alors elles sont plus *aérées* et qu'elles ont pu déposer l'excès de substances minérales dont elles s'étaient chargées pendant leur parcours.

Sous le rapport de la température, ces eaux sont généralement plus favorables à la santé, car, possédant toujours le même degré de chaleur au moment où elles sourdent, elles nous paraissent *fraîches* en été et *tièdes* en hiver.

Les eaux des puits manquent ordinairement d'air, et renferment souvent un excès de *sulfate de chaux* (n° 651).

Dans les villes, comme dans les campagnes, ces eaux sont parfois altérées par l'infiltration de matières nuisibles provenant des rues, des égouts, des lieux d'aisances, des fosses à fumier, des manufactures de produits chimiques, etc., et elles peuvent devenir alors la cause de graves maladies.

Nous avons dit précédemment (n° 652) que la présence d'une forte proportion de *nitrates* dans les eaux des puits indiquait que celles-ci, ayant traversé des terrains riches en matières organiques, pouvaient être nuisibles, et devaient être rejetées pour les usages domestiques.

L'eau des puits artésiens est généralement bonne ; provenant ordinairement de vastes nappes souterraines, cette eau est meilleure que celle des puits ordinaires, parce qu'elle se renouvelle sans cesse.

Les lacs et les étangs peu étendus et peu profonds, les marais et les mares offrent [rarement une boisson salubre, surtout en été et en automne. Les matières organiques qui tapissent leur fond fournissent, en se décomposant, des produits qui altèrent ces eaux et leur communiquent des propriétés défavorables. Quand, dans un pays, on est condamné à employer de semblables eaux comme *boissons*, il faut préalablement avoir recours à la filtration sur le charbon (n° 102). D'après Bosc, 100 kilogrammes de charbon peuvent purifier 2,000 hectolitres d'eau corrompue. Au lieu de charbon, on peut aussi se servir de sable.

Enfin, nous dirons que les *eaux courantes* (ruisseaux, fleuves, rivières) (n° 646) sont en général les meilleures et les plus pures pour la boisson, toutes les fois, bien entendu, qu'elles ne rencontrent pas sur leur trajet des causes d'altération. Néanmoins, au point de vue de la température, elles laissent souvent à désirer, car elles sont ordinairement trop froides en hiver et trop chaudes en été.

648. Rôle des divers principes renfermés dans les eaux destinées à la boisson. — L'air tenu en dissolution dans l'eau agit surtout par son oxygène; ce gaz, ainsi que l'acide carbonique, rend les eaux plus légères et plus facilement digestibles.

Les sulfates et chlorhydrates alcalins donnent aux eaux une sapidité agréable, tant que la proportion de ces sels ne dépasse pas 1 centigrame à 1 centigramme et demi.

Les cendres provenant de l'incinération de nos tissus et de nos humeurs contiennent des principes minéraux dont quelques-uns peuvent être fournis en partie par nos boissons ; tels sont la *silice* et la *chaux*.

En effet, les eaux des fleuves, des rivières, des sources, des puits, etc., renferment toutes de la *silice soluble* (voir le chapitre précédent) ; quant à la *chaux*, c'est sous forme de *bicarbonate de chaux* que les bonnes eaux nous l'apportent dans l'estomac. Transformée ensuite en sel soluble, sous l'influence des acides contenus dans le suc gastrique, la chaux pénètre alors dans nos tissus et peut fournir à notre squelette un élément nécessaire à son développement ou à son entretien.

Les sels calcaires renfermés dans les eaux *lourdes* ou *crues* (sulfates ou chlorhydrates) ne sauraient remplir le même office, parce que, ne se transformant pas dans l'estomac, leur chaux n'est pas rendue assimilable.

Dans les bonnes eaux potables, les sels de magnésie, les nitrates, les sels ammoniacaux, les matières organiques, sont toujours renfermés [en trop petite quantité pour que ces principes puissent exercer une influence quelconque sur l'économie.

EAUX EMPLOYÉES POUR LES BESOINS DE L'AGRICULTURE.

659. 1° Alimentation du bétail. — On comprend que les eaux destinées à l'alimentation du bétail doivent, pour constituer une boisson salutaire, présenter les mêmes propriétés que les *eaux potables*, nous n'aurons donc que quelques indications à ajouter aux lignes qui précèdent.

Beaucoup de gens admettent encore aujourd'hui que le bétail préfère l'eau trouble et brune des mares de certaines cours de ferme à l'eau claire, pure et limpide, mais nous pensons que c'est là un préjugé. Il est vrai que les eaux qui sont un peu sapides ou salées plaisent généralement aux animaux. Or, comme les mares reçoivent souvent de l'urine ou du purin, provenant des étables ou des fumiers, il est naturel que le bétail, qui n'a pas d'autre abreuvoir à sa disposition, s'habitue peu à peu à ces eaux et finisse même par les préférer à toutes les autres, en raison de leur sapidité plus prononcée. Mais nous devons dire aussi que, le plus souvent, les animaux qui ne sont pas habitués à cette boisson la refusent obstinément.

Certains praticiens regardent l'eau des mares comme *salutaire*, d'autres, comme une cause d'épizootie ; ces deux opinions ont leur raison d'être. Nous croyons en effet que, si l'on a soin d'entretenir constamment l'eau au même niveau dans ces mares, de les récurer souvent, de garnir leur fond de gravier ou de mâchefer, etc., la consommation de l'eau renfermée dans ces réservoirs ne saurait être nuisible aux animaux. Mais si on laisse, au contraire, le niveau liquide s'abaisser chaque jour davantage, la vase s'y accumuler, etc., alors, pendant les grandes chaleurs de l'été, les matières organiques fermenteront activement, se putréfieront, et chargeront l'eau de principes qui pourront être pour le bétail la cause de maladies fâcheuses.

Au point de vue de la composition, les eaux les plus mauvaises pour le bétail (après les eaux corrompues) sont celles dont l'aération est insuffisante ou qui sont chargées d'un excès de *sulfate de chaux* (sélénite). Ces eaux sont lourdes, indigestes, susceptibles de produire des concrétions intestinales ou d'autres maladies graves.

Enfin, disons, pour terminer ce chapitre, que l'eau doit toujours être administrée au bétail à une *température* convenable, qui est indiquée du reste par celle du corps de l'animal et par les conditions dans lesquelles il devra se trouver après avoir bu. Une eau trop froide peut donner naissance à des affections de poitrine, des péritonites, des coliques et surtout à l'avortement. Nous renvoyons nos lecteurs, pour plus amples détails, à l'excellent *Traité d'agriculture pratique et d'hygiène vétérinaire* de M. Magne.

660. **2° Des eaux employées pour les irrigations.** — Les eaux employées pour les irrigations sont : 1° les eaux des pluies, des sources et des petits ruisseaux, que l'on recueille dans des réservoirs spéciaux ; 2° les eaux des rivières situées plus haut que les champs à irriguer, et que l'on dérive à cet effet ; 3° les eaux des nappes souterraines amenées à la surface par un forage, etc.

Une eau d'irrigation, répandue sur une terre, agit favorablement sur la végétation de plusieurs manières que nous allons indiquer.

661. **Influence sur la température du sol.** — En été, les irrigations sont une source de fraîcheur pour les terres : 1° parce que, les eaux s'échauffant plus lentement que le sol sous l'action des rayons solaires, cet écran liquide a pour effet de maintenir la terre à une température plus basse ; 2° parce que la nappe aqueuse tend sans cesse à s'évaporer, et que tout liquide qui s'évapore absorbe une quantité de chaleur assez considérable que l'on appelle *chaleur latente.* Or, le soleil et l'air ne fournissant qu'une partie de cette chaleur, l'eau emprunte l'autre partie à elle-même, ainsi qu'au sol sur lequel elle est répandue.

Dans la saison froide, les eaux d'irrigation réchauffent, au contraire, la terre, d'une part, en lui cédant de sa chaleur propre ; de l'autre, en ralentissant la perte de calorique due au rayonnement.

Quand on irrigue en hiver, il faut avoir soin que le sol soit entièrement inondé au moment des gelées. Cette condition est indispensable pour que l'eau puisse préserver les plantes de l'action du froid ; autrement, si la terre est simplement humide, la gelée soulèvera les mottes de terre, mettra les racines à nu, et les plantes périront.

On voit, par ce qui précède, que les eaux d'irrigation, employées en été, ne doivent pas avoir une température inférieure à 10 degrés environ, température qui correspond au point de départ de la végétation d'un grand nombre de plantes. Pour cette raison, les eaux qui descendent des hautes montagnes ne peuvent servir qu'après s'être réchauffées, en circulant dans des canaux longs et peu profonds. Au contraire, les eaux dont la température en hiver est supérieure à 12 et même 15 degrés sont précieuses à employer, comme on peut en juger par les belles prairies que servent à entretenir les eaux chaudes qui s'écoulent des établissements thermaux.

669. Influence sur le développement des plantes. — Pour être propre à la végétation, une terre doit renfermer une proportion d'eau qui paraît être de 1/10 de son poids en été, à une profondeur de 30 centimètres, et qui ne doit pas dépasser 23/100 dans la saison des pluies. Quand un sol est devenu sec sur une certaine épaisseur, les feuilles des plantes qu'il supporte commencent à s'incliner ; ce qui indique la nécessité d'un arrosage. L'eau, en pénétrant nans un terrain, lui rend donc l'humidité indispensable à l'accomplissement des phénomènes de dissolutions, de décompositions, de transformations dont il doit être incessamment le siége. Sans eau, les engrais ne peuvent se décomposer, les éléments minéraux réagir les uns sur les autres; l'ascension de la séve cesse d'avoir lieu dans les plantes. Au contraire, après une irrigation, l'eau, pénétrant dans le tissu végétal, lui apporte les éléments nutritifs, organiques et inorganiques, qu'elle tient en dissolution, en même temps qu'elle détermine à la surface des feuilles une active évaporation qui favorise l'absorption d'une séve plus abondante. Il n'est pas douteux que l'eau ne cède aussi aux végétaux qu'elle pénètre ses éléments propres, *oxygène* et *hydrogène*, car le liquide exhalé n'est jamais qu'une fraction du liquide absorbé, et l'on retrouve dans les plantes un certain nombre de principes immédiats dont la composition peut être représentée par du *carbone* et de l'*eau*.

Aucune récolte ne profite mieux que l'herbe de la pratique des irrigations, parce que l'humidité est spécialement favorable au développement des tiges et des feuilles. Dans les années de sécheresse, la récolte des foins fait défaut, la paille des céréales, du blé noir, etc., reste courte et chétive; car ces végétaux, privés d'une humidité suffisante, parcourent les diverses phases de leur existence dans un temps trop court pour que leurs tissus herbacés puissent prendre un développement normal.

« De même qu'un régime forcé dans la nourriture des

animaux, dit le savant M. Is. Pierre, diminue leur fécondité de reproduction en augmentant leur masse et leur embonpoint, de même les irrigations, en mettant à la portée des plantes une plus grande quantité de nourriture dans un temps donné, augmentent la masse des tiges et des feuilles, et paraissent diminuer leur faculté de produire des fleurs et des graines. »

Après avoir indiqué d'une manière générale l'influence exercée sur le sol et les plantes par les eaux d'irrigation, nous entrerons dans quelques détails relativement à certains éléments tenus en suspension ou en dissolution dans ces eaux.

663. Eaux limoneuses. — Les eaux courantes sont toujours plus ou moins troubles en raison des substances diverses qu'elles tiennent en suspension.

Par le repos, ces eaux donnent lieu à un dépôt appelé *limon*, qui peut agir sur les terres comme amendement et comme engrais. On nomme *colmatage* l'opération qui consiste à faire écouler des eaux limoneuses sur un terrain, pour y déterminer un dépôt alluvien.

La composition d'un limon, l'état physique de ses particules doivent être pris en considération, quand on emploie des eaux limoneuses pour les irrigations. On comprend, en effet, que, suivant que ce limon sera *siliceux*, *argileux* ou *calcaire*, il pourra modifier avantageusement les propriétés des terres trop fortes ou trop légères, ainsi que de celles où le carbonate de chaux fait défaut.

Les eaux limoneuses sont, dans un grand nombre de cas, préférables aux *eaux claires*; comme preuve, nous citerons, avec M. de Gasparin, les prairies arrosées par les eaux de la Sorgue (Vaucluse) et les prairies arrosées par les eaux de la Durance. Les premières sont toujours claires, les secondes troubles, et elles fournissent des produits nets qui sont comme 1 est à 4.

On sait, du reste, que les limons déposés par certains fleuves sur leurs rives, lors des crues, constituent des sols d'une extrême fertilité; exemples : la vallée du Nil, les rives du Rhône, de la Saône, de la Loire, du Doubs, de l'Isère, etc.

Quand nous traiterons de l'analyse des eaux, nous indiquerons le moyen de mesurer la quantité de limon tenue en suspension dans une eau et d'apprécier sa nature, ainsi que sa richesse en matière fertilisante.

664. Composition des limons de la Loire et de la Gironde d'après M. Hervé-Mangon.

	Loire.	Gironde.
Eau combinée et matières organiques. . .	8,39	9,31
Sels solubles..	0,22	0,20
Carbonate de chaux et de magnésie.. . . .	4,75	6,61
Alumine et peroxyde de fer..	12,05	13,66
Silice et argile insolubles dans les acides..	74,59	70,22
	100,00	100,00
Azote pour 100.	0,24	0,20

665. Eaux bourbeuses. — Quelquefois, les eaux tiennent en suspension une si grande quantité de matières terreuses, qu'elles en sont rendues *bourbeuses ;* ces eaux ne doivent pas êtres employées à l'irrigation des prairies (sauf par infiltration), parce qu'elles souilleraient les herbes, et l'on ne récolterait que du foin vasé. Mais on comprend que, si la nature du limon est convenable, ces eaux bourbeuses pourront servir à arroser des plantes à tiges élevées ou à inonder une terre destinée à être ensemencée.

Les eaux bourbeuses ou limoneuses agissent sur la végétation, non-seulement par les principes tenus en suspension, mais encore par ceux tenus en dissolution. Nous allons traiter cette question en parlant des eaux claires.

666. Des eaux claires. — Les eaux claires, considérées comme engrais, agissent évidemment en raison des éléments dissous, et qui sont : 1° des *gaz;* 2° des *matières organiques* et *inorganiques.*

Quand on étudie les eaux d'irrigation à ce point de vue, il n'est pas toujours facile d'expliquer pourquoi telle eau est bonne, telle autre eau est mauvaise.

Si certains faits sont acquis à la science agricole, un grand nombre d'autres restent encore obscurs.

On sait, par exemple, que les eaux qui ont traversé des terrains capables de leur abandonner de la *silice soluble des alcalis* (potasse ou soude), et qui sont dirigées sur des terres calcaires, sont extrêmement favorables au développement des graminées. On sait de même que les eaux calcaires, répandues sur des terres siliceuses, concourent activement à la production des légumineuses. Ces résultats s'expliquent d'eux-mêmes.

Mais, comme le disent MM. Eugène Chevandier et Salvetat, au commencement d'un mémoire fort important [1], il arrive souvent, dans les pays de montagnes, où les sources sont si fréquentes, que des eaux qui sourdent à des distances très-rapprochées, et dans des conditions sensiblement identiques de température et de sol, produisent des effets si différents sur la végétation des prairies, que les agriculteurs qui emploient ces eaux les

[1] *Comptes rendus de l'Académie des sciences,* 1852, t. XXXIV.

distinguent par les épithètes de *bonnes* ou de *mauvaises* sources. Nous renvoyons le lecteur au mémoire que nous venons de citer ; il y trouvera la preuve que, pour expliquer de semblables faits, il faut avoir recours aux analyses les plus minutieuses.

En effet, quand il s'agit d'*eaux potables*, on peut, relativement à leurs propriétés, ne point tenir compte de certains éléments qui ne s'y trouvent contenus qu'à des doses infiniment petites ; il n'en est pas de même pour les *eaux d'irrigation*.

Dans les eaux potables, les *sels alcalins*, les *composés ammoniacaux*, les *nitrates*, les *matières organiques*, ne sont que des composés secondaires en raison de leur abondance habituellement très-restreinte ; dans les eaux d'irrigation, ce sont ces substances qui paraissent, au contraire, jouer le principal rôle.

Cette différence provient de ce que, quelque minime que soit la dose d'un élément tenu en dissolution dans une eau d'irrigation, quand on vient à rapporter ce faible poids à celui de l'eau employée, on trouve des nombres qui ne peuvent plus être regardés comme négligeables. Nous allons le démontrer par quelques exemples :

1º *Influence des nitrates.*

Les eaux du Rhin à Lauterbourg ont fourni à M. Boussingault l'équivalent de 3^{mgr}, 8 de nitrate de potasse par litre. Si l'on admet, avec cet habile agronome, une irrigation de 262 mètres cubes par hectare et par jour, on trouve que l'eau du Rhin apporterait journellement sur le sol près de 1 *kilogramme* de nitrate (955 grammes exactement). Le même savant a trouvé, dans deux sources du Haut-Rhin et du Bas-Rhin employées pour irrigation, l'équivalent de 11 à 14 milligrammes de salpêtre par litre, ce qui représenterait, par jour, un apport de $2^k,882$ à $3^k,668$ de ce sel.

D'après ce que nous avons dit sur le rôle des nitrates dans la végétation (n° 613), on ne saurait méconnaître l'influence favorable que de semblables eaux doivent exercer sur le développement des plantes.

Les nitrates renfermés dans les eaux d'irrigation jouent d'ailleurs un rôle plus efficace sur la végétation que les sels ammoniacaux, parce que les premiers sont *fixes*, tandis que les seconds, *volatils* ou susceptibles de le devenir au contact du carbonate de chaux renfermé dans le sol, peuvent se perdre dans l'atmosphère, si l'arrosement est suivi d'une sécheresse prolongée.

2° *Influence des substances organiques.*

Dans une irrigation pratiquée dans la vallée des Vosges par MM. Chevandier et Salvetat, l'arrosement par hectare avait été de 130,311 mètres cubes pour quarante-huit jours ; la proportion de matière organique azotée amenée par ce volume d'eau s'était élevée à 756 kilogrammes, correspondant à 43 kilogrammes d'azote.

Or, 1,000 kilogrammes d'une bonne eau de fumier renferment 600 grammes d'azote, et une fumure normale annuelle peut être évaluée à 60,000 kilogrammes de cette eau renfermant 36 kilogrammes d'azote. On voit donc que l'eau qui avait servi à l'irrigation pendant quarante-huit jours pouvait, en raison des 43 kilogrammes d'azote apportés, être regardée comme une bonne eau de fumier très-étendue.

3° *Influence de l'ammoniaque.*

Bien que l'ammoniaque ne se trouve dans les eaux des fleuves ou des rivières qu'en quantité beaucoup moindre que les substances dont nous venons de parler, un semblable calcul nous conduirait à des résultats semblables.

Si des considérations précédentes il découle que le dosage de la *matière organique*, des *nitrates*, de l'*ammoniaque*, etc., contenus dans les eaux d'irrigation, peut permettre souvent d'expliquer les bons effets qu'elles produisent, nous devons ajouter que, dans certains cas, il est nécessaire d'avoir recours à une analyse plus complète encore, si l'on veut se rendre compte des effets différents produits par deux sources identiques au premier abord, et distinguées néanmoins l'une de l'autre par les épithètes de *bonne* ou de *mauvaise* source. C'est ainsi que MM. Chevandier et Salvetat, dans l'irrigation citée plus haut, n'ont pu expliquer la cause de cette différence qu'en faisant l'*analyse élémentaire* de la matière organique tenue en dissolution dans l'eau des deux sources employées.

Après avoir reconnu que l'effet favorable de la bonne source n'était dû ni aux gaz, ni aux composés alcalins ou terreux, ni à la silice, ni même à la proportion de matières organiques dissoutes, ces savants constatèrent que la différence résidait dans la composition même de cette matière organique azotée, comme l'indiquent les chiffres suivants :

	Mauvaise source.	Bonne source.
Carbone.	54,54	51,46
Oxygène.	37,52	37,12
Hydrogène.	5,56	5,69
Azote.	2,88	5,73
	100,00	100,00

On voit, en effet, que la matière organique de la bonne

source renfermait moins de *carbone* et plus d'*azote* que celle de la mauvaise.

667. Eaux nuisibles pour les irrigations. Procédés d'amélioration. — Si toutes les eaux ne sont pas également bonnes pour les irrigations, quelques-unes même peuvent être nuisibles et doivent être rejetées. Parmi ces dernières, nous citerons :

1° *Les eaux qui ont servi au lavage des minerais ou à la teinture des étoffes ;*

2° *Celles qui ont coulé longtemps dans les forêts (surtout de chênes et de châtaigniers), ou qui proviennent de terrains marécageux ;*

3° *Les eaux incrustantes, c'est-à-dire les eaux séléniteuses et calcaires ;*

4° *Les eaux trop froides ou incomplétement aérées.*

Les premières renferment en dissolution des substances vénéneuses qui ne tarderaient pas à faire périr les plantes. Celles qui ont traversé les forêts sont chargées de principes acides et astringents qui, en se combinant avec la matière albuminoïde des radicelles des végétaux, rendent ces organes complétement imperméables ; l'absorption des sucs nourriciers est alors arrêtée dans la plante, qui meurt bientôt d'inanition. On sait, de plus, que de semblables eaux favorisent le développement des mauvaises herbes.

Les bonnes eaux qui traversent des terrains marécageux les améliorent, en substituant leurs principes utiles à ceux nuisibles que le sol renfermait ; mais on comprend, d'après ce que nous venons de dire, que ces eaux ne sauraient servir ensuite à l'irrigation des prairies inférieures.

Les *eaux incrustantes* sont des eaux qui, par suite de l'évaporation ou du dégagement spontané de leur acide carbonique, laissent déposer sur les feuilles, les tiges et même les racines, leur *sulfate* ou leur *carbonate de chaux*. Ce dépôt bouche les pores de la plante, qui ne tarde pas à périr.

On pourrait ranger dans cette classe certaines eaux ferrugineuses qui, par suite de ce même dégagement d'acide carbonique, laissent sur leur parcours un dépôt ocreux de *peroxyde de fer hydraté* capable de boucher aussi les pores des végétaux.

Les *eaux trop froides* sont celles qui, descendant des hautes montagnes, sont prises immédiatement à leur sortie des glaciers.

Enfin, les *eaux peu aérées*, comme celles des puits et des citernes, ou bien encore celles qui proviennent de la fusion des glaces ou des neiges, *désoxygènent* les sols et les plantes, et par suite sont défavorables à la végétation. On doit regarder comme insuffisamment aérée une eau qui renferme moins de 1/50 d'air, c'est-à-dire 1/2 litre pour 100 litres.

668. Amélioration des eaux d'irrigation. — Sauf les eaux qui tiennent en dissolution des substances vénéneuses, les autres peuvent être améliorées facilement.

Pour les eaux *acides* ou *séléniteuses*, il suffit de les faire arriver dans des réservoirs renfermant du fumier, des débris de plantes, des mottes de gazon, des cendres lavées ou d'écobuage, etc. On peut aussi les mélanger avec des eaux alcalines quelconques, telles que les eaux ammoniacales provenant des usines à gaz, les eaux de purin, de lessive, etc. On bonifie les *eaux trop calcaires* en hâtant, par une agitation suffisante, le dégagement de l'acide carbonique qu'elles renferment. A cet effet, on oblige l'eau à tomber sur une série de petites cascades avant d'arriver au réservoir, l'excès de carbonate de chaux se précipite, et l'eau, devenue limpide, est bonne à employer.

Nous croyons indispensable, pour compléter notre étude sur les eaux, de dire quelques mots de celles fournies par le drainage.

669. Des eaux de drainage. — Si l'on songe que les sols drainés acquièrent immédiatement les propriétés des terres silicieuses perméables, on comprendra que les eaux qui s'écoulent des drains doivent entraîner une certaine proportion des éléments de fertilité renfermés dans la couche arable ; les analyses suivantes démontrent clairement ce fait.

Analyse de M. Barral. — Dans le résidu d'évaporation d'une eau écoulée d'un terrain argilo-siliceux, M. Barral a trouvé, pour 1 litre :

Matière organique.	$5^{mgr},1$
Acide azotique.	41 ,8
Chlore, acide sulfurique, silice, chaux, magnésie, potasse, soude, alumine et fer. . . .	146 ,1
Total.	$193^{mgr},0$

Cette eau ne contenait que $0^{mgr},8$ d'ammoniaque par litre, c'est-à-dire notablement moins que l'eau de pluie, qui en renferme de 1 à 3 milligrammes.

En dosant l'acide nitrique de cette même eau, mais en évitant la perte causée par l'évaporation à sec, M. Barral a trouvé dans un litre $74^{mgr},6$ de cet acide (AzO^5), c'est-à-dire *douze* fois plus environ que n'en contient la pluie d'orage la plus chargée de ce composé.

Analyse de M. Way, en Angleterre [1]. — Moyenne de sept échantillons d'eaux fournis par des drains qui étaient restés longtemps sans couler :

Milligrammes par litre d'eau.

Matière organique....	105,00
Matière minérale. . . .	220,00
Ammoniaque.	0,27
Acide nitrique..	121,00

On voit, d'après ces chiffres et beaucoup d'autres que nous pourrions citer, combien il est important d'utiliser les eaux de drainage pour les irrigations : c'est évidemment le moyen de rendre aux terres d'un domaine une portion des engrais minéraux et organiques qui leur ont été confiés et qui, sans cette opération, iraient se perdre dans les rivières.

[1] Nos lecteurs désireux d'approfondir cette dernière question pourront lire avec fruit le chapitre VII de l'ouvrage de M. Barral, intitulé : *Drainage, irrigations et engrais liquides.*

FIN.

CHAPITRE XXX.

MÉTHODE GÉNÉRALE POUR RECONNAITRE LA NATURE D'UN DES COMPOSÉS MINÉRAUX, ACIDES, OXYDES OU SELS, INTÉRESSANT L'AGRICULTURE OU LA MÉDECINE VÉTÉRINAIRE.

La méthode que nous allons exposer ici repose :

1° *Sur les caractères extérieurs de ces composés;*

2° *Sur les diverses réactions chimiques qui établissent des caractères distinctifs pour chacun d'eux.*

ESSAIS PRÉLIMINAIRES AU CHALUMEAU (n° 272) [1].

I. — *Une substance solide étant donnée, si l'on en place une petite portion réduite en poudre dans un trou pratiqué sur le charbon* (fig. 144), *et si on la chauffe à l'extrémité du dard du chalumeau,* il peut se présenter les divers cas suivants :

1° *Le composé fuse en activant la combustion du charbon.*

Chlorate ou nitrate. } On les distingue comme il a été dit n° 186. Si c'est un nitrate, on détermine la base avec le tableau I.

---

[1] Ces numéros renvoient aux paragraphes de notre Chimie générale où se trouvent indiqués les divers caractères sur lesquels cette méthode est fondée.

2° *Le composé dégage une odeur.*

Odeur d'ail. — **Composé arsenical** (n° 195).

Odeur d'ammoniaque. — **Carbonate d'ammoniaque** (n° 376).

3° *Le composé dégage des fumées blanches, inodores, ou laisse un*

Fig. 144.

enduit (auréole) coloré ou non sur le charbon, ou bien enfin reste fondu, mais inattaqué.

On passe alors à l'essai II avec le carbonate de soude.

II. — EXAMEN AVEC LE CARBONATE DE SOUDE. — *On mélange le composé dans le petit mortier d'agate (fig. 145) avec* **huit à** **dix** *fois son poids de carbonate de soude ; on place le mélange sur le charbon, et l'on chauffe à la flamme désoxydante pendant quelques minutes.*

Argent. — Culot blanc, inoxydable, fusible et *malléable* (fig. **146**). Point d'auréole sur le charbon (n° 589).

Mercure. — Fumées blanches très-abondantes, dont une partie se dépose sur le charbon (n° 578).

Fig. 145.

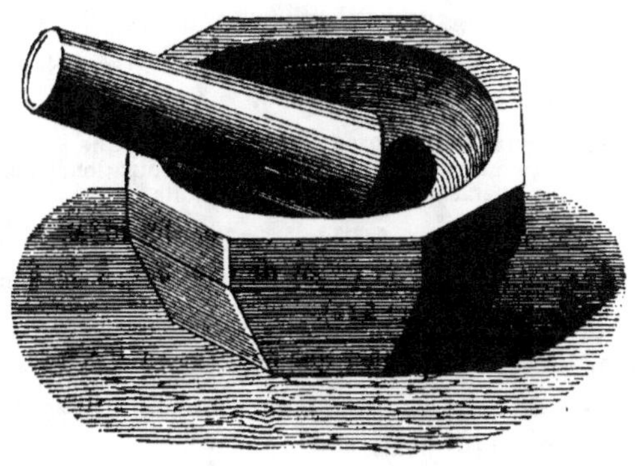

VÉRIFICATION. — Dans un petit tube d'essai (fig. 147), on met

Fig. 146.

un peu du sel mélangé avec de la chaux éteinte, et l'on chauffe à la lampe à alcool. Le mercure se volatilise et vient se condenser sur les parois du tube, sous forme d'une poudre qui a l'aspect métallique (n° 578).

Fig. 147.

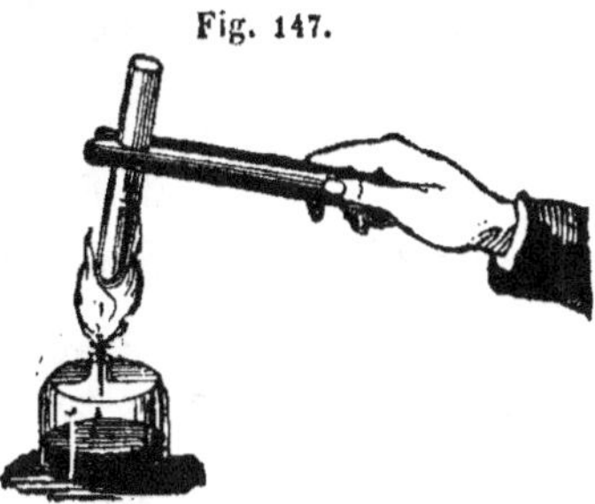

Ammoniaque. — Donne les mêmes fumées blanches que le

mercure, mais le broyage du composé avec la chaux fait reconnaître l'ammoniaque (n° 362).

Plomb. — Culot blanc grisâtre, très-fusible, *très-malléable*, auréole jaune rougeâtre sur le charbon (n° 561).

Antimoine. — Culot blanc, très-fusible, *très-cassant*, grande auréole blanche très-volatile (n° 534).

Remarque. — Certains composés d'antimoine, tels que le sulfure, l'oxysulfure, etc., étant d'une réduction très-difficile, nous tiendrons compte de cette circonstance quand il s'agira de ces produits.

Étain. — Culot blanc, fusible, malléable, mais se ternissant rapidement aussitôt que l'on cesse de chauffer à la flamme désoxydante. Pas d'auréole (n° 524).

Remarque. — Même observation que pour l'antimoine.

Zinc. — Pas de culot, auréole jaune, à chaud, devenant blanche par refroidissement (n° 512).

Acide silicique libre. — Effervescence due au dégagement de l'acide carbonique du carbonate de soude. Après refroidissement, perle incolore sur le charbon (n° 205).

DEUXIÈME SÉRIE D'ESSAIS.

UN COMPOSÉ SOLUBLE OU INSOLUBLE ÉTANT DONNÉ, EN RECONNAITRE LA NATURE.

Pour arriver à ce but, on suivra la marche suivante :

1° *Examen des propriétés extérieures du composé* (état, couleur, odeur);

2° *Examen de la solubilité dans l'eau* (en le mettant en digestion, pendant quelques instants, dans un verre, avec de l'eau pure);

3° *Examen des réactions chimiques spéciales à chacun des composés renfermés dans l'une des classes ci-dessous.*

PREMIÈRE CLASSE.

COMPOSÉS LIQUIDES. COMPOSÉS SOLIDES, MAIS ODORANTS.

Acide chlorhydrique. — Fumées blanches avec ammoniaque, précipité blanc caillebotté avec azotate d'argent (n° 144).

Acide azotique. — Avec tournure de cuivre, vapeurs rutilantes d'acide hypoazotique (n° 165).

Acide sulfurique.— Avec sel de baryte, précipité blanc insoluble dans acide azotique (n° 180).

Ammoniaque. — Odeur caractéristique. Verdit le sirop de violette (n° 237).

Hypochlorites alcalins. — Odeur de chlore. Décoloration du tournesol en ajoutant quelques gouttes d'acide (n° 412).

Sulfhydrate d'ammoniaque. — Couleur jaune. Odeur caractéristique. Noircit un papier imprégné d'un sel de plomb (n° 369).

Perchlorure de fer (liquide).— Rouge brun. Précipité de bleu de Prusse avec prussiate jaune (n° 497).

Perchlorure d'antimoine (liquide). —Couleur rouge. Transformé par l'eau en une liqueur d'un blanc laiteux que quelques gouttes de sulfhydrate d'ammoniaque font passer au rouge orangé (n°s 532 et 534).

Carbonate d'ammoniaque.—Solide ; odeur d'ammoniaque, volatil au chalumeau, etc. (n° 376).

Chlorure de chaux. — Composé blanc souvent pâteux. Odeur de chlore. Décoloration du tournesol en ajoutant quelques gouttes d'acide (n° 412).

DEUXIÈME CLASSE.

POUDRES A ASPECT MÉTALLIQUE.

		Avec HCl dans un tube d'essai et douce chaleur (fig. 148).
Bioxyde de manganèse.	Noir.	Dégagement de chlore (n° 479).
Bioxyde de cuivre	Noir.	Dissolution verte donnant le bleu céleste avec ammoniaque (n° 542).
Sulfure d'antimoine.	Noir.	Dégagement d'acide sulfhydrique (n° 147).
Sulfure de plomb.	Bleuâtre.	Même dégagement, mais se distingue facilement du précédent au chalumeau avec N[1].

[1] Abréviations : Pr. Précipité ; N. Carbonate de soude ; Ch. Chalumeau.

Fig. 148.

TROISIÈME CLASSE.

COMPOSÉS DE COULEUR ROUGE OU JAUNE ROUGEÂTRE.

Insolubles dans l'eau.

Peroxyde de fer.	Rougeâtre.	Rien au chalumeau avec N.
Protoxyde de plomb (litharge).	Lamelles micacées rougeâtres.	Ch. avec N. Culot. Auréole (n° 561).
Minium (Pb³O⁴) .	Rouge orangé.	Au Ch. avec N. Avec acide azotique, oxyde puce (n° 558).
Bisulfure de mercure.	Vermillon.	Ch. et N. Dégagement d'acide sulfhydrique avec HCl.
Bioxyde de mercure.	Rouge orangé.	Ch. avec N.

Solubles.

Prussiate rouge.	Groseille.	Pr. bleu de Prusse avec vitriol vert (n° 497).
Bichromate de potasse.	Rouge.	Pr. jaune avec nitrate de plomb (n° 504).

QUATRIÈME CLASSE.

COMPOSÉS DE COULEUR JAUNE, JAUNE BRUNATRE OU BRUN.

		Solubles dans l'eau.
Prussiate jaune.	Jaune citron.	Pr. bleu de Prusse avec perchlorure de fer (n° 497).
Chromate neutre de potasse.	Id.	Pr. jaune avec nitrate de plomb (n° 504).
Perchlorure de fer.	Brun jaunâtre pâteux.	Pr. bleu de Prusse avec prussiate jaune (n° 497).
		Insolubles dans l'eau.
Protoxyde de plomb (hiassicot).	Jaune clair.	Ch. avec N. Culot. Auréole (n° 561).
Bisulfure d'étain (or mussif).	Paillettes micacées jaune de bronze.	Ch. avec N., et mieux avec cyanure de potassium. Culot. Pas d'auréole (n° 524). Avec HCl, dégagement d'acide sulfhydrique.
Oxysulfure d'antimoine (kermès).	Brun jaunâtre.	L'eau décompose la liqueur filtrée en blanc laiteux que le sulfhydrate d'ammoniaque fait passer au rouge orangé (n° 534)
Bioxyde de plomb (oxyde puce).	Brun.	Ch. avec N. Culot. Auréole (n° 561).

CINQUIÈME CLASSE.

COMPOSÉS DE COULEUR BLEUE.

	Soluble.
Sulfate de cuivre.	Chlorure de barium pour l'acide (n° 180). Ammoniaque pour la base (n° 542).

Soluble.

Nitrate de cuivre. ⎰ Acide sulfurique et limaille de cuivre pour l'acide (n° 165). Ammoniaque pour la base (n° 542).

Insoluble.

Carbonate de cuivre (azurite). ⎰ L'acide chlorhydrique dégage l'acide carbonique, et donne un chlorure soluble dans lequel on accuse la base avec ammoniaque (n° 542).

SIXIÈME CLASSE.

COMPOSÉS DE COULEUR VERTE.

Soluble.

Sulfate de protoxyde de fer. ⎰ Chlorure de barium pour l'acide (n° 180). Prussiate rouge pour la base (n° 497).

Insoluble.

Carbonate de cuivre (malachite). ⎰ Comme ci-dessus (cinquième classe).

Insoluble.

Arsénite de cuivre. ⎰ Au Ch., odeur d'ail. On fait bouillir avec acide azotique, et l'on accuse la base avec ammoniaque dans la liqueur filtrée.

SEPTIÈME CLASSE.

COMPOSÉS INCOLORES OU BLANCS, DÉCOMPOSABLES PAR L'EAU OU PEU SOLUBLES, MAIS QUE L'ON PEUT RECONNAITRE NÉANMOINS A L'AIDE DE LA LIQUEUR SÉPARÉE DU RÉSIDU PAR FILTRATION.

Dans la liqueur L *filtrée* (fig. 149), *et séparée en deux portions* A *et* B (fig. 150). *On ajoute, dans la première* A, *quelques gouttes de dissolution de potasse; dans la seconde* B, *quelques gouttes de nitrate d'argent.*

(a) *Pas de précipité dans les deux cas* (s'il n'y a qu'un louche, on n'en tiendra pas compte).

Fig. 149.

Fig. 150.

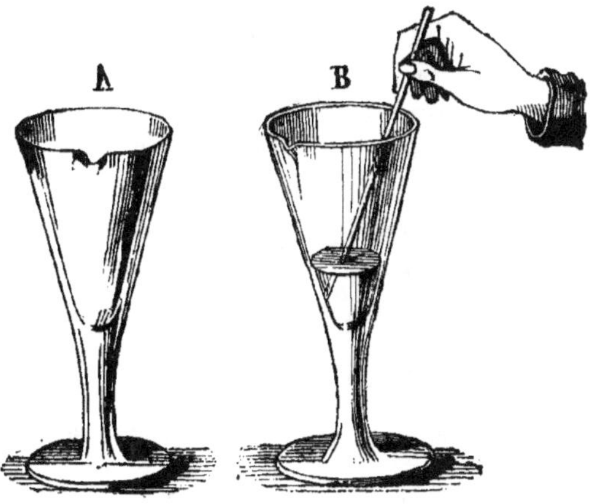

On passe à la huitième classe.

(b) *Il y a un précipité quelconque.*

On peut avoir affaire à l'un des composés suivants :

Sel d'étain du commerce, protochlorure d'antimoine (ces deux sels sont souvent pâteux), **nitrates de mercure.**

Baryte, chaux, sulfate de chaux.

Dans une autre portion de la liqueur filtrée, on ajoute quelques gouttes de sirop de violette.

(a) *La liqueur verdit.*

Chaux. Dans une autre portion de la liqueur filtrée, — Pas de précipité. *Chaux.*

Baryte. on ajoute une dissolution de sulfate de chaux. — Précipité. *Baryte.*

(b) *La liqueur ne verdit point.*

Chlorure d'étain ou d'antimoine, nitrates de mercure, sulfate de chaux.

(a) *La liqueur L a précipité précédemment par le nitrate d'argent (n° 144).*

Chlorure d'étain.
Chlorure d'antimoine.

On fait chauffer un peu du composé dans un tube d'essai, avec acide chlorhydrique.

On filtre, on ajoute un peu d'eau et ensuite quelques gouttes de sulfhydrate d'ammoniaque.

Précipité rouge orangé. *Chlorure d'antimoine* (n° 534).

Précipité jaune. *Chlorure d'étain* (n° 524).

(b) *Il n'y a pas eu de précipité par le nitrate d'argent.*

Nitrates de mercure.
Sulfate de chaux.

Dans une autre portion de la liqueur L on accuse l'acide et la base, comme il est indiqué aux tableaux I et II. Cas d'un sel soluble.

HUITIÈME CLASSE.

COMPOSÉS INCOLORES OU BLANCS, INSOLUBLES DANS L'EAU.

On peut supposer un des composés suivants :

Magnésie. Alumine (anhydre. Oxyde de zinc, protoxyde d'anti-

moine, bioxyde d'étain ,carbonates de chaux, de magnésie, de baryte, de zinc, de plomb, protochlorure de mercure, phosphates de chaux, de magnésie. Acide arsenieux, acide silicique. Silicates naturels.

1° L'essai préliminaire au chalumeau avec N, à la flamme désoxydante, aura fait reconnaître :

Acide arsenieux. — Odeur d'ail (n° 195).

Acide silicique. — Effervescence et perle incolore (n° 205).

Carbonate de zinc.
Oxyde de zinc.
On distinguera le premier du second avec l'acide chlorhydrique, qui produit ou ne produit pas d'effervescence (n° 221).

Protoxyde d'antimoine.
Bioxyde d'étain.
Ch. avec N. et cyanure de potassium (n°s 524 et 534). Si la réduction ne pouvait être obtenue, on déterminerait ces composés comme il est dit plus loin.

Carbonate de plomb (céruse). — Culot et auréole (n° 561). Vérification de l'acide carbonique avec un acide (n° 221).

Protochlorure de mercure (calomel). — Volatil au chalumeau (n° 578). Vérification de l'acide. Voir tableau II.

2° On fait bouillir le composé dans une petite capsule avec acide chlorhydrique étendu.

(a) *Il y a dissolution avec effervescence* (n° 221).

Carbonate
de chaux.
de baryte.
de magnésie.
On filtre la liqueur rendue aussi neutre que possible, et elle sert à accuser la base, comme il est indiqué au tableau I.

(b) *Il y a dissolution sans effervescence.*

1° Magnésie. — Si la dissolution aqueuse et filtrée verdit le sirop de violette.

2° Phosphate de chaux ou phosphate de magnésie. — Dans une capsule de porcelaine, on fait bouillir pendant un quart d'heure le phosphate insoluble avec une dissolution concentrée de carbonate de soude, et l'on filtre. Ce traitement donne lieu à une double décomposition qui produit du *phosphate de soude* soluble et un *carbonate insoluble* qui reste sur le filtre (n° 421).

Dans la liqueur filtrée, on vérifie *l'acide phosphorique* avec le sulfate de magnésie ammoniacal. Précipité blanc, grenu, cristallin *de phosphate ammoniaco-magnésien*, jouissant de la propriété écrivante (nº 191).

On lave le résidu resté sur le filtre jusqu'à ce que la liqueur qui s'écoule ne soit plus alcaline, on ajoute ensuite sur le précipité un peu d'eau acidulée d'acide chlorhydrique qui redissout le carbonate formé et le transforme en chlorure soluble. On distingue la *chaux* de la *magnésie* comme il est indiqué au tableau I.

REMARQUE. — Dans le cas où l'on aurait affaire à de la poudre d'os (mélange de 2/3 de phosphate de chaux et de 1/3 de carbonate), la dissolution du phosphate serait accompagnée d'une effervescence qui pourrait induire en erreur. Dans ce cas, on devra remarquer si l'effervescence continue pendant tout le temps que met le composé à se dissoudre, ou si elle n'a lieu qu'au commencement de l'opération ; dans ce dernier cas, on aura affaire au phosphate de chaux.

(c) *Il n'y a pas de dissolution.*

Alumine anhydre, silicate naturel. Oxydes d'antimoine ou d'étain (en supposant que l'essai précédent au chalumeau n'ait point fait reconnaître ces deux derniers composés). — On fait bouillir le composé avec de l'acide chlorhydrique concentré, on filtre et dans la liqueur filtrée on ajoute d'abord un peu d'eau et ensuite quelques gouttes de *sulfhydrate d'ammoniaque.*

(a) *Aucune réaction ne se produit dans la liqueur filtrée.*
Silicate naturel.

(b) *Il y a un précipité.*

Alumine. — Précipité blanc (nº 453). Vérification avec la potasse dans une autre partie de la liqueur (nº 453).

Oxyde d'étain. — Précipité jaune ou jaune sale (nº 524).

Oxyde d'antimoine. — Précipité rouge orangé (nº 534).

NOTA.—Les silicates que l'on trouve dans les terres arables, et qui proviennent de la désagrégation des roches cristallines, ont généralement une composition trop complexe, pour que nous indiquions ici la marche à suivre dans la recherche des bases auxquelles l'acide silicique est combiné. Du reste, le point essentiel, c'est de vérifier si l'on a bien affaire à un silicate, ce qui s'effectue de la manière suivante : on pulvérise le composé insoluble, et on le mélange avec sept à huit fois son poids de carbonate de soude sec. La matière, introduite dans un creuset à grains fins (fig. 151), est chauffée au rouge pendant une demi-heure et reprise ensuite par un

peu d'eau bouillante; on jette le tout sur un filtre. Si l'on vient
à verser quelques gouttes d'acide chlorhydrique dans la liqueur

Fig. 151.

filtrée, on obtient un précipité caractéristique de silice gélatineuse dans le cas où le composé essayé était bien un silicate
(n° 201).

NEUVIÈME CLASSE.

**COMPOSÉS INCOLORES OU BLANCS, FRANCHEMENT SOLUBLES
DANS L'EAU FROIDE OU CHAUDE.**

Nous n'avons plus à supposer que les composés suivants :

**Potasse, soude, nitrates de potasse, de soude, d'ammoniaque, de
baryte, de plomb, de mercure, d'argent.**

**Sulfates de potasse, de soude, d'ammoniaque, de magnésie, de
zinc. Sulfite de soude.**

**Chlorures de potassium, de sodium, de barium, de calcium, de
magnésium, de zinc, bichlorure de mercure. Chlorhydrate d'ammoniaque. Chlorate de potasse. Iodure, bromure, cyanure de potassium.**

Phosphate de soude. Borate de soude. Arséniates de potasse et de soude. Carbonates de potasse, de soude. Silicates alcalins basiques (de potasse ou de soude).

1° On reconnaîtra immédiatement :

Potasse et soude. } Composés en plaques blanches, verdissant le sirop de violette. On distinguera la potasse de la soude comme il est dit au tableau I.

2° *L'essai préliminaire au chalumeau avec N. aura fait reconnaître :*

Les arséniates. — Odeur d'ail (n° 195).

Sel ammoniac. — Volatil au Ch. (n° 371).

Nitrate. Chlorate de potasse. } Si le sel fuse (n° 186).

Sels de { zinc. plomb. mercure. argent. } D'après la nature de l'auréole et du culot (n°s 512, 561, 578, 589).

Ces essais préliminaires terminés, on vérifiera les résultats obtenus, ou l'on continuera la détermination de la nature du composé soluble à l'aide des tableaux I et II que nous allons donner. On commencera par chercher la *base* au tableau I, et ensuite l'*acide* au tableau II.

TABLEAU I.

RECHERCHE DE LA BASE D'UN SEL SOLUBLE.

I. — *Dans un peu de la dissolution du sel, on ajoute quelques gouttes d'acide chlorhydrique.*

(a) *Il n'y a point de précipité.*
On passe à II.
(b) *Il y a un précipité* qui peut être :

1° Chlorure d'argent.
2° Protochlorure de mercure [1].
3° Chlorure de plomb } On verse de l'ammoniaque sur le précipité séparé du liquide clair. } 1° Se dissout (n° 589). 2° Devient noir (n° 581). 3° Rien. } Ces métaux ont, du reste, été reconnus déjà avec le chalumeau.

[1] Ce qui indique que la base est le *protoxyde de mercure*.

II. — *1° Dans une autre portion de la dissolution, on verse du sulfhydrate d'ammoniaque non en excès; s'il n'y a point de précipité, on passe à III; s'il y a précipité, on examine sa couleur.*

(a) *Le précipité est noir ou noirâtre.* On passe à II, 2°.

(b) *Le précipité n'est pas noir et ne le devient pas en augmentant la dose de sulfhydrate.*

Le précipité est *blanc.*

Alumine (n° 453). — Ammoniaque dans la liqueur primitive donne un précipité *blanc* gélatineux, insoluble dans excès (n° 453).

Zinc (n° 512). — Ammoniaque donne le même précipité, soluble dans excès (n° 512).

(La base a déjà été découverte au chalumeau.)

Le précipité n'est pas blanc.

Antimoine. — Si le sulfure est *orangé* et soluble dans excès de sulfhydrate (n° 534) (découvert au chalumeau).

Manganèse. — Si le sulfure est couleur *chair* (n° 476).

Etain au maximum. — Sulfure *jaune.* Soluble dans excès de sulfhydrate (n° 524).

Etain au minimum. — Sulfure *brun chocolat.* Soluble dans excès (n° 524).

II. — 2° *Le précipité est noir ou noirâtre, et ne se dissout pas dans un excès de réactif.*

Cuivre (CuO). — Ammoniaque dans liqueur primitive, *bleu céleste.* Vérification avec lame de fer bien décapée (n° 542).

Fer (FeO). — Prussiate rouge; précipité *bleu* de Prusse. Potasse. Précipité blanc verdâtre (n° 537).

Fer (Fe^2O^3). — Prussiate jaune. Précipité *bleu de Prusse.* Potasse. Précipité brun rougeâtre (n° 497).

Mercure (HgO). — Potasse. Précipité *jaune rougeâtre* (n° 578).

III. — *Le sulfhydrate, ajouté avec ménagement, n'a donné lieu à aucun précipité ou à un dépôt de soufre seulement.*

On verse alors dans la liqueur primitive du carbonate de soude et l'on chauffe légèrement.

(a) *Il n'y a pas précipité,* on passe à IV.

(b) *Il y a précipité;* qui peut être un **carbonate de baryte de chaux ou de magnésie.**

III. — 1° *Dans une autre portion de la liqueur suffisamment étendue, additionnée de chlorhydrate d'ammoniaque et partagée dans deux verres (fig. 152), on verse dans l'un A de l'oxalate d'ammoniaque, dans l'autre B du sulfate de soude.*

Fig. 152.

(a) *Point de précipité* dans les deux cas.

Magnésie. — Vérification avec phosphate de soude **ammoniacal** (n° 432).

(b) *Précipité avec ces réactifs.*

Baryte ou chaux (n°s 388 et 400).

2° *Dans une nouvelle portion de la liqueur concentrée, on verse une dissolution de sulfate de chaux.*

(a) Pas de précipité.   *Chaux* (n° 400).
(b) Précipité.   *Baryte* (n° 400).

IV. — *Le carbonate de soude n'a pas donné de précipité.*

Ammoniaque. —*Vérification.* On broye le sel avec chaux éteinte, et il se dégage de l'ammoniaque reconnaissable à l'odeur et aux

fumées blanches qui se produisent à l'approche d'une baguette de
verre imprégnée d'acide chlorhydrique (n° 362).

Potasse. — *Vérification.* Avec une dissolution concentrée d'acide
tartrique, ou la coloration en *violet* de la flamme de l'alcool (n° 320).

Soude. — *Vérification.* Absence de tous les caractères précédents.
Coloration en *jaune* de la flamme de l'alcool (n° 320).

TABLEAU II.

RECHERCHE DE L'ACIDE D'UN SEL SOLUBLE.

I. — *On met dans un tube d'essai (fig. 153) une portion du sel,
on ajoute goutte à goutte de l'acide sulfurique concentré
et pur jusqu'à ce qu'il y en ait un excès, et on chauffe légèrement. S'il ne se dégage rien, on ajoute du sulfate de protoxyde de fer cristallisé.*

Fig. 153.

(a) *Il ne se dégage rien.*
On passe à II.

(b) *Il se dégage un gaz* (qu'il ne faut pas confondre avec les vapeurs d'acide sulfurique, dans le cas où l'on chaufferait trop fortement), on en détermine la nature de la manière suivante :

Le gaz dégagé est incolore, et ne fume pas à l'air.

Acide sulfureux. — Odeur caractéristique de soufre brûlé (n° 167).

Acide sulfhydrique. — Odeur des œufs pourris; le gaz noircit le papier imprégné d'un sel de plomb et humide (n° 150).

Acide carbonique — Gaz sans odeur sensible. Vive effervescence (n° 221).

Acide cyanhydrique. — Odeur d'amandes amères. Après l'addition du sel de fer, on obtient un précipité blanc qui bleuit à l'air (n° 334).

Gaz jaunâtre.

Acide hypochloreux. — Si le gaz a une odeur analogue à celle du chlore (n° 183).

Acide chlorique. — Si, en outre de l'odeur de chlore, le sel est devenu rouge au contact de l'acide sulfurique (n° 186).

Gaz rougeâtre.

Acide hyopazotique. — (Indiquant un azotate) (n° 165).

Gaz fumant.

Acide chlorhydrique. — *Vérification.* Dans un peu de la dissolution du sel, on verse quelques gouttes de nitrate d'argent. Précipité blanc formant caillot dans l'acide azotique, et se dissolvant dans l'ammoniaque (n° 144).

Acide iodhydrique. — Si le gaz est accompagné d'iode libre reconnaissable à la couleur violette de sa vapeur et à son odeur (n° 332).

Acide bromhydrique. — Si le gaz est accompagné de brome libre reconnaissable à la couleur orangée de sa vapeur et à son odeur (n° 332).

II. — *L'acide sulfurique seul, ou après addition de sulfate de fer, n'a fait dégager aucun gaz. On fait alors une dissolution concentrée du sel, et on y ajoute quelques gouttes de chlorure de barium.*

La formation d'un précipité blanc indique un des acides suivants :

Acide sulfurique. — Si, en ajoutant, de l'acide chlorhydrique le précipité persiste (n° 180).

Acide phosphorique.
Acide arsenieux.
Acide arsénique.
} „Si l'addition de l'acide chlorhydrique détermine la dissolution du précipité.

On distingue alors les trois acides précédents par les caractères suivants :

Acide phosphorique. — Avec le sulfate de magnésie ammoniacal (n° 191).

Acide arsenieux. Précipité jaune.   } Avec nitrate d'argent,
Acide arsénique. Précipité rouge brique. } (n° 195).

III. — *On ajoute au sel un peu d'acide sulfurique, et ensuite de l'alcool que l'on enflamme* (n° 199).

Acide borique. — Si la flamme est verte (cette opération doit être faite dans une petite capsule ou soucoupe).

ADDITIONS. — 1° Dans le cas d'un silicate polybasique soluble, l'addition de l'acide sulfurique dans l'essai I déterminerait un précipité de *silice gélatineuse* facilement reconnaissable (n° 201).

2° Certains chlorures (tels que le bichlorure de mercure) donnent difficilement naissance à un dégagement d'acide chlorhydrique bien tranché ; aussi, dans le cas où l'on n'aurait pas découvert l'acide, il faudrait, dans un peu de la dissolution du composé, ajouter du *nitrate d'argent* pour vérifier l'absence de l'acide chlorhydrique (n° 144).

NOTA. — La méthode que nous venons de décrire est applicable, comme on vient de le voir, aux produits employés le plus fréquemment dans les arts, l'agriculture ou la médecine vétérinaire. Moins scientifique que beaucoup d'autres, elle permet néanmoins de reconnaître avec facilité un assez grand nombre de composés, et les bons résultats que nous en avons obtenus à l'Ecole de la Saulsaie nous ont engagé à la reproduire dans cet ouvrage.

FIN.

TABLE DES MATIÈRES.

FIN DE LA TABLE.